高等职业教育云计算系列教材

Python 云开发技术应用

李　力　李贺华　主　编

李　腾　郎登何　喻　旸　危光辉　副主编

电子工业出版社

Publishing House of Electronics Industry

北京·BEIJING

内 容 简 介

本书包括 Python 的语言基础（基础部分）和高级应用（提高部分）两方面内容，共 14 个项目。从 Python 的起源、发展、特性和优势开始，介绍了 Python 的安装和配置，数据类型、表达式和用户交互，流程控制，容器数据类型，文件操作及系统交互，函数等语言基础，并且内容由浅入深、循序渐进，逐步引入高级应用，包括面向对象编程、模块和程序打包、异常处理、图形用户界面编程、与数据库交互、网络编程、多线程和多进程、数据分析和数据可视化等。

本书内容精练全面、结构清晰、图文并茂、编排合理，力求降低学习难度，提高读者的学习兴趣。本书适合作为高职、高专院校的相关专业教材，也适合作为应用型本科的相关专业教材，还适合作为软件开发技术人员的参考书和各类程序开发培训机构的培训资料。

图书在版编目（CIP）数据

用微课学 Python 云开发技术应用 / 李力，李贺华主编. —北京：电子工业出版社，2021.7

ISBN 978-7-121-41376-6

Ⅰ. ①用… Ⅱ. ①李… ②李… Ⅲ. ①软件工具－程序设计－高等职业教育－教材 Ⅳ. ①TP311.561

中国版本图书馆 CIP 数据核字（2021）第 114448 号

责任编辑：徐建军　　　　特约编辑：田学清
印　　刷：三河市君旺印务有限公司
装　　订：三河市君旺印务有限公司
出版发行：电子工业出版社
　　　　　北京市海淀区万寿路 173 信箱　　　　邮编：100036
开　　本：787×1 092　　1/16　　印张：19.75　　字数：531 千字
版　　次：2021 年 7 月第 1 版
印　　次：2021 年 7 月第 1 次印刷
印　　数：1 500 册　　定价：59.00 元

凡所购买电子工业出版社图书有缺损问题，请向购买书店调换。若书店售缺，请与本社发行部联系，联系及邮购电话：（010）88254888，88258888。

质量投诉请发邮件至 zlts@phei.com.cn，盗版侵权举报请发邮件至 dbqq@phei.com.cn。

本书咨询联系方式：（010）88254570，xujj@phei.com.cn。

前 言
Preface

Python 是目前比较流行的编程语言之一，它是开源的，拥有极其活跃的社区，拥有许多强大的模块及第三方库，并且许多有用的"轮子"仍然被不断地发明出来。这些"轮子"能胜任许多不同领域的开发工作，包括但不限于通用应用程序、服务器运维、自动化插件、网站、软件即服务（SaaS）产品、网络爬虫、数值分析、科学计算、人工智能等。Python 也是一门非常易学的语言，其学习成本较低，学习效率较高。另外，Python 的开发效率也非常高，能够让开发者在极短的时间内实现一个产品原型，从而抢占商机。

Python 在云计算、大数据和网络编程等领域有着极为广泛的应用，许多平台即服务（PaaS）产品都支持 Python 作为开发语言。随着 AlphaGo 几番战胜人类顶级棋手，深度学习为人工智能指明了方向。Python 针对深度学习的算法及独特的深度学习框架，将在人工智能领域编程语言中占据重要地位。学习 Python，无论是对将来就业，还是对个人的长远发展，都是非常有利的。

与 Python 目前火热的应用现状和良好的发展前景相对照，国内的高职、高专院校在 Python 的教学资源方面仍然是欠缺的，急需适合职业教育模式的优质教材，这也是我们编写本书的原因。本书在 2018 年出版的教材的基础上，将 Python 语言的版本由 2.7 更换为 3.7，删除了冗余陈旧的内容，增加了新版本的新特性，并根据目前就业岗位的数量，删除了原项目 14 的 Web 开发，更换为数据分析。

本书从 Python 的语言基础开始，介绍 Python 的语法特性和编程基础，由浅入深，逐步过渡到 Python 的高级应用。本书共 14 个项目，分别讲述了 Python 概述及安装、配置，数据类型、表达式和用户交互，流程控制，容器数据类型：序列、字典和集合，文件操作及系统交互，函数，面向对象编程，模块和程序打包，异常处理，图形用户界面编程，与数据库交互，网络编程，多线程和多进程，数据分析。在内容结构上，本书兼顾了传统教材的全面和项目式教材的高效，适合作为高职、高专和应用型本科院校的相关专业教材。

本书由重庆电子工程职业学院人工智能与大数据学院的教师和重庆金宝保信息技术服务有限公司的行业一线专家共同策划并组织编写，由重庆电子工程职业学院的李力、李贺华担任主编，由李腾、郎登何、喻旸（企业一线专家）、危光辉担任副主编。在编写过程中，重庆电子工程职业学院的武春岭教授倾情相助，提出了宝贵意见，在此对其表示衷心的感谢。

为了方便教师教学，本书配有视频、PPT、题库、教学工单等资源，请有需要的教师登录华信教育资源网（www.hxedu.com.cn）并在注册后免费下载，如果有问题，可以在网站留言板留言或者与电子工业出版社联系（E-mail：hxedu@phei.com.cn）。

虽然我们精心组织，认真编写，但疏漏之处在所难免，同时，由于编者水平所限，书中可能存在不足之处，恳请广大读者给予批评和指正。

编　者

目 录
Contents

Python 概述及安装、配置

本项目首先初步介绍 Python，包括它的起源、发展、特性、优势等，帮助读者初步认识 Python；然后介绍在不同系统下如何下载和安装 Python，并使用不同的方法进行 Python 的编程练习；最后对如何规范代码和如何使用帮助和文档进行说明。

1.1 任务 1 认识 Python

Python 是一门近年来非常热门的编程语言，读者可能会有诸多疑问：Python 有什么与众不同的地方？学习 Python 对我们有什么帮助？等等。本节致力于回答这些问题。当然，在完整地学习本书之后，读者一定会对答案有更深刻的认识。

Python 的起源和发展

Python 的特性和优势

1.1.1 Python 的起源和发展

Python 是由荷兰人吉多·范·罗萨姆（Guido van Rossum）于 1989 年发明的。因为迷恋英国情景喜剧"Monty Python 的飞行马戏团"，吉多·范·罗萨姆选择了 Python 这个名字。Python 的第一个公开发行版本发行于 1991 年。

Python 的官方定义（https://www.python.org/）是一种解释型的、面向对象的、带有动态语义的高级程序设计语言。通俗来讲，Python 是少有的一种可谓既简单又功能强大的编程语言，它注重的是如何解决问题而不是编程语言的语法和结构。

根据 TIOBE 排行榜（https://www.tiobe.com），Python 的使用率从 2001 年后呈线性增长，在 2020 年 9 月排名第 3，如图 1-1 所示。TIOBE 排行榜每月更新一次，依据的指数是通过调研世界范围内的资深软件工程师和第二方供应商而得到的，其结果可作为当前业内程序开发语言的流行使用程度的有效指标。目前，全世界有大约 600 种编程语言，但流行的编程语言也就 20 多种。Python 能跻身前五名在一定程度上说明了它的实用性与强大性，更关键的是该编程语言与当今 IT 发展的契合度。

Sep 2020	Sep 2019	Change	Programming Language	Ratings	Change
1	2	∧	C	15.95%	+0.74%
2	1	∨	Java	13.48%	-3.18%
3	3		Python	10.47%	+0.59%
4	4		C++	7.11%	+1.48%
5	5		C#	4.58%	+1.18%
6	6		Visual Basic	4.12%	+0.83%
7	7		JavaScript	2.54%	+0.41%
8	9	∧	PHP	2.49%	+0.62%
9	19	⋀	R	2.37%	+1.33%
10	8	∨	SQL	1.76%	-0.19%
11	14	∧	Go	1.46%	+0.24%
12	16	⋀	Swift	1.38%	+0.28%
13	20	⋀	Perl	1.30%	+0.26%

图 1-1　TIOBE 排行榜

Python 的应用可以说是大势所趋，很多大公司都在使用 Python。Google 用它实现网络爬虫（一种按照一定的规则自动抓取万维网信息的程序或脚本）和搜索引擎中的很多组件。Intel、Cisco、IBM 等知名企业均使用 Python 进行硬件测试。许多大型网站都是使用 Python 开发的，例如国外知名的 YouTube、Instagram，还有国内的豆瓣、知乎等。微信公众号也支持 Python。在经济市场预测领域、高科技含量领域等都有 Python 的身影。NASA（美国航空航天局）大量使用 Python，不仅将其用作主程序开发语言，也将其用作脚本语言。

Python 在科学计算中也有着重要地位，尤其是在科学计算库方面有着近乎完美的生态系统。Python 集成了使用 C 语言与 Fortran 编写的经过高度优化的代码而显示出的极佳性能等优势，这些都使其在科学计算中有优秀的表现。在日渐火热的人工智能领域，Python 早已崭露头角。例如，深度学习在 Python 下有许多知名的第三方库，包括 TensorFlow、Theano、Keras、PyTorch 等。用户只要有相关的背景知识，并结合 Python 基本语法，就能开发深度学习的相关应用。

用户在学习 Python 以后的发展方向也是多元化的，可以持续发展为 Python 开发工程师、自动化开发工程师、前端开发工程师、运维工程师、大数据分析工程师、数据挖掘工程师、数据研发工程师等。可以说，Python 可以为我们带来无限可能。

1.1.2　Python 的特性和优势

需要指出的是，Python 中也有我们熟悉的内容。类似于其他通用编程语言，Python 中同样有语句、表达式、操作符、函数、模块、方法、类等。但是 Python 还能提供很多内容，使其具有很多优势，这些优势让 Python 大放异彩。

Python 的优势可总结为以下几个方面。

1．语言简洁

Python 是一种代表简单主义思想的语言。吉多·范·罗萨姆对 Python 的定位是"优雅、明确、简单"，所以 Python 拒绝了花哨的语法，而选择明确的、没有或者很少有歧义的语法，着重解决问题。Python 开发者秉持"用一种方法，最好是只用一种方法来做一件事"的理念，这样的开发思维使得编程语言既简洁又强大。例如，完成同一个任务，使用 C 语言需要编写 1000 行代码，使用 Java 只需要编写 100 行代码，而使用 Python 可能只需要编写 20 行代码。

Python 的语言简洁特性对大多数学习者、开发者来说都是喜闻乐见的。对于学习者来说，Python 的代码是很直白的，非常容易懂，也非常容易学习。对于开发者来说，比较直观的语言有两个好处：一个是提高了开发速度，可以用比较少的语言完成想要的结果；另一个是强化了可读性，相应地提高了代码的可重用性和可维护性。实际上，优秀的程序员都知道，代码是为下一个阅读它并进行维护或重用的人写的。如果那个人无法理解该代码，则在现实的开发场景中，该代码就毫无用处了。

2. 丰富的基础代码库（内置电池）

Python 具有丰富和强大的库以供调用，在使用 Python 开发软件时，许多功能不必从零编写，直接使用现成的即可。当我们使用一种语言进行真正的软件开发时，除了编写代码，还需要使用很多基本的已经写好的内容来帮助我们加快开发进度。Python 3.0 有 70 多种内置功能函数 BIF 和大量预加载内置模块，覆盖了网络、文件、GUI、数据库、文本等大量内容，可以帮助我们快速处理常见的基本需求。

例如，要编写一个电子邮件客户端，如果先从底层开始编写网络协议相关的代码，那么估计一年半载也开发不出来。高级编程语言通常都会提供一个比较完善的基础代码库，以供用户直接调用，比如，针对电子邮件协议的 SMTP 库或者桌面环境的 GUI 库，在这些已有代码库的基础上开发，只需要几天就能开发出一个电子邮件客户端。

Java 和 C 语言等也有不错的代码库以供使用，然而对于这些程序设计语言来说，最大的问题是即使完成简单的操作也要编写大量的代码。为了完成一个简单的工作，我们必须花费大量时间编写很多无用却冗长的代码。在这一点上 Python 与众不同，Python 调用其代码库是非常简单的，这归功于其第一个特性——语言简洁。

除此之外，Python 还有一个强大的后援——PyPI（https://pypi.python.org/pypi）。PyPI 是第三方 Python 模块集中存储库，可以被当作一个社区或论坛，界面如图 1-2 所示。当用户的需求在内置模块中找不到时，可以求助互联网上的第三方 Python 模块集中存储库——PyPI。全世界的 Python 用户都可以上传自己的模块供其他用户使用，这足以证明它的强大。

3. 可扩展性（胶水语言）

这个特性常常被 Python 爱好者津津乐道，Python 经常被用作将不同语言（尤其是 C/C++语言）编写的程序"粘"在一起的胶水语言，也就是说，很多的模块或组件都是使用其他语言编写的，Python 的功能是把这些模块轻松地联结在一起。所以人们也常常将 Python 称为胶水语言。

常见的一种应用情形是，使用 Python 快速生成程序的原型（有时甚至是程序的最终界面），然后对其中有特别要求的部分使用更合适的语言改写。例如，3D 游戏中的图形渲染模块的性能要求特别高，就可以使用 C/C++语言重写，然后将其封装为 Python 可以调用的扩展类库。Python 本身被设计为可扩充的。Python 提供了丰富的 API 和工具，可以使用户避免过分的语法羁绊而将精力主要集中到所要实现的程序任务上。比如，在现实开发需求中，我们想要进行系统调用或组件集成时，可能第一时间就会想到 Python。我们也可以为现成的模块添加 Python 的接口，就可以将其发展为 Python 可调用的。这是常用的 C、C++、Java 等语言所不能实现的效果。

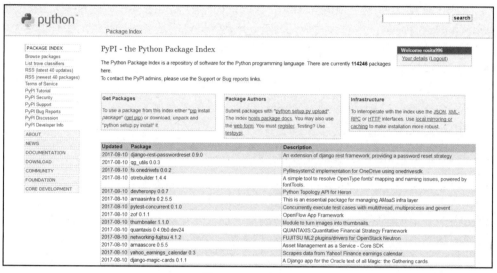

图 1-2　PyPI 社区

4．可移植性

在 20 世纪 90 年代，由于微软一家独大，跨平台显得并没有那么重要。随着其他的操作系统各自占有"一片天"，如 Linux 在服务器方面占据巨大市场，macOS 也不断扩张，导致跨平台几乎成为各大企业的主要需求之一。而一个软件若想在每个平台上发布，则需要在每个平台上都进行开发，这无疑太难了，投入的成本巨大。所以，可跨平台的编程语言是市场的需要，也是时代的需要。

Python 的跨平台性可总结为：一次编写，到处运行。所有 Python 程序无须修改就可以在下述任何平台上面运行：Linux、Windows、FreeBSD、Macintosh、Solaris、OS/2、Amiga、AROS、AS/400、BeOS、OS/390、z/OS、Palm OS、QNX、VMS、Psion、Acom RISC OS、VxWorks、PlayStation、Sharp Zaurus、Windows CE、PocketPC 等。在这一点上，Java 的跨平台性也是常常被提及的一个很大优势。Python 是跨平台的，和 Java 相似，主要是源代码跨平台，但编译之后不一定能跨平台。Java 需要安装虚拟机，Python 需要安装编译运行环境。

由于 Python 的开源本质，任何人、任何企业都可以自由使用它，因此 Python 已经被移植在许多平台上。同时，Python 本身的优势和对多平台的支持也使得 Python 的应用越来越广泛。

5．免费、开源

Python 是 FLOSS（自由/开放源代码软件）之一。使用者可以自由地发布这个软件的拷贝，阅读它的源代码，对它进行改动，把它的一部分应用于新的自由软件中。

基于团体分享知识的理念，Python 在一群人的不断创造和改进中变得越来越优秀。

6．面向对象

Python 既支持面向过程的编程，也支持面向对象的编程。

7．可嵌入型

用户可以把 Python 嵌入 C/C++ 程序，从而向其程序用户提供脚本功能。

8. 解释型语言

Python 是解释型语言，这使得 Python 语言简单、易于移植（只需要把 Python 程序复制到另一台计算机上，它就可以工作了）。

作为众多编程语言中的一种，Python 也有不可避免的缺点。当然，没有哪一种语言是完美的，重点是我们如何使用它们。

Python 的主要缺点如下所述。

1. 运行速度相对较慢（与 C/C++语言相比）

Python 是解释型语言，用户的代码在执行时会被一行一行地翻译成 CPU 能理解的机器码，这个翻译过程非常耗时，所以很慢。对比起来，C 语言（编译型语言）程序会在运行前被直接编译成 CPU 能执行的机器码，所以非常快。

但是，Python 节省下来的大量编程时间和维护时间足以弥补翻译过程的耗时，快速开发意味着更容易抓住商机，而且在大多数情况下，程序员的人工费用比硬件设备贵。

从另一方面来说，目前大量的应用都是 I/O 密集型负载，而并非 CPU 密集型负载。虽然 Python 的执行效率比较低，但它毕竟是在 CPU 上执行的。我们知道，CPU 比 I/O 设备快许多个数量级，因此对于 I/O 密集型负载，系统更多的时候是在等待 I/O 操作而并非程序本身的执行过程，在这种情况下，使用 C 或 Python 语言并没有太显著的区别。

Python 也有很多手段可以提高运行速度。PyPy 是一种使用 JIT（Just-In-Time）技术的 Python 编译器。Python 调用 C 扩展就能够提高运行速度。Python 用户常常提的一点是：Python 并不慢，因为在实际的应用中，如果用户认为程序"跑"得还不够快，可以将一段 C 语言程序"粘"在关键处理上，如对内存的读取、排序等，这样就能够同时兼顾开发和运行速度。因为 Python 程序在运行时调用了大量 C 语言代码库，而 C 语言代码的运行速度是很快的。

反过来想想，这正印证了其胶水语言的说法。至今还没有一种高级语言的开发速度比 Python 快，运行速度比 C 语言快，我们可以同时利用 C 语言和 Python 的优点。也就是说，在实际开发中，对工具进行合适的结合和使用，是可以使它们相互提升和弥补缺陷的。

2. 代码不能加密

一般来讲，如果要发布 Python 程序，实际上就是发布源代码。这与 C 语言不同，C 语言不用发布源代码，只需要把编译后的机器码（也就是可以直接运行的程序，如 Windows 上常见的 exe 文件）发布出去即可。如果想从机器码反推出 C 语言代码是不可能的，凡是编译型的语言都没有这个问题，而对于解释型的语言，则必须把源代码发布出去。当然，依靠售卖软件授权的商业模式已经"一去不返"了，现在更多的是依靠网站和移动应用售卖服务的模式，后一种模式不需要把源代码交给别人。

总体而言，Python 是一种使用户在编程实现自己想法时不那么碍手碍脚的程序设计语言，用户可以花较小的代价实现想要的功能，并且编写的程序清晰易懂。Python 的优势不在于运行效率，而在于开发效率和高可维护性，而质量和效率不管在任何领域都是人们比较关注的问题，尤其是对企业来说，敏捷开发正是降低成本的有效手段之一，也是人们选择 Python 的主要原因之一。在实际使用中，我们要注意有的放矢，扬长避短。比如，当我们对运行速度要求比较高时，就得慎用 Python，而考虑相对有优势的 C 或 Java 语言等，而当我们对开发速度要求比较高，或者需要多调用其他语言模块时，Python 可能就是比较好的选择了。所以，针对特定的问题选择特定的工具，也是一项技术能力。

1.1.3　Python 与云计算

当今，云计算在我国发展得如火如荼，其应用领域涉及方方面面。Python 作为研究云计算最热门的语言一直受到广泛的关注。实际上，云计算可以采用许多不同的途径与方法来实现，但是我们需要选择最佳的方案。

2010 年 7 月，基于 Python 的开源云平台 OpenStack 问世。在整个 IT 领域，这是一件大事情。从此，云计算就有了允许任何人（不限国籍）自由使用且品质优秀的软件包，人们也不用再为云计算烦恼了。实际上，这种所谓的"自由云软件"非常复杂，涉及许多外在因素，是一种超大型的"应用软件"，需要具备极高的"灵活性"。于是，选择什么样的编程语言编写这种"云软件"就成了一个问题，最后 Python 编程语言因其是当今世界上最灵活、易用的模块化编程语言而脱颖而出。

随着 Python 在云计算中的优势逐渐展现，支持 Python 的云平台也层出不穷了，最典型的就是各种 PaaS（Platform as a Service，平台即服务）产品，如 Google App Engine（GAE）、Sina App Engine（SAE）、Baidu App Engine（BAE）、DeployFu、PiCloud、DjangoZoom、Nuage、Dotcloud、Pydra 等。

1.2　任务 2　下载和安装 Python

| Python 虚拟机 | Python 版本差异及下载获取 | 在 Windows 下安装 Python | 编写第一个程序 | 在 Linux 下编译安装 Python |

1.2.1　Python 版本差异

在下载和安装 Python 之前，我们先来看看目前主流的 Python 版本，以及它们之间的差异。Python 主要有 Python 2 和 Python 3 两个主版本号。Python 2.7 是 Python 2 家族中的最后一个版本，目前已经不再被 Python 支持。而 Python 3 仍在发展，它的每一个新的次版本中都会有一些新的特性。此外，一些新的第三方库可能只提供了用于 Python 3 的版本。

截至本书完稿时，最新版本是 Python 3.9 的 rc 版（测试版的最后一版，之后会发布正式版本）。Python 3.8 已经有了几个修订版本，功能已经趋于稳定，但仍有少数第三方库缺少对它的支持。所以，本书主要使用 Python 3.7 进行讲解，但也会介绍 Python 3.8 的新特性。

1.2.2　Python 虚拟机简介

通常意义上所说的 Python 是 CPython，也就是完全使用 C 语言实现的 Python，它支持 C

语言的扩展。Python 解释器可以编译用户的 Python 源代码，生成对应的字节码文件.pyc。字节码随后会在 CPython 虚拟机上运行。有时候，我们因为看到.pyc 文件而认为 Python 是编译型的，这也有一些合理性。如果用户之前运行过他的 Python 代码，生成了.pyc 文件，则再次运行时就要快得多，因为不需要再次编译并生成字节码文件了。

　　Python 有很多种实现。前面也提到过，CPython 是最通用的，被认为是"默认"的实现，同时是别的虚拟机实现的参考解释器。

　　除了 CPython，最著名的就是 Jython 了，Jython 是完全使用 Java 实现的 Python，CPython 生成在 CPython 虚拟机上运行的 Python 字节码，而 Jython 生成在 JVM 上运行的 Java 字节码（这与编译 Java 程序生成 Java 字节码的过程是一样的）。Jython 具有许多 Java 的特性，如垃圾回收机制。

　　在 CPython 中，用户为其 Python 代码编写 C 扩展很容易，因为代码最终都是由 C 解释器执行的。另一方面，Jython 则使得与其他 Java 程序共同工作很容易：无须其他工作，用户就可以导入任何 Java 类，然后在其 Jython 程序中使用其他 Java 类。

　　IronPython 是另一种很流行的 Python 实现，完全使用 C#语言实现，针对.NET 平台。它运行在可以被称为.NET 虚拟机的平台上，这是微软的 Common Language Runtime（CLR），同 JVM 相对应。

　　PyPy 是一种使用 Python 编写的 Python 实现，这听起来有点像一个奇怪的循环。在 PyPy 中使用了 JIT 技术来提高运行速度。我们知道，本地机器码的运行速度比字节码的运行速度快很多，那么，如果能将一些字节码直接编译成本地机器码再运行会怎么样呢？虽然我们必须花费一些代价（如时间）来将字节码编译为本地机器码，但是如果最终的运行速度更快，那么这个代价就是值得的。这就是 JIT 编译器的动机，一种集合了解释器和编译器优势的技术。简单来讲，JIT 的目的在于通过编译技术提升脚本解释器系统的速度。

　　虽然有很多 Python 实现（或者说 Python 虚拟机），但 CPython 仍然有不可替代的优势。我们说过，Python 的应用已经深入许多不同的领域，有数不清的优秀、便捷的第三方框架可以使用，其中有很多只能基于 CPython 的实现。在本书中，我们只介绍默认的、纯粹的 Python，即 CPython。

1.2.3　Python 的下载

　　Mac OS X 和绝大多数 UNIX/Linux 会预安装 Python，不同的发行版本可能有不同的版本，例如，在 RHEL（Redhat Enterprise Linux）6/CentOS 5 中预安装的是 Python 2.4，而在 RHEL 6/CentOS 6 中预安装的则是 Python 2.6。

　　在 Windows 中没有内置任何 Python 版本。在 cmd 命令提示符窗口中输入"python -V"，就能查询到系统是否安装 Python 和它的版本信息了，如图 1-3 所示。

图 1-3　cmd 命令提示符窗口

访问 Python 的官网（https://www.python.org），选择"Downloads"选项，如图 1-4 所示。用户可以根据自己的操作系统（Windows、Linux/UNIX、Mac OS X 或者其他）来选择对应的安装程序。对于 Windows 平台，这里提供了 32 位和 64 位各 3 种安装包：基于 Web 页面的安装包、可执行安装包和自解压安装包。对于 UNIX/Linux 平台，推荐的安装方式是下载源代码然后编译安装。

图 1-4　Python 官网上的下载页面

1.2.4　在 Windows 环境下安装 Python

在 Windows 环境下安装 Python 非常简单，我们以 exe 可执行格式的安装包为例，假设用户的操作系统是 64 位的 Windows，那么应当下载 Windows x86-64 executable installer 安装包。

在下载完毕后，双击所下载的安装包，开启 Python 安装向导，建议用户勾选"Add Python 3.7 to PATH"复选框，然后选择"Customize installation"选项进行自定义安装，如图 1-5 所示。

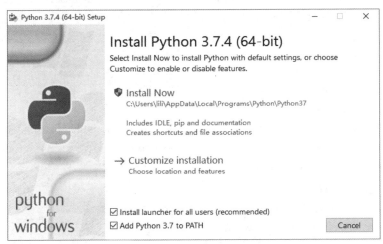

图 1-5　Python 安装向导 1

在第二步中，默认勾选了所有的可选功能复选框，直接单击"Next"按钮进入第三步，设置高级选项。在此建议勾选"Install for all users"复选框，使计算机上的其他用户可以使用 Python。如果用户习惯 Python 2 那样的默认安装路径，则可以在"Customize install location"文本框中进行修改，如图 1-6 所示。

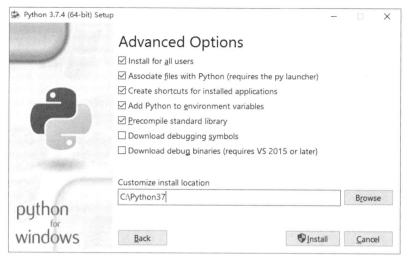

图 1-6　Python 安装向导 2

若一切正常，则在 Windows 开始菜单中可以找到 Python 3.7 目录，其中有 Python、IDLE 和文档、手册文件，单击该 Python 文件，打开后会发现如下信息：

```
Python  3.7.4  (tags/v3.7.4:e09359112e,  Jul  8  2019,  20:34:20)  [MSC  v.1916  64  bit  (AMD64)]  on  win32
Type  "help",  "copyright",  "credits"  or  "license"  for  more  information.
>>>
```

1.2.5　在 Windows 下配置 Python 环境

如果用户在安装 Python 时没有勾选 "Add Python 3.7 to PATH" 复选框，则需要手动将环境变量添加到系统中。这样做的目的是为后面的工作提供便利，使用户在任何路径下都能用命令行工具（cmd 或 PowerShell）启动 Python 或 Python 中由第三方框架提供的工具。假设用户的 Python 直接安装在 C 盘根目录下，那么需要添加的目录有如下 3 个：

```
C:\Python37
C:\Python37\Scripts
C:\Python37\Lib\site-packages
```

第一个路径是 Python 主程序所在的目录，其他两个是常用的脚本和第三方框架提供的工具。在 "计算机" 图标（Windows 10 中叫作 "此电脑"）上右击，然后在弹出的快捷菜单中选择 "属性" 命令，依次选择 "高级" 选项卡，单击 "环境变量" 按钮，在 "系统变量" 下拉列表中找到 "Path" 选项并双击打开，将前面列举的 3 个目录添加到列表中，用分号隔开。注意不要删除原先的环境变量。

📝**注意：** 在本书中，有时使用文件夹（Windows）这一名词，有时使用目录（UNIX/Linux），这取决于使用的平台，但它们是等价的，所以不必严格区分。

1.3　任务 3　熟悉开发工具的使用

可以使用 3 种不同的方法启动 Python。最简单的方法就是使用交互式解释器，每次输入一行 Python 代码来执行。另一种启动 Python 的方法是直接运行 Python 源代码文件。最后，用户还可以使用集成开发环境（IDE）中的图形用户界面运行 Python。IDE 通常整合了其他的工具，例如，集成的调试器、文本编辑器，而且支持各种像 CVS 这样的源代码版本控制工具。

Python 增强工具

1.3.1　使用交互式解释器

在命令行中启动交互式解释器，用户就可以开始编写 Python 代码了。在 UNIX/Linux 的 Shell 中，或者 Windows 的命令提示符窗口/PowerShell 工具中，或者其他任何命令行工具中，都可以这么做。启动交互式解释器的方法，当然是直接输入 Python 代码了。

在交互式环境的提示符 ">>>" 下，直接输入代码，按 Enter 键，就可以立刻得到代码执行结果。现在我们来试试著名的 hello world! 程序：

```
>>> print("hello world!")      # 从 "#" 号开始，直到本行结束的所有字符，均为注释
hello world!
>>>
```

现在我们认识了第一个函数——print()，它用于把信息输出到屏幕上。实际上，在交互式解释器中，直接输入一个变量名或常量名，就会自动输出并显示它的字面值，无须使用 print() 函数。而当用户直接执行源代码文件时，则不会有这样的特性，此时必须使用 print() 函数，否则不会输出信息。

1.3.2　使用文本编辑器

在 Python 的交互式命令行中编写程序，好处是立刻就能得到结果，坏处是无法保存，若下次还想运行该程序，则还得再编写一遍该程序。所以，在实际开发时，我们往往会使用一个文本编辑器来编写代码，并将其保存为一个文件，这样，程序就可以反复运行了。

目前有许多优秀的文本编辑器，在 UNIX/Linux 平台上有著名的 vim 和 emacs，在 Windows 平台上可以选择 Sublime Text、VS Code 等。不推荐使用 Windows 自带的记事本作为文本编辑器，因为它不提供行号显示、语法高亮、代码补全等功能。

下面，我们把上次的 hello world 程序使用文本编辑器编写出来：

```
print("hello world!")          # 注意要顶格写，也就是左边不要留有空格
```

我们把这个文件保存为 hello.py，要注意后缀名必须是.py。保存好之后，在命令行中切换到这个文件所在的文件夹，然后调用 Python 解释器执行它，命令如下：

```
python hello.py
```

在上面这条命令中，"python" 是命令本身，后面的 "hello.py" 是源代码文件的文件名（如果不在当前目录下，则需要加上路径），即命令的参数。如果当前目录下没有 hello.py 文件，则运行 python hello.py 代码时就会报错：

```
python hello.py
python: can't open file 'hello.py': [Errno 2] No such file or directory
```

1.3.3 使用集成开发环境

使用集成开发环境（IDE）有很多好处，除了代码补全和语法高亮，常见的 IDE 还支持项目管理、代码跳转、代码分析、断点执行、Debug 等功能。Python 在 Windows 平台上有一个自带的、轻量级的 IDE，叫作 IDLE，当用户安装好 Python 之后就可以使用它了。

作为一个 IDE，IDLE 的功能有些简陋。在 Windows 环境下，推荐使用 PyCharm，PyCharm 带有一整套可以帮助用户在使用 Python 语言开发时提高效率的工具，如调试、语法高亮、Project 管理、代码跳转、智能提示、自动完成、单元测试、版本控制。此外，该 IDE 提供了一些高级功能，以用于支持 Django 框架下的专业 Web 开发。同时，该 IDE 支持 Google App Engine，而且 PyCharm 支持 IronPython。

PyCharm 提供收费的专业版本和免费的社区版本，用户可以访问它的主页以下载安装包：

http://www.jetbrains.com/pycharm/download/

当然，用户也可以使用 Eclipse 或 Microsoft Visual Studio。

在 Linux 环境下，推荐使用 vim 或 Eclipse。如果使用 Eclipse，则还需要安装 PyDev。

1.3.4 Python 增强工具

除了 IDE，在 Python 下还有一些增强工具可以使用，下面对它们进行简单介绍。

1. easy_install 和 pip

easy_install 和 pip 都是用来下载和安装 Python 的一个公共资源库 PyPI 的相关资源包的。pip 是 easy_install 的改进版，可以提供更好的提示信息、删除 package 等功能。pip 曾经只是一个第三方工具，需要另行安装，但从 Python 3.4 开始，它已经被集成到了 Python 安装包中。

使用 pip 安装第三方包非常方便，只要使用如下命令即可：

```
pip install <packageName>
```

当用户使用 pip 安装第三方包时，默认从国外的安装源获取安装文件，可以通过以下方式临时指定安装源（以安装 numpy 为例）：

```
pip install -i https://pypi.tuna.tsinghua.edu.cn/simple numpy
```

这里提供的链接地址是清华大学的 pip 镜像站点，与国内大部分网络环境相比，速度会快许多。如果用户的 pip 版本大于 10，则可以使用如下方法设置永久安装源：

```
pip config set global.index-url https://pypi.tuna.tsinghua.edu.cn/simple
```

可以通过如下命令对第三方包/工具进行升级：

```
pip install --upgrade < packageName >
```

2. Anaconda

Anaconda 指的是一个开源的 Python 发行版本，其包含了 conda、Python 等 180 多个科学包及其依赖项。Anaconda 可以被当作 Python 的一个集成安装，Anaconda 中集成了很多关于 Python 科学计算的第三方库，安装它后就默认安装了 Python、IPython、pip 工具、集成开发环境 Spyder，以及众多的包和模块，非常方便。

3. IPython

IPython 是一个 Python 的交互式 Shell，比默认的 Python Shell 好用得多，支持变量自动补全、自动缩进，支持 Bash Shell 脚本，内置了许多有用的功能和函数。学习 IPython 将会让我们以一种更高的效率使用 Python。同时，IPython 是利用 Python 进行科学计算和交互可视化的一个最佳平台。

4. 2to3 脚本

将 2to3 脚本归为 Python 增强工具其实有点牵强，毕竟它是由 Python 自带的，无论用户安装的是 Python 2 还是 Python 3，它都位于 Python 安装目录下的 Tools\Scripts\中。2to3 脚本的确只是一个脚本，即 2to3.py 文件，它可以自动地将用户的 Python 2 代码翻译成 Python 3 代码。

2to3 脚本的使用方法如下所述。

首先将 Python 2 源代码备份，然后进入 2to3 脚本所在的文件夹，运行此脚本，并以目标文件夹作为参数。例如，假设用户的 Python 2 代码位于 D:\Project1\中，则对应的命令如下：

```
python  2to3.py  -w  D:\Project1\
```

如果要对单个.py 文件进行翻译，则使用如下命令：

```
python  2to3.py  -w  D:\Project1\example.py
```

2to3 脚本并不是完全可靠的，主要原因在于 Python 的动态性，可能代码在被翻译之后还需要人工进行修改。值得一提的是，使用 2to3 脚本翻译出来的代码，只能在 Python 3 下运行，这就使得在用户想要提供一个库，并且 Python 2 和 Python 3 中都有时，必须保留原始的 Python 2 代码。

1.4 任务 4 获取帮助和查看文档

帮助和文档

现在是信息爆炸的时代，一个人不可能牢牢记住所有需要使用的知识点。即使对于一门程序设计语言来说，想要记住所有的内置对象、函数、模块和类，也是不可能的，所以用户需要掌握获取帮助和查看文档的技巧。

1.4.1 查看特定对象的可用操作

dir()函数是 Python 的一个内建函数（也叫作内置函数，可以被直接调用，是 Python 自带的函数，无须通过模块的方式导入，任何时候都可以被使用）。该函数原型为 dir([object])，可返回一个列表，其中列举了该对象所有的属性和方法。当用户使用 dir()函数查看一个模块时，还能获取该模块中已定义的所有的类、函数和常量。

1.4.2 文档字符串

许多对象都有自己的文档字符串，又称为 DocStrings。使用文档字符串可以为模块、类、函数等添加说明性的文字，使程序易读、易懂，更重要的是可以通过 Python 自带的标准方法将这些描述性文字信息输出。文档字符串是对象的属性之一，用户可以使用 objectName.__doc__ 访问它。注意它的名称，前后各有两个下画线。当不是通过函数、方法、模块等调用 doc，而是通过具体对象调用时，则会显示此对象从属的类型的构造函数的文档字符串。

1.4.3　使用帮助函数

help()函数也是 Python 的一个内置函数。如果用户不确定一个函数或模块的用途，或者想要进一步了解它，就可以使用 help()函数查看帮助文档。其操作方法很简单，在 help()函数的括号内填写参数并按 Enter 键即可打开这个模块的帮助文档，例如：

```
help(str)                # 查看关于字符串类型的帮助文档
help(str.join)           # 查看关于字符串对象的 join()方法的帮助
```

help()函数用于查看函数或模块用途的详细说明，而 dir()函数用于查看函数或模块内的操作方法，输出的是方法列表。

1.4.4　使用文档

Python 文档可以在很多地方找到，最便捷的方式就是从 Python 官网查看在线文档。现在官方文档已经有中文版本了，在文档页面左上角选择语言即可，如图 1-7 所示。

图 1-7　Python 官网上的文档

1.5　小结

本项目介绍了 Python 的起源和发展、Python 的特性和优势，针对不同的系统平台介绍了如何安装 Python 和配置开发环境，还介绍了文本编辑器、IDE 和其他 Python 增强工具，并介绍了获取帮助和查看文档的方法。

- Python 的起源和发展
- Python 的特性和优势
- Python 版本差异及 Python 虚拟机的不同实现

- 下载和安装 Python
- 配置环境变量
- 交互式解释器、文本编辑器及 IDE
- Python 增强工具
- 帮助函数
- 文档

1.6 习题

1. 在计算机上安装 Python。

2. 编写一份身份信息，包括姓名、年龄、身份证号、联系方式等，然后使它们显示在屏幕上。

3. 将题 2 的小程序保存为.py 源代码文件，然后执行它。

4. 帮助函数 help()能否查询它自身的用法？如果可以，会显示什么信息？

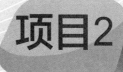

项目2

数据类型、表达式和用户交互

本项目将会介绍 Python 的基本语法规则，包括数据类型、表达式和运算符等。对于大多数通用编程语言来说，这是语法最基本的构成部分。通过了解这些基本的语法规则，读者可以开始着手编写自己的小程序。

2.1 任务 1 掌握 Python 数据类型

数据类型

Python 是由 C 语言编写的，更严谨地说，Python 中最广泛、最主流、文档最齐全、第三方库最多的是由 C 语言实现的 CPython。CPython 的基本数据类型、运算符都以类似于 C 语言的方式来工作，与 Python 的区别在于 Python 简化了其中的一些内容，为程序员提供了一些更加简洁的方式来使用它们。在项目 1 中已经提到，Python 语法最具魅力的特点在于它的简洁、优美，程序员可以很容易地写出 Pythonic 的代码。这种简洁、优美存在于 Python 的各个方面，随处可见，包括表达式和其他基本内容。

2.1.1 基本数据类型

Python 的数据类型可以被简单地划分为两种：基本数据类型和容器数据类型。基本数据类型是单一对象，包括数字型、布尔型及 None；容器数据类型包括序列、字典和集合。具体如图 2-1 所示。

首先介绍基本数据类型。

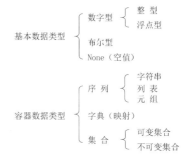

图 2-1 Python 的数据类型

1. 整型（int）

整型变量的取值必须是整数，与 C、Java 等静态语言不同的是，Python 中的整型变量并没有固定的长度限制，整数的最大值只受内存的限制，也就是说，用户可以定义大得超乎想象的整数。我们可以使用 type() 函数查看当前变量的数据类型，使用内建函数 int()（这种和数据类型同名的函数称为工厂函数）将一个浮点型变量或一个纯数字的字符串转换为整型。Python 还提供了 bin()、 oct()、hex()三个函数，分别用于将整数转换为对应的二进制、八进制、十六进制的字符串表达。反向的转换，即将非十进制转换回十进制，其方法比较复杂，需要使用工厂函数 int(x, base)，其中参数 x 是非十进制数字的字符串表达，base 是对应的进制。

2. 浮点型

浮点型变量的取值就是数学中的小数，类似于 C 语言中的 double 类型，是双精度浮点数。将整数与浮点数进行算数运算的结果是浮点数。当一个非整数被赋值给一个变量时，这个变量的数据类型就是浮点型。用户可以使用工厂函数 float()将一个整型变量或一个纯数字的字符串转换为浮点型。

3. 布尔型

布尔型变量的取值只有两个，即 True 和 False，默认为 True。其他变量也可以作为布尔值，其中数字 0、空字符串、空的列表和元组、空的集合、None 都被视作 False，非 0 和非空容器数据类型则被视作 True。和其他类型一样，用户可以使用工厂函数 bool()将不同的变量转换为布尔型。

4. None

None 表示一个空对象，没有方法和属性，它的其他特性如下所述。
- None 是一个特殊的常量。
- None 和 False 不同。
- None 不是 0。
- None 不是空字符串。
- None 和任何其他的数据类型比较时永远返回 False。
- None 有自己的数据类型 NoneType。
- 可以将 None 赋值给任何变量，但不能创建其他 NoneType 对象。

作为一种动态语言，Python 具有自适应的数据类型。对于程序员来说，这可以算是一个不小的优势。在声明一个变量时，不需要显性地指明它是什么数据类型，只需要根据赋值来决定即可。例如，将一个整数赋值给一个变量，此时它是一个整型；将一个字符串赋值给同一个变量，则它将被转换为字符串类型。

2.1.2 容器数据类型

容器数据类型是将基本数据类型按某种方式组织起来的数据结构，也可以将其理解为基本数据类型的集合。我们将在项目 4 中详细讲解各种容器数据类型的特性、功能和常用方法，这里只进行简单介绍。

1. 字符串（string）

字符串是字符的集合，一般放置在成对的单引号、双引号或三引号（连续三个单引号或双引号）之间。字符串与下面将要介绍的列表和元组一样，都属于序列类型。这表示它们可以使用方括号[]索引组成自身的各个元素。所有的序列类型都有相同的索引规则，第一个元素的索引数字是 0，第二个元素的索引数字是 1，以此类推，最后一个元素的索引数字是元素总个数-1。通过索引号，用户就能访问想要访问的元素。

2. 列表和元组（list & tuple）

列表和元组类似于 C 语言中的数组，不过它们支持不同类型的元素。列表和元组中的元素可以是数字、字符串、其他列表、字典或集合。列表和元组的差异请参考项目 4，这里不进行介绍。

3. 字典（dictionary）

字典是无序的，因此不支持数字序号作为索引。它使用键来索引对应的值。键/值对是一一映射的，所以字典是一种映射类型。每个键必须是唯一的，不允许有相同的键，而值可以相同。

4. 可变集合与不可变集合（set & frozenset）

集合是一个无序不重复的元素集，由于它是无序的，所以不能执行索引操作。集合分为可变集合与不可变集合，可变集合允许添加和删除集合中的元素，而不可变集合则不能。可变集合不是可哈希的，所以不允许被当作其他集合的成员，也不能被当作字典的键；不可变集合则相反，它有哈希值，所以它可以作为其他集合的成员，也可以作为字典的键。

2.2　任务 2　掌握表达式和运算符

表达式和语句　　　数学运算、比较运算、赋值运算　　位运算、身份运算、逻辑运算及运算符优先级

将需要处理的数据（如常量、变量、函数等）用运算符按一定的规则连接起来的、有意义的组合称为表达式。和表达式密切相关的是运算符，如果一个运算符需要两个变量参数，则它是一个双目运算符；如果一个运算符只需要一个变量参数，则它是一个单目运算符。Python 中的运算符分为六大类，分别是数学运算符、比较运算符、赋值运算符、位运算符、身份运算符和逻辑运算符。下面将依次介绍。

2.2.1　数学运算符

数学运算符处理的对象都是数字型，并且都是双目运算符，可以连接两个不同的数字，返回一个运算结果，该结果也是数字型。各种数学运算符及其作用如表 2-1 所示。

表 2-1　数学运算符及其作用

运算符类别	描　述	示　　例
+	用于加法运算	2+3
−	用于减法运算	3−1
*	用于乘法运算	2*3
/	用于除法运算	10/3　　# 结果为 3.333333333333
%	取模（除法取余）	10%3　　# 结果为 1
**	乘方（幂运算）	2**3　　# 结果为 8
//	整除（针对浮点数）	10.0//3　　# 结果为 3.0

Python 不支持 C 语言中的++（自增 1）和--（自减 1）运算符，因为+和-也可用于单目运算，此时它们表示正负号，--n 会被解释为-(-n)，负负得正，从而得到+n。++n 也是同理。不过，Python 有自己的自增和自减赋值方法，下面会详细介绍。

有些数学运算符，如+和*，对于某些容器数据类型的对象（如列表和字符串）也是有效的，本书会在项目 4 中介绍这些内容。

2.2.2 比较运算符

比较运算符用于连接相同数据类型的对象，按照运算符的含义进行判断，并返回一个逻辑对象（True 或 False）。各种比较运算符及其作用如表 2-2 所示。

表 2-2　比较运算符及其作用

运算符类别	描　　述	示　　例	
==	是否相等	2==2	# 结果为 True
!=	是否不相等	3!=3	# 结果为 False
>	是否大于	3>4	# 结果为 False
<	是否小于	3<4	# 结果为 True
>=	是否大于或等于	3>=3	# 结果为 True
<=	是否小于或等于	3<=4	# 结果为 True

比较运算符除了可以用于比较数值和逻辑对象，也可以用于比较容器对象。同样地，本书会在项目 4 中详细介绍这些内容。

2.2.3 赋值运算符

赋值运算符用于将该运算符右侧对象的值赋给左侧对象。左侧对象不能是常量，因为它必须接受（被更改为）右侧对象的值，而常量是不允许被更改的。各种赋值运算符及其作用如表 2-3 所示。

表 2-3　赋值运算符及其作用

运算符类别	描　　述	示　　例	
=	简单赋值	a=5、b='abc'、d=a+2	
+=	自加赋值	a+=1	# 等效于 a=a+1，类似于 C 语言中的 a++
		a+=b	# 等效于 a=a+b
-=	自减赋值	a-=b	# 等效于 a=a-b
*=	自乘赋值	a*=b	# 等效于 a=a*b
/=	自除赋值	a/=b	# 等效于 a=a/b
%=	自取模赋值	a%=b	# 等效于 a=a%b
**=	自乘方赋值	a**=b	# 等效于 a=a**b
//=	自整除赋值	a//=b	# 等效于 a=a//b

Python 允许用户使用非常灵活的方式进行简单赋值，例如，用户可以给多个变量进行批

量赋值：

```
>>> a,b,c = 1,2,3          # 同时为 3 个变量赋值
>>> print(a)
1
```

用户还可以使用简单赋值运算符实现变量的值相互交换：在 C 语言中一般通过设置一个中间变量，或者使用三重加减法来实现；而在 Python 中只需要使用一个交叉赋值语句即可。假设 a=3，b=5，则上述 3 种方法的差异如表 2-4 所示。

表 2-4　交换变量值的 3 种方法

中间变量法		三重加减法		交叉赋值法（Pythonic）
temp=a	# temp=3	a=a+b	# a=8	
a=b	# a=5	b=a-b	# b=3	a,b = b,a
b=temp	# b=3	a=a-b	# a=5	

简单赋值语句支持交叉赋值法，可以看出，这种方式在交换变量时非常高效、简洁，这就是 Python 式的特性，即 Pythonic。

在 Python 3.8 中，还增加了一种新的赋值方式，叫作海象运算符，它使用冒号和等号的组合 ":="，看上去像一张横过来的海象脸。想要理解海象运算符，需要先理解赋值操作的本质。赋值操作不像其他运算操作那样会产生结果。赋值是把等号右侧的数值传递给等号左侧的标识符，在赋值的过程中不会产生新的数值。所以，赋值操作是一种语句，而不是表达式。海象运算符是一种特殊的赋值运算符，它既完成了赋值，又将赋值的内容作为返回值。例如：

```
>>> print(a:=5)
5
>>> a
5
```

2.2.4　位运算符

位运算符用于处理二进制位，共有 6 种位运算符，其中包括 3 个双目运算符和 3 个单目运算符。各种位运算符及其作用如表 2-5 所示。

表 2-5　位运算符及其作用

运算符类别	描　述	示　例
&	与运算（双目）	1&1=1　1&0=0　0&1=0　0&0=0
|	或运算（双目）	1|1=1　1|0=1　0|1=1　0|0=0
^	异或运算（双目）	1^1=0　1^0=1　0^1=1　0^0=0
~	获取整数的相反数，但绝对值会偏移 1（单目）	~5=-6　~0=-1　~-3=2
<<	向左移 n 位，右侧多出的 n 位均以 0 填充。如果处理数字，则本质上相当于乘以 2 的 n 次幂	5 << 2 = 20 128<<2 = 256
>>	向右移 n 位，右侧超出的 n 位均被舍弃。如果处理数字，则本质上相当于除以 2 的 n 次幂	15 >> 2 = 3 128>>2 = 64

2.2.5 身份运算符

Python 中的对象包含三要素：id、type、value。id 是对象的身份，用来唯一标识一个对象，本质上是对象在内存中的逻辑地址；type 用于标识对象的数据类型；value 是对象的值。

运算符 is 用于判断 id 或 type，例如，以下语句表示，如果对象 a 和 b 具有相同的内存地址（即表明它们是同一个对象），则输出信息 True：

```
>>> b = a
>>> a is b
True
```

由此可见，对象 a 和 b 具有相同的内存地址，是同一个对象。在 Python 中，变量和值之间是一种链接关系，当这个变量被赋值给另一个变量时，其实是使后者链接到了相同的目标。

is 还可以用来判断一个变量是否是某个数据类型。以下语句表示，如果对象 a 属于整数型，则输出信息 True：

```
>>> a = 2
>>> type(a) is int    # type()是一个内建函数，用于查询对象的数据类型
True
```

is 也可以用于判断对象是否属于一个容器（包括列表、元组、字典或集合）。

和 is 相反的运算符是 is not，它用来判断对象 a 是否不是对象 b，或者对象 a 是否不属于容器 c。

判断对象是否属于一个容器，也可以使用 in 或 not in，例如：

```
>>> l1 = [1,2,3,4]
>>> 3 in l1
True
```

2.2.6 逻辑运算符

逻辑运算符包括 3 种：and（与）、or（或）、not（非）。逻辑运算和位运算中的与、或、非运算其实是类似的。各种逻辑运算符及其作用如表 2-6 所示。

表 2-6　逻辑运算符及其作用

与运算表达式	结　果	或运算表达式	结　果	非运算表达式	结　果
True and True	True	True or True	True	not True	False
False and True	False	False or True	True	not not True	True
True and False	False	True or False	True	not False	True
False and False	False	False or False	False	not not False	False

将两个 not 运算符连在一起，其效果会相互抵消，类似于数学计算中的负负得正。

2.2.7 运算符优先级

不同的运算有不同的优先级，先进行优先级高的运算。例如，在算术四则运算中，乘除法比加减法的优先级高。对于程序设计来说，同样如此。在一个表达式中，Python 会根据运

算符优先级从高到低进行计算。在表 2-7 中，运算符优先级首先在左列从低到高排列，然后在右列从低到高排列。

表 2-7　运算符优先级

运　算　符	描　述	运　算　符	描　述
or	布尔或	^	按位异或
and	布尔与	&	按位与
not x	布尔非	<<, >>	移位
in，not in	成员测试	+，−	加减法
is，is not	同一性测试	+x，−x	正负号
<, <=, >, >=, !=, ==	比较运算	~x	按位翻转
		按位或	**	指数计算

2.3　任务 3　了解 Python 代码的规范性要求

计算机编程语言和自然语言的最大区别在于，在不同的语境下可以对自然语言有不同的理解，而想要计算机根据编程语言执行任务，就必须保证使用编程语言写出的程序没有歧义。所以，任何一种编程语言都有自己的一套代码规范，Python 也不例外。

其他基本语法规则

2.3.1　合法的变量名

程序的本质是指令和数据，数据可能是相当复杂的，因此需要为它们定义一些简短、易记的名称。和 C 语言类似，变量名也称标识符，只能以字母或下画线开头，不能以数字或其他字符开头。变量名的其他部分可以由字母、下画线和数字组成。变量名对大小写敏感，因此 varname 和 varName 是两个不同的变量。此外，变量不能是任何 Python 的保留字（关键字），如表 2-8 所示。这些保留字也可以在 Python 代码中查询，它们保存在 keyword 模块的 kwlist 变量中。kwlist 是一个列表对象，我们可以导入 keyword 模块，并打印这个列表，就能看到所有的保留字了。至于如何导入模块并使用其中的内容，稍后会介绍。

表 2-8　Python 中的保留字

False	assert	continue	except	if	nonlocal	return
None	async	def	finally	import	not	try
True	await	del	for	in	or	while
and	break	elif	from	is	pass	with
as	class	else	global	lambda	raise	yield

下面是一些约定俗成的规则：

常量名通常全部大写，如果常量名由多个单词构成，则使用下画线分隔，如 CONST_NAME。

类名通常首字母大写，如果类名由多个单词构成，则每个单词都首字母大写，如 ClassName。

对于单个单词构成的变量，全部使用小写字母。如果变量名由多个单词构成，则首个单词全部小写，其他单词的首字母大写（驼峰命名法）；也可以每个单词都使用小写，并通过下画线来分隔，如 var、varName 或 var_name。

2.3.2 转义字符

所有的 ASCII 码都可以使用反斜杠 "\" 加数字（一般是八进制数字）来表示。而很多程序设计语言，如 C、Java、Python 等，定义了在一些字符前加上反斜杠来表示常见的不能直接显示的 ASCII 字符，如换行符、制表符等，称为转义字符，这是因为后面的字符已经不是它自身在 ASCII 编码中的字符意思了。常见的使用转义字符的场景是字符串，Python 中的转义字符如表 2-9 所示。

表 2-9　Python 中的转义字符

转　义　字　符	描　　述	转　义　字　符	描　　述
\	续行符	\v	纵向制表符
\\	反斜杠 "\"	\t	横向制表符
\'	单引号	\r	回车符
\"	双引号	\f	换页符
\a	响铃（主板蜂鸣器）	\yy	使用一个八进制数，代表对应的 ASCII 字符
\b	退格符	\xyy	使用一个十六进制数，代表对应的 ASCII 字符
\e	转义符	\other	其他字符以普通格式输出
\n	换行符		

2.3.3 编写注释

对于任何一门程序设计语言来说，注释都是非常重要的，可以起到备注的作用。在团队合作时，个人编写的代码经常会被多人调用，为了使别人更容易理解代码的用途，使用注释是非常有效的。此外，当程序变得越来越复杂后，我们可能很快会迷失在自己的代码中，忘记了某个函数的作用，这时注释也能提醒我们。注释还可以用作程序的简介，向用户介绍这个程序的功能。

Python 中有两种注释方式，一种是单行注释，以#作为注释的开头，在#之后直到当前行的末尾，所有的字符均被视作注释，解释器会忽略掉注释，不予执行。

另一种注释是多行注释，如果用户使用三重引号将多行字符引起来，则这些连续的行会被视作多行字符串，同时可以作为多行注释。需要注意的是，用户必须使用统一的双引号或单引号，不能一端是双引号而另一端是单引号。一个合法的多行注释如下：

```
""" hello  everyone
    happy  newyear """
```

多行注释不会被单独执行，但它毕竟是字符串的一种形式，因此可以赋值，可以作为函数的参数，可以被打印。有一个关于九九乘法表的示例：程序设计语言如何用最简单的方式输出一个九九乘法表？在 Python 中，不必使用任何循环结构，只需要使用多行字符串写出完整的九九乘法表，然后通过一条 print 语句便可以将九九乘法表打印出来。

2.3.4　变量注解

Python 是动态语言，变量随时可以被赋值为不同的类型，而且 Python 是解释型语言，变量类型是在运行期决定的。虽然这很方便，但在很多场景中会带来一些问题——由于变量可以是任何类型，因此会产生二义性。变量注解功能是 Python 3.6 引入的新特性，允许用户为变量指定一个数据类型，用法如下：

```
>>> a:int = 3
>>> b:float = 3.333
```

从语法格式上看，这很像静态语言中的类型声明，但 Python 中的变量注解不是强制性的，只是一个特殊的注释，仅用于建议。解释器也不会对实际赋值的类型进行检查。

2.3.5　行拆分与行拼接

和 C 语言中使用分号作为一行语句的结束有所不同，Python 语句中以换行来结束语句。但是，如果用户需要在一行里书写多条语句，这也是被允许的。用户可以在一行语句的结尾写上分号，然后不换行，接着写第二条语句，分号在这里起到拆分的作用。例如：

```
>>> a=3;b=4;print(a+b)
7
```

但本书并不提倡这样做，因为这会降低代码的可读性。

除了行拆分，用户也可以对多行代码进行拼接。虽然现在的宽屏显示器已经可以单屏显示超过 256 列字符，但是 Python 规范仍然坚持行的最大长度不得超过 78 个字符的标准（除非是长的导入模块语句或注释里的 URL）。对于超长的行，建议以多行书写并进行拼接。两种常用的方法如下所述。

（1）隐式的行拼接。在括号（包括圆括号、方括号和花括号）内换行，例如，现有一个列表类型的对象（暂且将它理解为类似于 C 语言里的数组，但是列表中的元素可以是其他数据类型），它使用方括号来定义数据，用户可以每写一个数据就新起一行，下面的代码展示了单行书写和多行书写的差异：

```
list1=['anna', 'elsa', 'christophe', 'hans']

list2=[
    'anna',                # 注意：为了可续性，一般要多一层缩进
    'elsa',
    'christophe',
    'hans',
    ]
```

（2）显式的行拼接。在长行中加入续行符（即反斜杠"\"），然后在下一行书写剩下的内容，它们仍然被 Python 解释器视作单独的一行。通常而言，当用户使用续行符时，应将其放在表达式的操作符前，且换行后多一个缩进，以便维护人员在查看代码时看到代码行首即可判定这里存在换行，例如：

```
>>> print(3\
       +2)       # 注意 2 在新行的行首而不是旧行的行尾，上一行的续行符不可省略
5
```

2.4 任务4 程序设计：模拟掷骰子

骰子是比较常见的游戏道具，它的特征是正方体的 6 个面上分别有 1 ～6 个圆点，当抛出骰子时，每一面朝上的机会都是 1/6。要模拟掷骰子，只需要在程序中随机地给出 1～6 中的任意整数即可。

2.4.1 初识模块

我们不需要亲自实现生成随机数的功能，Python 在标准安装中集成了许多有用的模块，称为标准库。只要导入一个模块，就能使用它提供的功能。其中，用于生成随机数的模块是 random。

导入模块需要使用关键字 import，语法如下：

```
>>> import random
```

这样就导入了 random 模块。我们可以使用 dir()函数，以模块名进行查询，并返回模块中所有可用的名称，再辅以 help()函数，就能了解模块中各个函数或类的用法了。

2.4.2 掷骰子的实现

要模拟掷骰子的行为，只需要调用 random 模块中的 randint()函数即可。该函数可以在用户指定的区间内生成一个随机的整数。注意语法规则：先写模块名，中间使用一个句点，再连接函数名，必须传递两个参数，也就是用户需要指定的整数区间。例如：

```
>>> random.randint(1,6)
3
```

当用户在交互式解释器里工作时，按上方向键，可以调出历史代码。所以只需要简单地按上方向键，然后按 Enter 键，就能再次得到随机数。也就是说，用户可以通过这样的方式不断地掷骰子。

2.5 任务5 初步了解 Python 中的对象

Python 同时支持面向过程和面向对象编程，其对面向对象编程的支持是十分彻底的。Python 中所有的一切都是对象，包括每一个字符，每一个数字。根据对象的类型可以将对象分为可变对象和不可变对象，下面分别介绍它们。

工厂函数、可变与不可变对象

2.5.1　工厂函数

在前文我们已经见到了一些工厂函数,这些和数据类型同名的函数其实是内建的类,我们只不过是调用了类的构造方法,从而产生了该类的一个实例。有关类和构造方法的更多信息,请参考项目 7 中的相关内容。

2.5.2　不可变对象

不可变对象,顾名思义,其内容不可改变。在前面介绍的数据类型中,数字型(整型和浮点型)、布尔型、None、字符串、元组、不可变集合(frozenset)都是不可变对象。以数字型为例,当用户将一个数字赋值给一个变量时,实际上是将这个数字链接到了该变量,或者说该变量引用了这个数字。

Python 中的变量存放的是对象引用,所以对于不可变对象而言,虽然对象本身不可变,但是变量对于对象的引用是可变的。这么看来,不可变对象似乎也可以变化了。不可变对象的赋值如图 2-2 所示,描述了赋值引起的引用的变化。在前文介绍运算符 is 时也提到了类似的概念。在对象重新赋值的前后,不可变对象的特征没有变,依然是不可变对象,变的只是创建了新对象,改变了变量的对象引用。

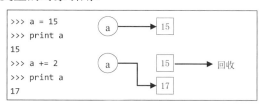

图 2-2　不可变对象的赋值

2.5.3　可变对象

可变对象有列表、字典和(可变的)集合。所谓可变对象,是指对象的内容是直接可变的,也就是说,无须重新赋值即可更改其内容。可变对象的变化方式基于对象自身的方法(在 C++语言中类和对象的方法称为成员函数),如列表,一种类似于 C 语言中数组的数据类型,其中有一些方法可以用来修改自己。下面的代码演示了列表对象如何通过 append()函数来追加一个元素(即成员数据):

```
>>> list1 = [1,2,3]
>>> list1.append(5)
>>> print(list1)
[1, 2, 3, 5]
```

此处不过多地介绍列表这一数据类型,只是为了说明一个可变对象如何变化——不需要再次赋值。

读者可能已经注意到了,不可变对象的类型比可变对象多。那么,为什么要设计这么多的不可变对象呢?因为不可变对象一旦创建,其内部的数据就不能修改,从而减少了修改数据所导致的错误。此外,由于对象不可变,在多任务环境下同时读取对象时不需要加锁。在编写程序时,如果情况允许,就应该尽量使用不可变对象。

2.6 任务6 了解 Python 程序的交互方法

很多程序都会涉及和用户的交互,最简单的交互方式就是由用户输入信息。在 Python 中可以通过 input()函数来接收用户输入。

输入字符和数值　　如何打印输出

2.6.1 input()函数

input()函数直接将用户输入的信息作为字符串来接收,无论用户输入什么内容都会被视作字符串。因此,如果用户想要输入数字,则需要结合数字型的工厂函数来使用,例如:

```
>>> a = input('Enter a Number:')
Enter a Number: 22
>>> a
'22'
>>> b = int(input('Enter a Number:'))   # 使用 int()工厂函数
>>> b
22
```

2.6.2 print()函数的一些特性

使用 print()函数可以按变量名打印,也可以不按变量名,直接按对象的值打印,例如,直接打印一个数字、字符串或其他类型。当然,混合打印也是可以的,print()函数可以打印多个对象,只要使用逗号分隔即可。例如:

```
1    s1 = '1+2='
2    print(s1,3)
3    print('next row')
```

执行结果如下:

```
1+2= 3
next row
```

从执行结果可以看到,在同时打印多个对象时,每两个对象之间会以一个空格隔开。第二行代码表示打印变量 s1 和数字 3,而且在打印输出时它们中间被加上了空格。这是因为 print()函数具有默认的分隔符参数 sep='',注意,引号里是一个空格。如果不想要将它们分隔,或者希望使用其他字符分隔,可以自行设置。

另一个特性是,虽然我们没有使用换行符\n,但是每一个 print()函数结束后都进行了换行,因此两个 print()函数所打印出来的结果显示为两行。这是因为 print()函数还有一个参数叫作 end,用于确定打印结束之后的结尾符。当未指定此参数的值时,默认为换行符\n。因此,如果不换行,则需要将此参数指定为空字符串。例如:

```
1    s1 = '1+2='
2    print(s1,3,end='')     # end 后面不是双引号,而是两个单引号靠在一起,后面不再对类似情况进行说明
3    print('next row')
```

执行结果如下：

```
1+2= 3next row
```

2.6.3　格式化表达式

格式化表达式是字符串的功能，一般和 print()函数搭配使用。在字符串中，%表示格式化字符串的占位符。如果在引号内有一个%，则在引号结束后必须有一个%和对应的参数；如果在引号内有多个%，则在引号结束后必须有一个%及圆括号（即元组）内的多个参数。

在字符串内的占位符%之后要连接一个需要格式化的类型，该类型对应了最后的参数。例如，引号内有%s，引号结束后的参数必须是字符串，下面为对应关系：

%s　　　　字符串

%d　　　　整数

%f　　　　浮点数

%.2f　　　浮点数，精度为 2 位

%8.2f　　　浮点数，精度为 2 位且带指定显示的位宽（空格填充），这里表示总共 8 个字符的宽度

%-10s　　　字符串按 10 个字符的宽度显示，并且左对齐。仅当指定宽度大于字符串实际宽度时有效

%08d　　　整数按 8 个字符的宽度显示，并且用 0 填充。只有数字型才可以用 0 填充，字符串不可以

```
>>> age = 22
>>> sum = 2.5
>>> name = 'Hanmeimei'
>>> print('Her name is %s' % name)
Her name is Hanmeimei
>>> print('She is %d years old, and in debt to me %f $.' % (age, sum))
She is 12 years old, and in debt to me 2.500000 $.
```

在使用这种方式时，请特别注意其语法格式。字符串包含占位符，字符串之外（即引号外）需要再连接一个百分号，然后使用空格将最后的参数隔开。如果参数有多个，则必须使用圆括号，即元组的形式。

在大多数情况下，可以使用%s 代替其他类型，因为要把内容打印出来，只需要使用字符串就足够了，所以只有在特殊情况下才需要使用%d、%f 等。换言之，整数和浮点数都能以字符串的形式来表示，反之则不然。

2.6.4　其他相关函数

repr(object)：返回包含一个对象的可打印表示形式的字符串。如果对象本身是字符串，则返回对应的多嵌套了一层引号的字符串。

eval(str)：使用字符串来提供一个表达式，eval()函数会执行此表达式，并返回执行结果。我们可以认为 Python 2 中的 input()函数等价于 Python 3 中的 eval(input())函数。Python 3 不再提供这样的 input()函数，这是因为它存在严重的安全隐患，我们可以使用经过审查的字符串

来调用 eval()函数，但是不要让用户直接输入参数。

exec(str)：使用字符串来提供一个 Python 语句，exec()函数会执行此语句，并返回 None。

2.6.5 任务：打印员工信息表

程序可以处理数据，并将处理好的结果提交给用户。很多时候，我们希望这些结果可以按照某种格式来呈现。在计算机和打印机大规模代替笔墨之前，如果我们不得不阅读或者查看别人书写的文章或报告，则希望看到的是工整的字迹，而不是晦涩难懂的潦草文字。那么，为什么不尽量让程序打印出的数据具有更加规范、整齐的格式呢？

假设你的单位需要一个小程序——员工信息展示板。每个员工都在这个程序中输入姓名、年龄、岗位、职级，可方便 HR（人力资源）或其他领导随时查看。为了使展示的效果更好，必须让这个程序在显示每条信息时使它们对齐。也就是说，要求以格式化方式输出，例如：

```
Name: XXXXXXX
Age  : XXXXX
Post : XXX
Rank : XXXXX
```

要实现这样的打印效果，使用前面介绍的格式化方式输出即可。例如：

```
name = input('Please input your name:')
age = input('Age:')
post = input('Post:')
rank = input('Rank:')
print('''                            # 使用三引号进行多行文本输出
Personal information of %s:          # 占位符->变量 name
    Name : %16s                      # 占位符->变量 name
    Age  : %16s                      # 占位符->变量 age
    Post : %16s                      # 占位符->变量 post
    Rank : %16s                      # 占位符->变量 rank
--------------------------------
''' % (name,name,age,post,rank))      # 每个占位符对应的变量，严格按顺序排列
```

执行结果如下：

```
Please input your name:Robert Heinlein
Age:60
Post:CTO
Rank:Senior Engineer
Personal information of Robert Heinlein:
    Name :    Robert Heinlein
    Age  :    60
    Post :    CTO
    Rank :    Senior Engineer
--------------------------------
```

2.7 小结

本项目主要介绍了 Python 表达式中最基本的两个元素，即数据类型和运算符，同时对于对象这一概念及用户交互方法也进行了简单介绍。

- 基本数据类型
- 容器数据类型
- 表达式
- 运算符
- 运算符优先级
- 用户输入
- 屏幕输出
- 格式化输出

2.8　习题

1. 在交互式解释器中给不同的变量赋予不同数据类型的值，如浮点数、字符串等，输入变量名并按 Enter 键，然后针对相同的变量使用 print 语句，两者有何区别？

2. 使用表达式描述下列命题。

（1）n 是 m 的倍数　　　　　（2）n 是小于正整数 k 的偶数

（3）$x \geq y$ 或 $x < y$　　　　　（4）x、y 中有一个小于 z

（5）x、y 都小于 z　　　　　（6）x、y 都大于 z，且为 z 的倍数

3. 手工计算（或心算）下列表达式的值，然后使用代码验证是否正确。

（1）16/4-2**5*8/4%5//2　　　　　（2）~30<<2*12**-6*22

（3）6**2+40&1*5

4. 设计一个程序，让用户输入平面坐标系中的两个坐标，然后计算出两点之间的距离。

5. 我们在 2.4 节中认识了 random 模块，它提供了很多有用的随机函数。下面列举了一些需求，请利用 help() 函数查询需要使用什么函数来达成目的。

（1）在容器对象中随机选择一个对象。

（2）在容器对象中随机选择 n 个对象，并可以按照需求设置权重。

（3）在容器对象中随机抽取（不重复选择）n 个对象，并可以按照需求设置权重。

（4）对可变类型的有序对象（如列表）打乱顺序。

>>>>>

项目3

流程控制

如果不控制程序的执行流程，它就只能从第一行代码开始，按顺序一条一条地执行，直到最后一行，这就是所谓的顺序结构。除了顺序结构，还有两种典型的流程结构：分支结构和循环结构。从理论上来讲，任何复杂的业务逻辑，都能通过顺序、分支、循环这 3 种结构的组合来实现。

3.1 任务 1 了解代码块和程序框图

3.1.1 代码块与缩进

代码层次结构与程序流程图

代码块是指成块的代码，通常由若干行代码组成（也有只有单条语句的代码块），与代码块外的代码处于不同的层次关系。除了分支语句、循环语句等流程控制语句，定义函数、类及类方法、异常处理等语句都涉及代码块。

Python 的代码块不使用花括号{}来定义，而是使用行首的缩进来标明。Python 解释器并没有限制用户在每一级缩进时使用几个空格，只要同一个代码块中所有行的缩进距离相同即可。通常使用 4 个空格来定义一级缩进，如果有两级缩进，就使用 8 个空格，以此类推。在严格要求的代码缩进之下，Python 代码非常整齐规范、赏心悦目，提高了可读性，在一定程度上也提高了可维护性。

不建议使用制表符（即使用 Tab 键）来缩进。因为在使用文本编辑器编写代码时，不同平台的制表符有不同的缩进距离。Windows 制表符的宽度是 8（半角字符），而 Linux 制表符的宽度是 4（半角字符），因此，制表符可能会使用户的代码在跨平台执行时出错（TabError）。

当然，现在的 IDE 和一些具有很多新特性的文本编辑器支持.py 源代码文件格式的各种特性，包括将制表符自动转换为 4 个空格，在这种特性的支持下，可以使用 Tab 键。

定义代码块非常简单，需要遵循以下几条规律。

- 定义代码块的语句，即入口语句，需要以冒号结束，它表示从下一行开始需要增加一级缩进。此后的每一行都属于同一个代码块，需要采用相同的缩进量。
- 当用户在代码块中进一步申明一个新的代码块时，就需要采用第二级缩进，以此类推。
- 当用户在代码块中减少缩进量时，表示当前代码块已经结束，后续的行将回退到上一层。特别地，当用户的语句缩进量为 0（顶格书写）时，则表示已经位于顶层代码。

由于没有额外的字符（如括号或标签）控制缩进，代码更简洁，并且相同代码块有相同的缩进，使程序的层次结构一目了然，因此程序具有更高的可读性。

对于 Java、C、C++、Delphi 等语言来说，缩进对于编译器来说没有任何的意义，只是使得代码更加容易理解。但是对于 Python 来说，缩进就是代码块的标识，不符合规范的缩进会产生 IndentationError 错误。

注意：当用户在交互式解释器中定义一个代码块时，由于是"交互"的，因此解释器不能预测用户尚未输入的代码，它不知道用户的代码块会在哪一行结束，它会假定用户的下一行代码仍然处于代码块内，需要和上一行有相同的缩进。这时如果用户直接顶格书写，就会导致语法错误。正确的做法是多输入一个空行，表示代码块到此结束，下一行就可以顶格书写了。

3.1.2　程序框图

程序框图又称程序流程图，是以特定的图形符号加上说明来表示算法的图形。流程图使用一些标准符号代表某些类型的动作，如决策用菱形框表示，具体活动用方框表示。但与这些符号规定相比，更重要的是必须清楚地描述工作过程的顺序。流程图也可以用于设计或改进工作过程，具体做法是先画出事情应该怎么做，再将其与实际情况进行对比。

为了便于识别，绘制流程图的习惯做法如下所述。

- 圆角矩形表示"开始"与"结束"，如图 3-1（a）所示。
- 平行四边形表示输入/输出，如图 3-1（b）所示。
- 箭头表示工作流方向，如图 3-1（c）所示。
- 矩形表示处理步骤，如图 3-1（d）所示。
- 菱形表示问题判断或选择环节，如图 3-1（e）所示。

图 3-1　程序框图的图例

3.2 任务 2 掌握分支结构

程序是由多条语句组成的，描述了计算的执行步骤。当人们利用计算机解决一个问题时，必须先将问题转换为计算机语句并描述解题步骤，也就是程序。一般来说，计算机执行的程序都是按照一定的程序流程编写的。常见的程序流程控制结构包括顺序结构、分支结构、循环结构。

程序设计理论已经证明，任何程序都可以由以上 3 种基本结构组成。之前我们已经写过的代码均属于顺序结构。Python 用 if 语句实现分支结构，用 for 和 while 语句实现循环结构。下面介绍分支结构。

单条件分支结构　　　　多条件分支结构和嵌套的　　　　单句多条件、短路逻辑、多个 if 语句块
　　　　　　　　　　　　　分支结构

3.2.1 单条件分支结构

单条件分支结构有两种形式，第一种形式是最简单的 if 句型：如果条件成立，就进行特定的处理，否则什么也不做，直接执行后续代码。这种形式的单条件分支结构如图 3-2（a）所示。下面是一个简单例子：

```
>>> a,b = 5,4          # a=5，b=4
>>> if a>b:            # 如果 a 比 b 大，则打印输出 a 的值
...     print(a)
5
```

单条件分支结构的另一种形式是 if...else 句型，它仍然只有单个条件，但稍微复杂一些，要求条件成立时进行一种特定的处理，而条件不成立时则要进行另一种处理。if...else 句型的逻辑流程如图 3-2（b）所示。

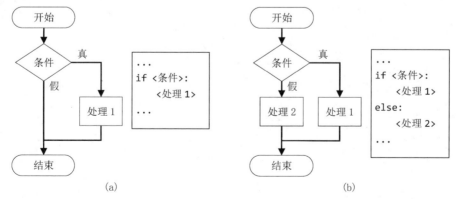

(a)　　　　　　　　　　　　　　　　　　(b)

图 3-2　单条件分支结构的两种形式

3.2.2　多条件分支结构

第二类分支结构是 if...elif 句型，其中 elif 子句可以有多个，对应多个条件，因此它是多条件分支结构。实际上 elif 就是 else if 的缩写。在 if...elif 句型中，当条件 1 成立时执行处理 1，当条件 2 成立时执行处理 2，以此类推。如果所有条件均不成立，则什么都不做，直接执行后续语句，如图 3-3（a）所示。

多条件分支结构也有带 else 子句的形式，即 if...elif...else 句型。它仍然在多个条件中执行符合条件的语句，但额外地，当所有条件均不成立时，它会执行 else 子句下的代码块，如图 3-3（b）所示。

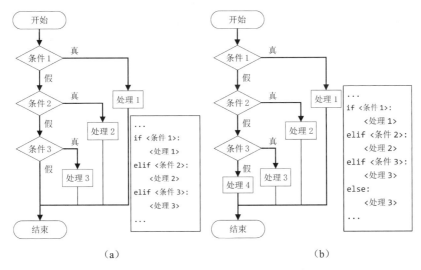

（a）　　　　　　　　　　　　　　　（b）

图 3-3　多条件分支结构的两种形式

下面来看一个例子，使用多条件分支结构将考试成绩由百分制转换为五级制：

```
x = int(input("请输入您的总分: "))
if x >= 90:
    print('优')      #如果输入的分数大于或等于 90，则为优
elif x>=80:
    print('良')
elif x >= 70:
    print('中')
elif x >= 60:
    print('合格')
else:
    print('不合格')
```

执行结果（1）如下：

```
请输入您的总分: 92
优
```

执行结果（2）如下：

```
请输入您的总分: 37
不合格
```

执行结果（3）如下：

```
请输入您的总分: 72
中
```

3.2.3 嵌套的分支结构

在一个分支的代码块中，继续进行新的条件判断，继而产生新的分支，这种情况称为嵌套的分支结构。图 3-4 展示了一个在顶层有多个分支，并且其中一个分支具有嵌套分支的复杂结构，即嵌套的分支结构。

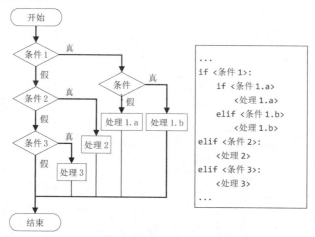

图 3-4　嵌套的分支结构

下面是一个嵌套的分支结构的例子，用户输入三角形三条边的长度，然后由程序判断其是否满足三角形基本定义：任意两条边的长度之和大于第三条边的长度。如果满足上述定义，则进一步判断其是等边三角形、等腰三角形、直角三角形还是普通三角形。代码如下：

```python
import math
a = int(input('please input side A: '))    # 输入第一条边
b = int(input('please input side B: '))    # 输入第二条边
c = int(input('please input side C: '))    # 输入第三条边
if a > b:                # 为了方便计算，我们希望三条边的长度依次递增，边A最短，边C最长，即A<B<C
    a, b = b, a          # 因此，如果边A比边B长，则交换它们的值
if a > c:                # 同样地，如果边A比边C长，则交换它们的值
    a, c = c, a
if b > c:                # 如果边B比边C长，则交换它们的值
    b, c = c, b
if a+b > c and a+c > b and b+c > a: # 若任意两条边的长度之和大于第三条边，则三条边可以组成三角形
    s = (a+b+c)/2                   # s为边长之和的1/2
    area = math.sqrt(s*(s-a)*(s-b)*(s-c))    # 用海伦公式计算三角形面积
    print("Triangle's area is", area)        # 输出三角形的面积
    if a == b == c:                 # 判断是否为等边三角形
        print("Triangle is Equilateral.")
    elif a == b or b == c or a == c:    # 判断是否为等腰三角形
        print("Triangle is Isosceles.")
    elif a*a + b*b == c*c:          # 判断是否为直角三角形
        print( "Triangle is right-angled.")
    else:                           # 或者为普通三角形
        print("Triangle is Normal.")
else:               # 如果不满足任意两条边的长度之和大于第三条边，则三条边不能组成三角形
    print("No triangle.")
```

执行结果（1）如下：　　　　执行结果（2）如下：　　　　执行结果（3）如下：

```
please input side A: 1        please input side A: 3        please input side A: 2
please input side B: 1        please input side B: 4        please input side B: 2
please input side C: 1        please input side C: 5        please input side C: 3
Triangle's area is 0.433012701892    Triangle's area is 6.0    Triangle's area is 1.9843134833
Triangle is Equilateral.      Triangle is right-angled.     Triangle is Isosceles.
```

执行结果（4）如下：　　　　执行结果（5）如下：

```
please input side A: 2        please input side A: 1
please input side B: 4        please input side B: 1
please input side C: 3        please input side C: 5
Triangle's area is 2.90473750966    No triangle.
Triangle is Normal.
```

3.2.4　单句多条件和短路逻辑

我们知道，逻辑运算和数学运算一样，可以进行多重运算。因此用户可以在单个 if 语句中给出多个条件，并使用逻辑运算符连接它们，表达如下：

```
if condition1 and condition2 and condition3 ... :        # 多条件与
if condition1 or condition2 or condition3 ... :          # 多条件或
if condition1 and condition2 or not condition3 ... :     # 多条件组合（与或非都有）
```

需要特别强调的是，Python 中的逻辑运算是短路逻辑，规则如下所述。

（1）对于使用运算符 and 连接的两个逻辑表达式，如果第一个条件为假，则结果一定为假，因此对于第二个条件表达式不进行计算，直接跳过。

（2）对于使用运算符 or 连接的两个逻辑表达式，如果第一个条件为真，则结果一定为真，因此对于第二个条件表达式不进行计算，直接跳过。

短路逻辑同时体现在 if … elif 代码块中，如果 if 子句条件为真，并且每个 elif 子句条件都为真，则只执行 if 子句下的代码块。例如：

```
x = 100
if x >= 90:
    print('优')
elif x >= 80:
    print('良')
elif x >= 70:
    print('中')
```

执行结果如下：

```
优
```

3.2.5　多个 if 代码块

短路逻辑对程序具有积极意义，因为它避免了执行冗余的逻辑运算，提高了程序的效率，所以在项目越庞大，逻辑运算越多的情况下体现得越明显。对于 if...elif 句型，如果确实有特殊需要，希望将所有的逻辑运算执行完毕，则可以改用多个 if 代码块，这样程序在运行时会遍历所有 if 语句（不管每个 if 后的表达式的等价布尔值是否为 True）。例如：

```
x = 100
if x >= 90:
    print('优')
if x >= 80:
    print('良')
if x >= 70:
    print('中')
```

执行结果如下：

```
优
良
中
```

3.2.6 if 语句的三目运算形式

条件语句一般的用法需要使用代码块，如果代码块中的语句很少，且较为简短，就没必要单独书写。if 语句支持三目运算形式，可以将条件语句写在单独的一行中，格式如下：

```
var = express a if <condition> else b
```

多行代码，例如，对两个变量的大小进行比较，会返回数值较大的一个，传统的做法如下：

```
if a>b:
    bigger = a
else:
    bigger = b
```

它等价于下面的三目运算形式：

```
bigger = a if a > b else b
```

在这行代码中，bigger=a 的前提条件是 a>b，如果不满足此条件，则 bigger=b。简单来说，如果条件为真，则返回条件左侧的表达式，否则返回条件右侧的表达式。

3.3 任务 3　掌握循环结构

循环结构是程序执行重复任务的基础，循环可以是无限循环、可控循环和有限次数循环 3 种性质。Python 提供了 while 循环和 for 循环两种方式，while 循环可以实现上述 3 种性质的循环结构，而 for 循环主要用于遍历一个可迭代对象，如字符串、列表等。

循环的 3 种基本形式

循环中的控制语句

3.3.1 while 语句

如同 if 语句，while 语句的关键也是一个逻辑表达式，如果该表达式的结果为真，则循环运行 while 后面的代码块，否则终止循环，如图 3-5 所示。

下面介绍无限循环、可控循环和有限次数循环的设计思路。

1. 无限循环

无限循环即死循环，如果 while 条件表达式的值始终为 True，则它是一个死循环，典型的写法如下：

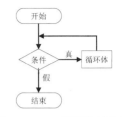

图 3-5 while 循环的基本结构

```
while True:
    ...  # 循环体
```

无限循环一般用于交互式操作，例如，一个后台程序需要监控用户输入，就必须永久等待，当用户输入信息时进行相应的处理，然后继续等待下一个用户输入。又如，在服务器/客户端架构中，服务器端程序需要永久等待客户端的请求。在其他时候，程序语义上的错误可能导致意外的无限循环，对于 Python 控制台程序，用户可以通过键盘（按 Ctrl+C 组合键）来终止程序。

2. 可控循环

如果 while 条件表达式的值依赖于一个可以由块内代码或用户控制的变量，则它是一个可控循环，典型的写法如下：

```
loopCondition = True
while loopCondition:
    ...                          # 循环体
    if branchCondition:          # 通过块内代码控制：当满足特定条件时，终止循环
        loopCondition = False
    ...
```

我们也可以让用户来控制，通过 input()函数让用户输入一个信息，令 while 条件表达式的值为 False，从而终止循环。此方法可以让用户自行决定终止循环的时机。

3. 有限次数循环

有限次数循环又称计数器循环，适用于在循环执行之前就知道重复执行次数的情况。有限次数循环其实是一种特殊的可控循环，用户可以设置一个和数值有关的条件表达式，例如，在循环开始之前声明一个变量为计数器，初始值为 0，并且 while 条件表达式规定计数器的值不得超过某个数字；最后，用户在循环体中使计数器进行自增 1 的运算。这样每一轮循环后，计数器都会增加 1，直到超过 while 条件表达式中规定的数字，从而令表达式的值为 False，终止循环。有限次数循环典型的写法如下：

```
counter = 0
while counter < 100:                    # 假设我们希望只循环 100 次，当 counter 增加到 100 时终止循环
    ...
    counter += 1
```

这个程序还可以稍微修改一下，使它更加 Pythonic。为什么要设置计数器的初始值为 0 且让它自增呢？实际上，如果反过来则会更好。设置计数器的初始值为循坏的总次数，然后在循环体中使它每次自减 1。我们知道，0 在条件表达式中被视作 False，因此 while 条件语句可以是计数器自身，不必再进行比较运算。对比代码如下：

```
counter = 100
while counter:                 # 当 counter 为 0 时终止循环
```

```
...
    counter -= 1
```

3.3.2 子任务：骰子模拟器

之前我们已经在交互式解释器中模拟了掷骰子的行为，但反复调用上一条代码的做法，看上去太不专业了。下面使用无限循环实现骰子模拟器，使程序永久循环并等待用户操作，只要用户按 Enter 键，系统就会随机地从 1～6 中挑选一个数字输出。程序代码如下：

```
import random

while True:
    n = input('Press any key and Enter: ')
    print(random.randint(1,6))
```

这个骰子模拟器是一个纯粹的死循环，程序无法正常退出，只能通过按 Ctrl+C 组合键或 Kill 进程等方法来终止。现在我们将其稍微修改一下，使它成为一个可控循环，此时用户可以选择正常结束，也可以选择永久循环。代码如下：

```
import random
switch = True
while switch:                          # 是否循环取决于变量 switch 的值是否为真
    n = input('Press any key and Enter to get a Random Number, Type Q to quit.')
    if n == 'Q' or n == 'q':           # 如果用户输入 "Q" 或 "q"，则终止循环
        switch = False
    else:
        print(random.randint(1,6))
```

由于任何对象都可以进行布尔测试，因此如果对其加以利用，就可以简化代码。例如，在上面的例子中可以规定，如果用户直接按 Enter 键，得到一个空字符串，就继续；如果用户输入了任意字符，得到一个非空字符串，就终止循环。代码如下：

```
import random
while not input('Press Enter to get a Random Number, Type other character to quit.'):
    print(random.randint(1,6))
```

3.3.3 子任务：输出九九乘法表

下面是一个使用有限次数循环打印九九乘法表的例子。我们通过两个计数器变量来控制两层嵌套的循环，外层计数器的值每次循环自增 1，从 1 递增到 9；内层计数器的值每次循环自增 1，从 1 递增到外层计数器的当前值。示例代码如下：

```
out_counter = 1
while out_counter<=9:
    in_counter = 1
    while in_counter <= out_counter:
        # 乘积可能是两位数，将占位符宽度设置为2，左对齐，并且打印后不换行，因此将 end 设置为空格
        print("%sx%s=%-2s" % (in_counter, out_counter, out_counter*in_counter), end=' ')
        in_counter += 1
    print()                # 打印完一整行再换行
    out_counter += 1
```

3.3.4 break 语句

在 3.3.2 节中的骰子模拟器中，为了让用户可以决定何时终止循环，我们令用户输入信息，并以此信息为 while 条件表达式中的关键变量赋值。相同的任务可以通过 break 语句来完成，并且更加简单。break 语句的作用就是，无论循环的条件是什么，只要程序执行到 break 语句这里，就立即终止循环。使用 break 语句之后的骰子模拟器的程序代码如下：

```
import random
while True:
    n = input('Press any key and Enter to get a Random Number, Type Q to quit.')
    if n == 'Q' or n == 'q':          # 如果用户输入 "Q" 或 q"，则终止循环
        break
    print(random.randint(1,6))
```

3.3.5 continue 语句

break 语句的作用是立刻终止循环，而 continue 语句的作用是立刻跳过当前这一轮循环的剩余语句，进入下一轮循环。

假设有一个热线电话的接线员，要求我们猜测她的年龄，并且会在我们猜错时给出提示"猜得太小了/太老了"，示例代码如下：

```
real_age = 23                                    # 接线员的真实年龄是 23 岁
while True:
    age = input("Guess hers age(Type 'Q' to drop):")   # 输入一个表示年龄的数字
    if age == 'Q' or age == 'q':                 # 如果用户输入 "Q" 或 "q"，则终止循环
        break
    elif age.isdigit():                          # 如果用户输入的是数字
        if int(age) > real_age:                  # 则将数字字符串转换为整数，并和真实年龄对比
            print('Think younger.')              # 提示 "猜得太小了"，并跳过当轮循环
            continue
        elif int(age) == real_age:               # 猜对后终止循环
            print('Good! 10 $.')
            break
        else:
            print('Think older.')                # 提示 "猜得太老了"，并跳过当轮循环
            continue
    else:                                        # 如果输入的是其他字符
        print("Neither it is a number nor a 'Q', again please!")
```

📝 **注意**：当我们猜错时，会通过 continue 语句进入下一轮循环。从理论上来讲，当我们输入非法字符时（根据程序逻辑，这里 Q 和 q 表示退出，数字是合法字符，其他均为非法字符），会获得要求重新输入的提示，也可以通过 continue 语句进入下一轮循环，但是在这段代码里并不需要，因为此处已经是 while 代码块中的最后一条语句了，无论是否有 continue 语句，都会直接进入下一轮循环。

3.3.6 循环结构中的 else 语句

在循环结构中引入 else 语句是 Python 的一大特色，在 Java 和 C 语言中没有这样的设计。循环结构中的 else 语句的基本语法如下：

```
while  condition:
        <block>
else:
        <block>
...
```

它的意思是，当循环结束后，首先执行 else 语句下的代码块，然后执行外部的后续语句。那么，else 语句下的代码块和后续语句有何区别呢？关键在于，只有当循环正常结束时，else 语句下的代码块才会被执行；如果使用了 break 语句终止循环，则 else 语句下的代码块不会被执行。使用 while 条件控制和 break 语句的对比如下：

```
# 使用 while 条件控制                    # 使用 break 语句
switch = True                          switch = True
counter = 0                            counter = 0
while  switch:                         while  switch:
    print(counter)                         print(counter)
    counter += 1                           counter += 1
    if counter > 3:                        if counter > 3:
        switch = False                         break
else: # else 和 while 配对，和 if 无关    else:
    print("the  loop  is  over.")          print("the  loop  is  over.")
```

执行结果（1）如下：   执行结果（2）如下：

```
0                              0
1                              1
2                              2
3                              3
the  loop  is  over.
```

3.3.7　pass 语句

pass 语句是空语句，不做任何事情，主要作用是保持程序结构的完整性，一般用作占位符。以分支结构为例，pass 语句的用法如下：

```
if condition:
    pass          # 当满足条件时，什么都不做
```

pass 语句可以在任意代码块中使用，除分支结构和循环结构外，还可以在函数定义、类定义、异常处理等代码块中使用。使用 pass 语句最多的场景是定义抽象类中的方法，详见项目 7 中的相关内容。

3.4　任务 4　掌握高级循环：for 循环、列表推导式及生成器

3.4.1　for 循环

Python 中的 for 循环和 C、Java 等语言中的 for 循环有很大的区别，它并不是被用作单纯的循环次数和条件控制，而

for 循环

推导式和生成器

是通过遍历一个可迭代对象来作为循环的基础，当遍历对象完成时，循环也就结束了。for 循环最简单的例子就是遍历一个数组形式的列表，代码如下：

```
list1 = [1,2,3,4,5]
str1 = 'Hello world!'
for item in list1:              # 列表是可迭代对象
    print(item, end=")          # 打印后不换行
for item in str1:               # 字符串也是可迭代对象
    print(item)
```

执行结果如下：

```
12345Hello world!
```

从这段代码的执行结果可以看出，for 循环遍历了一个可迭代对象，对象拥有的元素（即成员数据）个数决定了循环的次数，与此同时，元素的内容可以被利用。

for 循环中的 item（用户可以随意给它命名）在遍历可迭代对象时用于存储该对象中当前元素的值。本质上，每次循环相当于把遍历到的元素赋值给了 item 变量。item 在循环结束之后不会立即被系统回收，且允许用户对它进行重新赋值。因此，对于不同的 for 循环，其 item 变量可以使用相同的标识符，如果仅用于表示循环次数，则一般使用 i、j、k。

for 循环在很多时候和内建函数 range() 搭配使用。range() 函数用于生成一个等差数列，它的原型如下：

```
range(stop)
range(start, stop [, step])
```

根据函数定义，用户可以指定一个整型参数 stop，然后返回一个从 0 开始，直到 stop 的值减 1 结束的整数数列，例如 range(5) 会返回一个数列，内容为 0, 1, 2, 3, 4。

用户可以同时指定 start 和 stop，这样可以指定数列的起始数字，例如，range(4,10) 会返回 4, 5, 6, 7, 8, 9。

最后，用户还可以同时指定 start、stop 和 step，step 是数列的步长，即每个元素之间的差。例如，range(0,10,2) 会返回小于 10 的所有偶数。

range() 函数生成的数列是一个特殊的 range 对象。和列表相比，该对象能节省大量的存储空间，因为它不需要直接存储所有内容，而是通过起始数字和步长来推算。可以使用 list() 函数将其转换成列表，也可以不转换，直接使用 for 循环访问。

那么，可以将本节前面的这段代码的第一行改写为：

```
-
for item in range(1,6)
```

如果用户想遍历一个对象，则可以直接使用 for item in object 的形式。例如，当我们通过 dir() 函数来查询一个对象时，实际上返回了一个列表，其中每个元素都是一个字符串，保存了该对象的所有属性和方法。当用户直接打印输出这个列表时，可读性并不是很好。代码如下：

```
list1=dir(list)
print(list1)
```

执行结果如下：

```
['__add__', '__class__', '__contains__', '__delattr__', '__delitem__', '__delslice__', '__doc__', '__eq__', '__format_
_', '__ge__', '__getattribute__', '__getitem__', '__getslice__', '__gt__', '__hash__', '__iadd__', '__imul__', '__init__', '__i
ter__', '__le__', '__len__', '__lt__', '__mul__', '__ne__', '__new__', '__reduce__', '__reduce_ex__', '__repr__', '__revers
ed__', '__rmul__', '__setattr__', '__setitem__', '__setslice__', '__sizeof__', '__str__', '__subclasshook__', 'append', 'count
', 'extend', 'index', 'insert', 'pop', 'remove', 'reverse', 'sort']
```

为了方便查看，我们希望每个名称可以单独在一行中显示，这时就可以使用 for 循环遍历 dir(object)返回的内容，代码如下：

```
for item in dir(list):
    print(item)
```

执行结果如下：

```
__add__
__class__
__contains__
__delattr__
__delitem__
__delslice__
__doc__
__eq__
__format__
__ge__
...    （因为行数过多，下略）
```

和 while 循环一样，for 循环支持 break 和 continue 这两个跳转控制语句，支持 pass 占位语句，支持 else 子句。用户可以像在 while 循环中一样，在 for 循环中使用它们。

3.4.2 基于 for 循环的死循环

由于 for 循环的基础是可迭代对象，因此在正常情况下 for 循环无法做到死循环。itertools 模块中提供了一些特殊的迭代器，其中有 3 个是无限迭代器，通过它们可以实现无限的 for 循环。

itertools.count(start, step)： 计数型迭代器。start 是计数的初始值，step 是每次的增量。在 for 循环中访问该迭代器会从 start 开始，每次增长 step。

itertools.cycle(p)： 循环型迭代器。p 是一个可迭代对象。在 for 循环中访问该迭代器会遍历 p，并在遍历结束后从头开始，无限循环。

itertools.repeat(elem, n)： 重复型迭代器。elem 是要重复的对象，n 是重复次数，如果不指定 n，则会永久循环。

示例代码如下：

```
import itertools
for i in itertools.cycle("ABC"):
    print(i)
```

这段代码会不停地、循环地输出 A、B、C。

itertools 模块下还有很多有用的迭代器，支持累加、笛卡儿积、排列组合等，由读者自行研究。

3.4.3 列表推导式

推导式又称解析式，可用于基于一个数据序列构建另一个新的数据序列。Python 中有 3 种推导式：列表推导式、字典推导式和集合推导式。它们都是从一个数据集中提取数据，使用相同的处理流程进行加工，然后返回结果集，区别在于列表推导式返回一个列表，字典推导式返回一个字典，而集合推导式返回一个集合。列表推导式的语法规则如下：

```
variable = [out_exp_res for out_exp in input_list if out_exp]
```

赋值表达式右侧方括号中的内容就是列表推导式，各个部分的含义如下所述。

out_exp_res：列表生成的元素表达式，可以是有返回值的函数。

for out_exp in input_list：相当于一个 for 循环的入口语句，迭代 input_list 并将 out_exp 传入 out_exp_res 表达式中。

if out_exp：根据条件过滤列表中的一部分值（可选）。

赋值表达式左侧是一个列表，其中的每个元素对应了每次迭代所获得的数据。

下面看一些例子。

1. 对 10 以内的数字进行 3 次幂运算

```
>>> l1 = [x**3 for x in range(10)]
>>> print(l1)
[0, 1, 8, 27, 64, 125, 216, 343, 512, 729]
```

2. 对字符串中的每个字符进行 ASCII 编码的编号查找

```
>>> l2 = [ord(x) for x in 'So high, so low, so many things to know.']
>>> print(l2)
[83, 111, 32, 104, 105, 103, 104, 44, 32, 115, 111, 32, 108, 111, 119, 44, 32, 115, 111, 32, 109, 97, 110, 121, 32, 116, 104, 105, 110, 103, 115, 32, 116, 111, 32, 107, 110, 111, 119, 46]
```

3. 对符合条件的元素进行处理

```
>>> l3 = [x for x in 'au2fad7ui9q2z3jf20pm83q42yafj2o' if x.isdigit()]
# 把字符串中所有的数字搜集起来
>>> print(l3)
['2', '7', '9', '2', '3', '2', '0', '8', '3', '4', '2', '2']
```

```
>>> l4 = [x**2 for x in range(100) if x%9 == 0]
# 对 100 以内所有能被 9 整除的数字进行 2 次幂计算
>>> print(l4)
[0, 81, 324, 729, 1296, 2025, 2916, 3969, 5184, 6561, 8100, 9801]
```

4. 嵌套的列表推导式

```
>>> matrix = [[1,2,3],          # 将一个二维矩阵降维成一维矩阵
...           [4,5,6],
...           [7,8,9]]
>>> print([i for row in matrix for i in row])
[1, 2, 3, 4, 5, 6, 7, 8, 9]
# 这里使用了两个 for 循环迭代整个矩阵
# 首先通过 for row in matrix 获得了所有的行，然后通过 for i in row 获得了行中的每一个数字
# 最后把 i 放在左侧，使其加入返回的列表中
```

3.4.4　生成器

我们可以直接使用列表推导式代替 for 循环来创建一个列表。但是，受到内存的限制，列表容量肯定是有限的。例如，创建一个包含 100 万个元素的列表，不仅需要占用很大的存储空间，而且如果我们仅仅需要访问前面几个元素，则后面绝大多数元素占用的空间都白白浪费了。

所以，如果列表元素可以按照某种算法推算出来，那么我们是否可以在循环的过程中不断地推算出后续的元素呢？这样一来，我们就不必创建完整的列表了，从而节省大量的空间。这种概念称为延迟求值，属于惰性计算的一种。在 Python 中，它通常以迭代器的形式出现，而根据用户需求产生一个迭代器的代码，则称为生成器（Generator）。

生成器有两种创建方法：推导式生成器（又称生成器表达式）和生成器函数。这里只介绍第一种创建方法，即推导式生成器。语法上很简单，只需要将列表推导式所用的方括号[]更改为圆括号()即可。对于上一小节列表推导式的第 4 个例子，下面使用生成器来对比：

```
>>> l4 = [x**2 for x in range(100) if x%9 == 0]
>>> g4 = (x**2 for x in range(100) if x%9 == 0)
>>> print(l4)
[0, 81, 324, 729, 1296, 2025, 2916, 3969, 5184, 6561, 8100, 9801]
>>> print(g4)
<generator object <genexpr> at 0x00000000028CA3A8>
>>> type(g4)
<type 'generator'>
```

结果有些诡异。当打印列表推导式对象 l4 时，正常打印了它的每一个元素的值；当打印生成器对象 g4 时，却不能成功地打印其内容，而是获得了一个对象描述信息。这是为什么呢？我们已经说过，生成器会在循环的过程中不断地计算后续元素，因此它现在并没有完整的信息。

Python 中有一个内置函数 next()，该函数需要使用一个生成器对象作为参数，并且每调用一次，该函数就令这个生成器对象完成一轮循环的计算，并返回对应的值，然后清理数据，代码如下：

```
>>> next(g4)
0
>>> next(g4)
81
>>> next(g4)
324
...
>>> next(g4)
9801
>>> next(g4)
Traceback (most recent call last):
  File "<stdin>", line 1, in <module>
StopIteration
```

通过上述代码可以看到，每调用一次 next()函数，就会获得一次循环所产生的数据，当迭代完序列之后就不再有可计算的对象了，因此如果继续使用 next()函数就会抛出 StopIteration 错误。

很明显，不断调用 next()函数并不是一个好的体验，正确的做法是使用 for 循环来迭代生成器，因为生成器也是可迭代对象。例如：

```
>>> g4 = (x**2 for x in range(100) if x%9 == 0)          # 创建生成器
>>> for item in g4:                                       # 遍历生成器
        print(item)
0
81
324
729
1296
2025
...
```

关于生成器的另一种创建方法，属于函数的高级特性，我们将在项目 6 中介绍。另外，如果只需要把一个可迭代对象直接转换为迭代器，则不需要再进行额外的处理，也就是不用通过生成器，而是直接使用 iter()函数进行转换即可。

3.5 小结

本项目主要介绍 Python 中的流程控制的相关内容，首先介绍了代码块和程序框图，然后介绍了分支结构和循环结构，包括 if 语句的基本用法，以及 while 语句、break 语句、continue 语句等的用法，并针对 for 循环、列表推导式及生成器进行了介绍。

- 代码块与缩进
- 程序框图
- 单条件分支结构
- 多条件分支结构
- 嵌套的分支结构
- 单句多条件和短路逻辑
- while 语句
- 无限循环、可控循环和计数器循环
- break 语句和 continue 语句
- 循环结构中的 else 语句
- for 循环
- 列表推导式
- 生成器

3.6 习题

1. 画出条件语句与循环语句的语句结构。
2. 简述 break 语句和 continue 语句的区别。
3. 简述多个 if 代码块和 if...elif 句型的区别，并编程说明。

4．求 1～100 之间的所有素数，并统计素数的个数。

5．内置函数 max()、min()可用于求最大值、最小值。请忽略这两个函数，并用自己的方式实现下述任务：任意输入 5 个数字，计算它们的最大值、最小值和平均值。

6．模块 math 中的 floor()和 ceil()函数分别用于求一个浮点数的地板数和天花板数，也就是向下取整和向上取整。请利用这两个函数实现四舍五入的功能（考虑由用户输入任意的浮点数）。

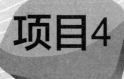

容器数据类型：序列、字典和集合

本项目将会介绍容器数据类型，即有别于数字、布尔值等单一数据的复合数据类型，包括序列、字典和集合，本质上是已经实现了的数据结构，可作为 Python 基本功能的一部分提供给用户使用。Python 中的容器数据类型提供了非常强大的类方法，本项目将从最基本的容器数据类型——序列开始，介绍它们的常用方法及高级特性，然后会介绍其他容器数据类型，包括字典和集合。

4.1 任务 1 了解序列

4.1.1 容器数据类型简介

序列类型通用操作

容器数据类型是将其他数据类型按某种方式组织起来的数据结构。按照组织方法，可以将容器数据类型分为序列、字典和集合。如果仅限于内置类型（也就是说不含标准库），则序列有 4 种，即列表、元组、字符串和字节串；字典属于映射类型；集合有两种，分别是可变集合和不可变集合。

序列是容器数据类型中的一个主要子类，是一种有序的数据结构，对包含的元素（即成员）都进行了编号（从 0 开始）。

我们也可以根据对象是否可变，对容器数据类型进行分类。

不可变类型：除非重新获得赋值操作，否则对象的内容无法改变（not mutable），主要包括字符串、元组、不可变集合。

可变类型：对象的内容可以改变（mutable），主要包括列表、字典、可变集合。

用户可以使用内建函数 lcn()查看 个容器包含的数据个数，代码如卜：

```
>>> l1 = [1,2,3]
>>> len(l1)
3
```

4.1.2 序列的索引和切片操作

对于序列而言，可以通过索引来访问其中的元素。索引又称下标，以数字 n 表示序列中第 n 个元素。无论哪种类型的序列，其索引都使用方括号[]来表达。索引从 0 开始，索引 0 表示序列中第 1 个元素，索引 1 表示序列中第 2 个元素，以此类推。用户也可以使用负数，-1 表示序列中最后一个元素，$-n$ 表示序列中倒数第 n 个元素。如果访问一个超出索引范围的编号，则会抛出一个 IndexError 异常。索引访问示例如下：

```
>>> l1 = range(1,11)
>>> l1
[1, 2, 3, 4, 5, 6, 7, 8, 9, 10]
>>> l1[1]
2
>>> l1[4]
5
>>> l1[-1]
10
>>> l1[22]
Traceback (most recent call last):
  File "<stdin>", line 1, in <module>
IndexError: list index out of range
```

切片是索引的高级应用形式，能够同时索引多个元素。用户可以指定一个要访问的范围，包括开始元素、结束元素，并且作为可选参数，用户可以指定一个步长。语法如下：

```
listObject[start: stop]
listObject[start: stop: step]
```

方括号中的内容代表了一个半开区间，表示截取的子字符串（以下简称"子串"）将会包含编号为 start 的元素，但不包含编号为 stop 的元素。例如，[3:5]表示截取第 3 到第 4 个元素，不包含第 5 个元素。由于 start 表示起始元素的下标，stop 表示最终元素（不包含）的下标，因此 start 应当小于 stop，否则返回的将是一个空列表。对于上面的列表对象 l1，切片示例如下：

```
>>> l1[3:5]
[4, 5]
>>> l1[6:2]          # 当 start !< stop，返回空列表
[]
>>> l1[6:]           # 省略 stop，表示截取从 start 到最后一个元素，返回一个新列表
[7, 8, 9, 10]
>>> l1[:7]           # 省略 start，表示截取从第 0 到第 6 个元素，返回一个新列表
[1, 2, 3, 4, 5, 6, 7]
```

根据上面的代码，很显然，如果同时省略 start 和 stop，则会返回整个列表。

如果需要，用户也可以指定一个步长 step。例如，指定步长为 n，则意味着在用户指定的 start 到 stop 范围内，每 n 个元素提取一个元素，返回一个新列表。示例如下：

```
>>> l1[1:7]          # l1 的值是[1, 2, 3, 4, 5, 6, 7, 8, 9, 10]
[2, 3, 4, 5, 6, 7]
>>> l1[1:7:2]
[2, 4, 6]
>>> l1[::3]
[1, 4, 7, 10]
```

我们说过，索引编号可以使用负数，如-*n* 表示列表中倒数第 *n* 个元素。由于切片操作中的 start 和 stop 都是索引编号，因此它们也可以使用负数的形式。当然，step 也可以是负数，-1 表示对截取的新序列翻转顺序；-*n* 表示每 *n* 个元素提取一个，并且反转顺序。但是，当用户使用负数形式的 step 时，start 和 stop 的大小关系也必须反转，即 start 必须大于 stop。示例如下：

```
>>> l1[1:7:-1]              # 当 step 为负数时，start 必须大于 stop，否则返回空列表
[]
>>> l1[7:1:-1]
[8, 7, 6, 5, 4, 3]
>>> l1[::-2]               # 仍然可以省略 start 和 stop，表示在整个列表中按 step 规则截取
[10, 8, 6, 4, 2]
```

4.1.3　序列中的运算符重载

所有序列类型都已经实现了"+"和"*"的运算符重载。对于在数字型之间进行加法和乘法的这两个运算符而言，它们在序列类型中具有特殊的用途。

- 可以用加号"+"连接两个序列，但序列类型必须相同。
- 可以用乘号"*"将序列乘以一个整数 *n*，使得 *n* 个相同序列被连接在一起。

下面的例子展示了如何使用这两个运算符操作列表：

```
>>> l1 = [1,2,3]
>>> l2 = [4,5,6]
>>> l1+l2                  # 列表对象 l1 和 l2 相连
[1, 2, 3, 4, 5, 6]
>>> s1='Ha!'
>>> s1*3                   # 3 个字符串相连
'Ha!Ha!Ha!'
```

序列类型还支持所有的比较运算（参见 2.2.2 节），对于两个序列，如果类型相同，且包含的元素相同，就认为它们是相等的；否则它们不相等。对于相同类型的序列，允许比较它们的大小，其规则是首个元素大的序列为大；如果首个元素相等，则比较第 2 个元素，以此类推。如果两个序列长短不一，且在共同的长度范围内相等，则长度更长的为大。

4.2　任务 2　了解列表和元组

列表和元组

列表和数据结构

可变对象的复制

4.2.1　列表和元组

列表和元组是最基础的序列类型。列表类似于 C 语言中的数组，但和数组不同的是，在列表中可以混合安排不同的数据类型，还有很多功能强大的方法可以使用。

列表的特点如下所述。

- 用方括号"[]"包围数据集合，不同的成员之间用逗号","分隔。
- 元素可重复，可包含任何数据类型。
- 所有的序列类型都可以通过下标（索引序号）来访问其中的元素。
- 列表支持嵌套，并且可以嵌套多层。
- 列表提供了多种方法，可以对其包含的元素进行添加、删除、排序等处理。
- 列表可以修改自身数据，所以它是可变类型。
- 列表接受由 del 语句或 del()函数来删除它的一个元素。

元组和列表非常相似。从外在来看，元组和列表唯一的区别就是，它使用圆括号"()"来包围数据集合，而并非方括号；从内在来看，两者的差异更多，元组是不可变对象，因此它没有能够更改自身数据的方法，要更改一个元组的唯一方式就是重新对它进行赋值，且赋值对象必须是该元组所对应的标识符，不能是元组里的元素。

4.2.2　列表常用方法

列表是一个可变对象，并且提供了一些方法用于修改自身数据。表 4-1 列举了列表中的一些常用方法及其作用。

表 4-1　列表中的常用方法及其作用

方　　法	原　　型	说　　明
append()	append(object)	将一个新对象追加到列表的结尾，没有返回值
clear()	clear()	清空列表（删除列表中的所有元素），没有返回值
copy()	copy()	返回列表的副本
count()	count(value)	统计并返回指定值的元素在列表中的个数
extend()	extend(iterable)	将列表与另一个可迭代对象连接起来，没有返回值
index()	index(value, [start, [stop]])	按值查找元素，返回找到的第一个元素的下标；可以指定一个查找范围
insert()	insert(index, object)	在指定的下标位置插入一个新对象，没有返回值
pop()	pop([index])	在指定的下标位置删除一个元素，并返回被删除元素的值；如果不指定下标，则默认删除最后一个元素
remove()	remove(value)	按指定的值删除符合条件的第一个元素，没有返回值
reverse()	reverse()	反转列表，没有返回值
sort()	sort(key=None, reverse=False)	对元素进行排序，在默认情况下，数字按大小排序，字符串按 ASCII 编码顺序排序。对于特殊需求，用户可以通过参数 key 进行设置（详见项目 6）；最后，参数 reverse 决定升序或降序。该方法没有返回值

📝 注意：copy()方法、count()方法和 index()方法都有返回值，但不更改原始对象；pop()方法会更改原始对象，并且有返回值；其他列表方法都会更改原始对象，但没有返回值。

4.2.3　列表和数据结构

由于列表提供了很多操作元素的方法，因此它可以很方便地实现数据结构。

1．列表和链表

列表的底层是由 C 语言中的数组实现的，在功能上更接近 C++的 vector（因为可以动态调整数组大小）。我们都知道，数组是连续列表，链表是链接列表，两者在概念和结构上完全不同。由于列表类似于指针数组，因此执行插入操作会移动后面所有的元素，相对于链表的插入操作而言，开销会大得多。但链表的原理导致了它不具有较好的局部性，不仅会导致更多的缺页异常，并且会降低缓存命中率。

在 C/C++中，通常采用指针和结构体来实现链表；而在 Python 中，则可以采用引用和类来实现链表。我们会在项目 7 的最后给出一个实现单链表的例子。

2．列表和栈

栈是一种常用的数据结构，特征是后进先出（Last-In-Fist-Out，LIFO）。栈就像叠放盘子一样，先放置的盘子在底部，后放置的盘子在顶部，而先放置的盘子只能在最后被取出。又如，在自动枪械的弹夹中，最先装入弹夹的子弹最后才会被射出。栈可以用于数制转换、走迷宫的实现等。

列表本身可以作为一个栈，不过用户需要规定在使用它时只能使用 pop()方法和 append()方法来修改数据。pop()方法默认从列表尾部移除一个数据，实现出栈；而 append()方法会从尾部增加一个数据，实现压栈。

3．列表和队列

和栈不同，队列在队尾加入数据（进入队列），在队首删除数据（移出队列），是一种先进先出（First-In-First-Out，FIFO）的数据结构。我们可以把队列想象成排队办理业务的人群，排在最前面的人第一个办理业务，新来的人只能在后面排队，直到轮到他们为止。队列可以用来提交操作系统执行的一系列进程、打印任务池等。此外，一些仿真系统采用队列来模拟银行或杂货店里排队的顾客等。

列表可以使用 pop(0)方法移除排在队首的元素，使用 append()方法加入新的元素，从而实现队列，但不建议这么做。因为在列表中移除一个元素，其后续的所有元素都需要移动位置，效率非常低。如果想要使用队列，则可以考虑 queue 模块中的 Queue 类，此外，collections 模块还提供了 Deque 类（双端队列），它们都由 Python 标准库提供。

下面是使用列表实现栈和队列的一些示例：

```
>>> stack = [1,2,3]                    # 列表作为栈
>>> stack.append(4)                    # 压栈
>>> stack
[1, 2, 3, 4]
>>> stack.pop()                        # 出栈
4
>>> stack.pop()
3
>>> stack
[1, 2]
>>> queue = ["Mercury", "Venus", "Earth"]   # 列表作为队列
>>> queue.append("Mars")               # "Mars"进入队列
>>> queue.pop(0)                       # "Mercury"离开队列
'Mercury'
>>> queue.append("Asteroid Field")
```

```
>>> queue
['Venus', 'Earth', 'Mars', 'Asteroid Field']
```

4.2.4 可变对象的复制

在项目 2 中已经提到过,Python 中的赋值实际上是将一个变量名引用到一个对象上。当使用该变量名再次对另一个新变量赋值时,新变量仍然被引用到同一个对象上,如图 4-1(a)所示。由于我们之前操作的都是不可变对象,因此没有任何问题。当我们需要改变其中一个变量的值时,只需要(也只能)重新赋值,而一旦重新赋值,两个变量就不再引用同一个对象了。例如:

```
>>> a=2
>>> b=a
>>> a is b
True
>>> a=4
>>> b
2
```

但是,对于可变对象,由于其不经赋值也能被修改,因此引出了新的问题。当两个变量都引用同一个可变对象时,任何一个变量使用了对象自身的方法修改数据时,另一个变量也随之被改变。例如:

```
>>> a=[1,2,3]
>>> b=a
>>> a.pop()              # 在列表 a 中删除一个元素
3
>>> b                    # 列表 b 受到影响
[1, 2]
>>> b is a
True
```

仔细想想,这其实很合理。一个列表可能非常巨大,可能会有超过一百万个元素。若要建立一个完全的副本,则会消耗许多资源,并且往往不是必须建立的。假设的确有此需要,则可以通过一些方法来建立真正的副本,如在表 4-1 中提到的列表方法 copy()。当然,也可以使用完整切片的方式实现同样的目的:

```
>>> a=[1,2,3]
>>> b=a[:]
>>> a.pop()
3
>>> a
[1, 2]
>>> b
[1, 2, 3]
```

还可以使用 copy 模块中的 copy()方法:

```
>>> a=[1,2,3]
>>> import copy
>>> b=copy.copy(a)
>>> a.pop()
```

```
3
>>> b
[1, 2, 3]
```

这 3 种方法都能产生独立的副本，在修改原变量时，使新变量不受影响，因为它们已经不再引用同一个对象了，如图 4-1（b）所示。

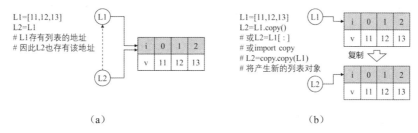

（a）　　　　　　　　　　　　　　　　　（b）

图 4-1　列表直接赋值和创建完整副本的区别

但是，对于嵌套的列表，情况又有所不同。对于作为外层列表元素之一的内层列表，链接仍然存在：

```
>>> a=[1, 2, 3, [3.1, 3.2]]
>>> import copy
>>> b=copy.copy(a)
>>> a[3].append(3.3)              # 追加数据到变量 a 的内层列表中
>>> b
[1, 2, 3, [3.1, 3.2, 3.3]]       # 变量 b 受到影响
>>> a is b                        # 判断结果：a 和 b 不是同一个对象
>>> False
>>> a[3] is b[3]                  # 判断结果：a[3] 和 b[3] 是同一个对象
>>> True
```

产生这种奇怪现象的原因在于，这个元素是一个列表，因此也是可变对象。当用户复制变量本身时，产生了一个独立副本，但对其中的各个元素仍然是通过引用的方式来复制的，这称为浅拷贝，如图 4-2（a）所示。

对应地，copy 模块提供了 deepcopy() 方法，可以对嵌套的可变对象建立独立副本，这称为深拷贝，示例如下：

```
>>> a=[1, 2, 3, [3.1, 3.2]]
>>> import copy
>>> b=copy.deepcopy(a)
>>> a[3].append(3.3)
>>> b
[1, 2, 3, [3.1, 3.2]]            # 变量 b 不受影响
>>> a
[1, 2, 3, [3.1, 3.2, 3.3]]
>>> a[3] is b[3]
>>> False
```

对应的逻辑如图 4-2（b）所示。

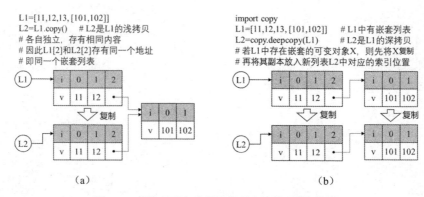

图4-2 对嵌套列表使用浅拷贝和深拷贝的对比

4.2.5 元组

元组和列表十分类似，唯一的不同在于元组不能被修改（字符串也是如此），可以将其看作只读的列表。元组中的元素可以重复，支持任意类型、任意嵌套和常见的序列操作。

如果用户创建了一个只有单个元素的元组，则需要在这个元素后面加上逗号——使用(*x*,)的格式，而非(*x*)的格式。其实，也可以将单个元素的列表写为[*x*,]，但这对元组来说是强制的，因为圆括号里的单个对象会被当作一个括号里的算术表达式来处理，因此需要使用逗号来表示它是一个序列。示例如下：

```
>>> a=(3)
>>> b=(3,)
>>> a
3
>>> b
(3,)
```

由于元组是不可变对象，因此元组中的数据一旦确立就不能改变，元组没有类似列表的增加、删除、修改操作，只有基本序列操作。用户可以对元组本身重新赋值，但不能对元组的元素重新赋值，也不能使用 del 语句或 del()函数删除一个元素。下面的代码展示了对元组中的数据进行操作会导致的错误：

```
>>> a=(1,2,3)
>>> a[1]=4
Traceback (most recent call last):
    File "<stdin>", line 1, in <module>
TypeError: 'tuple' object does not support item assignment
>>> del a[1]
Traceback (most recent call last):
    File "<stdin>", line 1, in <module>
TypeError: 'tuple' object doesn't support item deletion
```

元组通常用于使语句或用户定义的函数能够安全地采用一组值的情况，即被使用的元组的值不会改变。当函数的返回值为多个对象时，将被打包成一个元组。

4.3 任务 3 了解字符串

字符串简介和方法一览　　代码和字符编码

4.3.1 字符串简介

Python 中没有单个字符数据类型，在需要单个字符时，可以使用长度为 1 的字符串。字符串中的元素必须是字符串类型，不能是其他数据类型。由于字符串是序列，因此支持索引和切片操作，例如：

```
>>> s1 = 'Twinkle twinkle little star'
>>> s1[1],s1[-1]
('w', 'r')
>>> print(s1[8:13])
twink
```

前面提到过，在切片时，若使用-1 作为步长值，则可以反转序列。因此，我们可以通过这种方式来判断一个句子是否是回文。例如：

```
while True:
    sentence = input('Input a sentence :')
    if sentence == 'q' or sentence == 'Q':
        break
    elif sentence == sentence[::-1]:
        print('This sentence is a palindrome')
    else:
        print('This is a normal sentence.')
```

执行结果如下：

```
Input a sentence :madam
This sentence is a palindrome
Input a sentence :aklfj
This is a normal sentence.
Input a sentence :q
```

4.3.2 字符串常用方法

字符串是最常见、使用最广泛的数据类型，因此对字符串的支持是非常重要的。虽然字符串是一种不可变对象，但是 Python 仍然提供了大量的字符串方法，用于处理对字符串的各种需求。它们可以根据字符串内容进行处理，然后返回处理后的副本。表 4-2 列举了可用的字符串方法及其说明。

表 4-2　可用的字符串方法及其说明

方　　法	说　　明
capitalize()	将字符串首字母转换为大写格式
casefold()	将字符串中的所有字母转换为小写格式，类似于 lower()方法，但支持一些 ASCII 之外的字符集

续表

方　　法	说　　明
center()	将字符串按指定宽度居中（空格填充）
count()	统计指定子串的数量
decode()	将数据解码（仅限 bytes 类型，即字节串）
encode()	按指定编码方案对数据编码
endswith()	是否以指定子串结尾
expandtabs()	将制表符转换为空格，默认为 8 个空格
find()	查找指定的子串，若未找到则返回-1
format()	格式化输出
index()	查找指定的子串，若未找到则抛出错误
isalnum()	是否完全由数字和字母构成
isalpha()	是否完全由字母构成
isascii()	是否完全由 ASCII 字符构成
isdecimal()	是否完全由十进制数字构成
isdigit()	是否完全由数字构成
isidentifier()	是否是一个合法的 Python 标识符
islower()	是否完全由小写字母构成
isnumeric()	是否完全由数字构成（除了 ASCII，还支持一些其他字符集，如汉字中的数字）
isprintable()	是否完全由可以被打印显示的字符构成
isspace()	是否完全由空格构成
istitle()	是否每个单词的首字母都是大写格式
isupper()	是否完全由大写字母构成
join()	以当前字符串作为连接符，将一个可迭代对象转换为字符串类型。可迭代对象的元素必须是字符串类型
ljust()	将字符串按指定宽度左对齐（空格填充）
lower()	将字符串中的所有字母转换为小写格式
lstrip()	从左边截掉参数所包含的任意字符串（注意，不是将子串整体截取，而是将各个字符进行单独检测截取），默认截取空格
maketrans()	返回一个字典，包含源字符和替换字符，用于字符串的 translate() 方法
partition()	以指定子串作为分隔符，将字符串分为 3 部分，即左边部分、子串部分、右边部分，并返回一个元组。如果字符串里有多个匹配的子串，则以左边起的第一个匹配的子串为准
replace()	以指定的新字符串替换目标字符串中的指定子串
rfind()	同 find() 方法，但是从字符串尾部反向搜索
rindex()	同 index() 方法，但是从字符串尾部反向搜索
rjust()	将字符串按指定宽度右对齐（空格填充）

续表

方　　法	说　　明
rpartition()	同 partition()方法，但是从字符串尾部反向搜索
rsplit()	同 split()方法，但是从字符串尾部反向搜索
rstrip()	同 lstrip()方法，但是从右侧截取，默认截取空格
split()	以指定的子串将字符串分割为多个部分，组成一个列表返回。可以指定最大分割量，如果最大分割量小于列表中匹配到的子串，则从左边起计算
splitlines()	类似于 split()方法，但是只针对换行符分割
startswith()	是否以指定子串开始
strip()	同 lstrip()方法，但是从两端同时截取，相当于同时调用 lstrip()方法和 rstrip()方法，默认截取空格
swapcase()	倒转所有的大小写字母
title()	返回每个单词的首字母都是大写的格式
translate()	按指定的表对字符串中匹配的子串进行翻译
upper()	将字符串中的所有字母转换为大写格式
zfill()	以 0 填充至指定宽度

4.3.3 增强的格式化字符串方法

字符串的 format()方法是 Python 2.6 新增的一个格式化字符串方法，与之前介绍的格式化表达式（即使用%作为占位符的格式化方法）相比，它有很多优点，具体如下所述。

- 不需要理会数据类型的问题。
- 单个参数可以多次输出，参数顺序可以不相同。
- 填充方式十分灵活，对齐方式十分强大。
- 官方推荐使用的方式，使用%作为占位符的格式化方法将会在后面的版本中被淘汰。

用户还可以在 Python 3.6 之后的版本中使用更方便的 f-string。无论是 format()方法还是 f-string 都可使用一对花括号"{}"作为占位符，完整的格式是：{[占位符名称] [!转换字段] [:格式描述符]}。注意，方括号表示它们都是可省略的，因此最简洁的格式就是一对空的花括号。

下面介绍具体用法。

1. 占位符及灵活的参数放置方式

下面来看一个例子：

```
>>> sb = "She"
>>> status = "college student"
>>> sth = "powerlifting"
>>> sentence = "{} is a {}, {} likes {}."
>>> sentence.format(sb, status, sb, sth)
'She is a college student, She likes powerlifting.'
```

在默认情况下，占位符按照严格的顺序和参数一一对应。我们也可以在花括号里放置一个表示参数顺序的数字，所以上面例子中的第 4 行代码等价于：

```
>>> sentence = "{0} is a {1}, {2} likes {3}."
```

如果有两个以上的占位符需要使用相同的参数，例如上面的例子提供了两个"sb"作为参数，那么我们可以通过占位符的序号来重复匹配，代码如下：

```
>>> "{0} is a {1}, {0} likes {2}.".format(sb, status, sth)
'She is a college student, She likes powerlifting.'
```

还可以通过关键字来调用，先在占位符中写一个标识符，待调用 format()方法时再按赋值表达式的格式显性地给不同的占位符传递不同的值，这样的话就不受占位符顺序的限制了。例如：

```
>>> "{who} is a {what}, {who} likes {something}.".format(what=status, who=sb, something=sth)
'She is a college student, She likes powerlifting.'
```

可以使用下标、字典的键及对象的属性填充：

```
>>> names=["She", "college student", "powerlifting"]
>>> "{0[0]} is a {0[1]}, {0[0]} likes {0[2]}.".format(names)            # 下标填充
'She is a college student, She likes powerlifting.'
>>> d1 = {'sb':'She', 'status':'college student', 'sth':'powerlifting'}
>>> "{names[sb]} is a {names[status]}, {names[sb]} likes {names[sth]}.".format(names=d1)   # 字典键填充
'She is a college student, She likes powerlifting.'
>>> c1 = 4+3j
>>> "The real part of this complex is {args.real}, and the imaginary part is {args.imag}.".format(args=c1)
'The real part of this complex number is 4.0, and the imaginary part is 3.0.'
```

可以使用可变参数和关键字搜集器进行填充（请参考项目 6 中的函数参数部分）：

```
>>> cities=["Beijing", "Shanghai", "Tianjin", "Chongqing", "Borabora"]
>>> planets={"p1":"Mercury", "p2":"Venus", "p3":"Earth", "p4":"Mars"}
>>> sentence="Last year, I went to {p4}, {}, {}, {p1} and {}."
>>> print(sentence.format(*cities, **planets))
Last year, I went to Mars, Beijing, Shanghai, Mercury and Tianjin.
```

2. 转换字段和格式描述符的使用

转换字段和格式描述符分别是占位符中的第二和第三部分，分别以感叹号和冒号开头，顺序不可颠倒。表 4-3 列举了 format()方法的常用格式转换代码及实际效果。

表 4-3　format()方法的常用格式转换代码及实际效果

代　　码	说　　明	输　入　示　例	实　际　效　果
{!s}	参数经过 str()方法转换后被放置到占位符处	"AB{!s}EF".format("God")	'ABGodEF'
{!r}	参数经过 repr()方法转换后被放置到占位符处	"AB{!r}EF".format("God")	"AB'God'EF"
{!a}	参数经过 ascii()方法转换后被放置到占位符处	"AB{!a}EF".format("天地")	"AB\\u5929\\u5730'EF"
{:<10}	左对齐且占据 10 个字符宽度	"ABC{:<4}DEF".format(3)	'ABC3　　DEF'

续表

代　　码	说　　明	输 入 示 例	实 际 效 果
{:>10}	右对齐且占据 10 个字符宽度	"ABC{:>10}DEF".format(55)	'ABC　　　　　55DEF'
{:^10}	居中且占据 10 个字符宽度	"ABC{:^8}DEF".format(12)	'ABC　　12　　DEF'
{:*^10}	居中并以指定符号填充至 10 个字符宽度	"ABC{:H^8}DEF".format(12)	'ABCHHH12HHHDEF'
{0:b}/{0:#b}	参数按二进制/是否带有 0b 前缀	"AB{0:b}EF".format(10)	'AB1010EF'
{0:o}/{0:#o}	参数按八进制/是否带有 0o 前缀	"AB{0:#o}EF".format(10)	'AB0o12EF'
{0:x}/{0:X}/{0:#X}	参数按十六进制/是否大写/是否带 0x/0X 前缀	"AB{0:#6x}EF".format(20)	'AB　0x14EF'
{0:d}/{0:3b}	参数按十进制/是否指定最小显示宽度	"AB{0:2d}EF".format(200)	'AB200EF'
{:.2f}/{:.0f}	浮点数保留小数点后两位/不保留小数部分	"AB{0:3f}EF".format(200)	'AB200.000EF'
{:+.2f}	带符号浮点数保留小数点后两位	"AB{0:+.2f}EF".format(-273.15)	'AB-273.15EF'
{:,}	以逗号作为千分位分隔符	"AB{0:,}EF".format(65535)	'AB65,535EF'
{:.2%}	百分比格式，保留小数点后两位	"AB{0:.2%}EF".format(0.38)	'AB38.00%EF'
{:.2e}/{:.2E}	科学记数法，因数部分保留小数点后两位	"AB{0:.2e}EF".format(299792.48)	'AB3.00e+05EF'
{{{}/{}}}	左/右花括号的转义	"AB{{{}E".format(0.38)	'AB{0.38E'

3. f-string 的使用

f-string 的使用和 format()方法大同小异，只是字符串本身需要以一个小写的 f 开头，且写在左侧引号外。花括号中直接写变量名或常量值即可，例如：

```
>>> name, age = '小明', 22
>>> sentence = f'我叫{name}，我今年{age}岁。"
我叫小明，我今年 22 岁。
```

4.3.4　方法和函数的链式调用

Python 支持方法和函数的链式调用，从理论上来讲，只要一个方法或函数具有返回值，并且我们了解这个返回值的类型，就可以在这个返回值的基础上调用其所属类型的方法。例如，要生成一个 1～20 的字符串数列，通常可以使用 range()函数生成一个数列列表，然后使用 for 循环将每个元素转换成数字字符，并追加到一个新列表中。但假设不允许使用循环，应该怎么做呢？替代方法如下所述。

（1）通过 range()函数生成一个数列。

（2）使用工厂函数 list()将这个数列转换成列表对象。

（3）使用工厂函数 str()将这个列表对象转换成字符串（注意，这样的转换不会保留列表的结构，对于整个列表，包括两侧的方括号和元素之间的间隔符都将成为一个单一字符串的一部分）。

（4）使用字符串的 lstrip()方法、rstrip()方法去掉两侧的方括号。

（5）使用字符串的 split()方法将字符串重新分割为列表。

例如：

```
>>> l1 = range(1,21)
>>> l1 = list(l1)
>>> s1 = str(l1)
>>> s1
'[1, 2, 3, 4, 5, 6, 7, 8, 9, 10, 11, 12, 13, 14, 15, 16, 17, 18, 19, 20]'
>>> s1=s1.lstrip('[')   # 去掉两侧的方括号
>>> s1=s1.rstrip(']')
>>> s1
'1, 2, 3, 4, 5, 6, 7, 8, 9, 10, 11, 12, 13, 14, 15, 16, 17, 18, 19, 20'
>>> l1=s1.split(', ')   # Python 会自动给用于分隔列表、元组的逗号后面加上空格，所以这里要加空格
>>> l1
['1', ' 2', ' 3', ' 4', ' 5', ' 6', ' 7', ' 8', ' 9', ' 10', ' 11', ' 12', ' 13', ' 14', ' 15', ' 16', ' 17', ' 18', ' 19', ' 20']
```

虽然上述例子不算十分麻烦，但是中间步骤太多了，代码看起来非常不简洁。下面，我们省掉一些中间步骤，通过链式调用方法将所有的代码写在同一行中：

```
>>> l1=str(list(range(1,21))).lstrip('[').rstrip(']').split(', ')
>>> l1
['1', ' 2', ' 3', ' 4', ' 5', ' 6', ' 7', ' 8', ' 9', ' 10', ' 11', ' 12', ' 13', ' 14', ' 15', ' 16', ' 17', ' 18', ' 19', ' 20']
```

虽然使用链式调用可以使代码更加简洁，但是也会在一定程度上降低可读性。是否使用链式调用，还是要根据实际情况来决定。

4.3.5 Python 代码中的字符编码

我们知道，计算机只能识别二进制数，代码和数据都需要转换成二进制数才能被计算机识别。那么，如何将字符转换成二进制数呢？这个过程实际就是通过一个标准使字符与特定数字一一对应，这个标准就称为字符编码。

ASCII：由于计算机是美国人发明的，因此，最早只有 127 个字母被编码到计算机中，也就是大小写英文字母、数字、标点符号和一些控制符号，这种字符编码被称为 ASCII 编码。

GB2312：简体中文的字符编码。若要处理中文，显然 1 字节是不够的，至少需要 2 字节，而且不能和 ASCII 编码冲突，所以，中国制定了 GB2312 编码，用于把中文编码到计算机中。

GBK：GB2312 编码的扩展，除兼容 GB2312 编码外，还能显示繁体中文和日文的假名。

Unicode：国际组织制定的可以容纳世界上所有文字和符号的字符编码。

UTF-8、UTF-16、UTF-32 都是将数字转换为程序数据的字符编码。其中，UTF-8 是对 Unicode 编码的压缩和优化，它不再要求最少使用 2 字节，而是将所有的字符和符号进行分类：ASCII 编码中的内容用 1 字节保存、欧洲的字符用 2 字节保存，东亚的字符用 3 字节保存。

内存中使用的是 Unicode 编码，可以用空间换时间（程序需要加载到内存才能运行，因此内存应该尽可能地保证快）；硬盘中或网络传输过程中使用的是 UTF-8 编码，网络 I/O 延迟或磁盘 I/O 延迟远大于 UTF-8 编码的转换延迟，而且 I/O 应该尽可能地节省带宽，保证数据传输的稳定性。

Python 3 的代码本身使用的是 UTF-8 编码，而字符串存在于内存中，使用的是 Unicode

编码。有时候，因为一些特殊情况，我们需要为代码选择其他字符编码。例如，有些编辑器使用操作系统的默认字符编码，如简体中文的 Windows 下对应的 GBK 编码或 GB2312 编码。当我们需要在不同的计算机上查看和编辑代码时，很难保证所有的编辑器都被设置为 UTF-8 编码，所以把代码声明为 GBK 编码也是一个可行的办法。这样的话，就需要在代码的第一行加上如下信息：

```
#coding:gbk
```

4.3.6   数据编码

Python 3 的字符串使用 Unicode 编码，但是还有一个和字符串相似的数据类型，即字节串（bytes），它使用 ASCII 编码。字节串通过解码可以得到 Unicode 字符集，相反，Unicode 字符集也可以被编码成其他字符集。例如：

```
>>> s1='哈哈'
>>> s1.encode(encoding='ascii')
Traceback (most recent call last):
  File "<stdin>", line 1, in <module>
UnicodeEncodeError: 'ascii' codec can't encode characters in position 0-1: ordinal not in range(128)
```

很显然，转换字符编码的前提是，这个字符编码必须支持当前字符串中的字符。因为 ASCII 编码不支持中文，所以把含有中文的字符串编码为 ASCII 码就会导致异常。例如：

```
>>> s2=s1.encode(encoding='gbk')
>>> s2
b'\xb9\xfe\xb9\xfe'
>>> s3='haha'
>>> s3.encode(encoding='ascii')
b'haha'
```

4.3.7   子任务：基于控制台的计算器

字符串还有很多功能，例如，字符串可以作为表达式，可以通过字符串实现一个基于控制台的简单计算器。Python 的交互式解释器本身就可以被当作一个计算器，用户在其上进行算术运算可以直接得到计算结果。但是，如果有需要的话，我们也可以脱离交互式解释器，实现一个独立的计算器。

内建函数 eval() 可接收一个字符串参数，并按照这个字符串的字面意义执行一个表达式，如果表达式的结果具有字面值，eval() 函数就返回这个字面值。例如，对于字符串 "3+5"，eval() 函数会返回 8。下面是通过 eval() 函数实现的计算器：

```
while 1:
    statement = input("Expression: ")
    print(eval(statcmcnt))
```

执行结果如下：

```
Expression: 2+2
4
Expression: 3/2
```

```
1.5
Expression: pow(2,3)
8
（略）
```

需要注意的是，语句不是表达式，所以我们不能在 eval()函数中进行赋值、删除对象、定义代码块等操作。如果需要以字符串来执行语句，则可以使用内建函数 exec()。例如，要创建 1000 个变量，可以在 for 循环里运行 exec()函数，批量执行赋值语句，代码如下：

```
for i in range(1,1001):
    exec("a%s = %s" % (i, i))
```

这样就创建了从 a1 到 a1000 共计 1000 个变量，它们的值分别是 1～1000。

4.4 任务 4 了解字典

4.4.1 字典简介

字典的特性、创建和访问　　字典的综合应用

字典（dictionary）是 Python 中唯一的映射类型。字典不使用数字下标来索引元素，而是通过键，我们可以将它理解为关键字。字典要求每个元素都具有一个对应的键用于标识它们，元素自身则称为值。因此，字典是由键/值对构成的，以如下方式标记：

```
d = {key1 : value1, key2 : value2 }
```

注意，字典的键和值用冒号 "："分隔，而各个键/值对用逗号 "，"分隔，所有这些都包括在花括号 "{}"中。键具有唯一性，不可重复。如果在创建一个字典对象时书写了多个相同的键，则左侧的键会被右侧的覆盖，示例如下：

```
>>> d1={1:3, 1:4}          # 键 1 对应值 3，重复的键 1 对应值 4
>>> d1
{1: 4}                     # 值 3 被覆盖了
```

Python 并不会因字典中的键存在冲突而产生一个错误，它不会检查键的冲突，如果在为每个键/值对赋值时都进行检查，将会产生额外的开销。

字典曾经是一种无序的类型，但从 Python 3.6 开始变为有序的了。当使用 for 循环遍历一个字典时，访问的顺序会严格遵循我们创建字典时设置的顺序。

字典是一种可变类型，但键必须是不可变对象，它可以是字符串、数字常量或元组，同一个字典的键可以混用类型；但字典的键必须是可哈希的。示例如下：

```
>>> a = (1,2)             # 可以作为键
>>> b = (1,2,[3,4])       # 不可以作为键
```

字典的值可以是任意类型，可以嵌套，可以自由修改，并通过键来存取。

4.4.2 字典的创建和访问

字典的基本操作包括字典的创建和访问字典中的键/值对，下面分别介绍。

1. 创建字典

创建字典有多种方法，下面是几种常用的方法：

```
>>> d={'Name':'Stephen Hawking', 'age':76, 'profession':'physicist'}          # 直接创建字典
# 由若干个元组构成的列表，每个元组有两个元素，代表一对键和值
>>> items=[('Name','Stephen Hawking'),('age',76),('profession','physicist')]
>>> d=dict(items)  # 通过工厂函数传入包含键元组和值元组的列表
>>> d=dict(Name='Stephen Hawking', age=76, profession='physicist')          # 在工厂函数中使用关键字参数
>>> d={'Stephen Hawking':{ 'age':76, 'profession':'physicist'}}          # 创建嵌套的字典
```

在上述第二种方法中，二元组列表可以通过 zip()函数创建。zip()函数接收 *n* 个序列作为参数，然后把它们打包成一个由 *n* 元组构成的 zip 对象——一种类迭代器对象。也可以使用 list()函数将该对象转换成列表。如果序列长度不同，则以最短的序列为基准，对其他序列也只搜集这个长度的数据，而多余部分会被截掉。示例如下：

```
>>> list1=[1,2,3,4,5,6]  # 3 个列表将会组成 3×3 的矩阵，当前这个列表里的元素 4、5、6 会被丢弃
>>> list2=[11,12,13]
>>> list3=[21,22,23]
>>> z1=zip(list1,list2,list3)
>>> z1
<zip object at 0x000001C913E73488>
>>> list(z1)
[(1, 11, 21), (2, 12, 22), (3, 13, 23)]
```

还可以使用 itertools 模块中的 zip_longest()函数创建这样的二元组，该函数会以最长序列为基础，将其他长度不足的序列用 None 填充。另一种情况是，只需要给序列添加额外的序号，形成一个类似于"数字序号-对象"的二元组，此时可以使用内建函数 enumerate()函数。

2. 访问和修改键的值

字典通过键名来访问对应的值，并且可以通过赋值的方式来修改一个键的值。如果字典在赋值时访问了一个不存在的键，则会创建这个键。示例如下：

```
>>> d={'Name':'Stephen Hawking', 'age':76, 'profession':'physicist'}
>>> d['Name']
Stephen Hawking
>>> d['Nationality']='UK'          # 为一个不存在的键赋值，则创建这个键
>>> d['FirstName']          # 访问一个不存在的键，因此抛出错误
Traceback (most recent call last):
  File "<stdin>", line 1, in <module>
KeyError: 'FirstName'
```

3. 遍历字典

字典是可迭代对象，因此我们可以使用 for 循环来遍历它。但是，直接遍历字典只能访问每一个键，而不能访问对应的值。下面两种方法可以访问键/值对：

```
d={'Name':'Stephen Hawking', 'age':76, 'profession':'physicist'}
for i in d:                    # 第一种方法
    print(i, ":", d[i])


for k, v in d.items():          # 第二种方法
    print(k, ":", v)
```

执行结果如下：

```
age : 76
profession : physicist
Name : Stephen Hawking
age : 76
profession : physicist
Name : Stephen Hawking
```

第一种方法是直接遍历字典以获得每一个键，然后通过键来索引数据。

第二种方法调用了字典对象的 items() 方法，该方法先将字典转换为一个特殊的视图对象，再以元组的形式存储每一个键/值对。该对象不仅可以转换成列表或通过 for 循环迭代访问，还可以进行集合运算。运算对象可以是同类对象，也可以是普通的集合对象。集合运算的具体操作可以参考本项目的任务 5。

除了创建和访问数据，字典的基本操作在很多方面与序列类似。

- **len(d)：** 返回字典 d 中键/值对的数量。
- **del d[key]：** 删除对应键/值的元素对。
- **key in d：** 检查字典中是否含有对应 key 键的元素。

4.4.3 键必须是可哈希的

大多数 Python 对象可以被用作字典的键，但它们必须是可哈希的对象。对于列表、字典等可变类型而言，由于它们不是可哈希的，因此它们不能被用作字典的键。示例如下：

```
>>> dict = {['Name']: 'Zara', 'Age': 7};
Traceback (most recent call last):
  File "<pyshell#43>", line 1, in <module>
    dict = {['Name']: 'Zara', 'Age': 7};
TypeError: unhashable type: 'list'
```

所有不可变类型都是可哈希的，因此它们都可以被用作字典的键。需要说明的是，值相等的数字表示相同的键，即整型数字 1 和浮点数 1.0 的哈希值是相同的，它们是相同的键。

同时，有一些可变对象（很少）是可哈希的，它们可以被用作字典的键，但很少见。例如，一个实现了特殊方法 __hash__() 的类。因为 __hash__() 方法返回一个整数，所以该类仍然使用不可变的值（可以被用作字典的键）。

为什么键必须是可哈希的？因为解释器会调用哈希函数，并根据字典中键的值来计算存储数据的位置。如果键是可变对象，则它的值可以改变。如果键的值发生变化，则哈希函数会映射到不同的地址来存储数据。如果发生这样的情况，哈希函数就不可能可靠地存储或获取相关的数据了。选择可哈希的键的原因就是因为它们的值不能改变。

数字和字符串可以被用作字典的键。元组是不可变的，但也可能不是一成不变的，因此使用元组作为有效的键必须添加限制：在元组中只包括像数字和字符串这样的不可变参数时，才可以被用作字典中有效的键。

4.4.4 字典相关方法

与其他容器数据类型一样，字典也提供了许多方法。同时，由于它是可变对象，因此其中有些方法可以改变它自身。表 4-4 列举了字典常用方法及其说明。

表 4-4　字典常用方法及其说明

方　　法	说　　明
clear()	清空字典中所有的键/值
copy()	返回一个字典的浅拷贝
fromkeys(seq[,v])	使用一个序列对象创建一个新字典，以序列中的元素作为字典的键，可以为所有的键设置一个默认值，如果没有设置，则该值默认为 None
get(key[,d])	返回指定键的值，如果值不在字典中，则返回 d，可以指定 d 的值，其值默认为 None
items()	返回(键,值)元组构成的视图对象
keys()	返回所有的键构成的视图对象
pop(key[,d])	按键删除特定的键/值对，如果键不存在，则返回 d，可以指定 d 的值
popitem()	随机删除元素
setdefault(key[,d])	和 get()方法类似，但如果键不存在于字典中，将会添加键并将其值设置为 d，d 的值默认为 None
update(dict2)	把字典 dict2 的键/值对更新到字典中（若有相同的键，则左侧的键会被覆盖）
values()	返回所有的值构成的视图对象

4.4.5　子任务：员工信息系统

在了解了字典的基础知识后，下面我们使用字典来实现员工信息系统。该系统采用字典嵌套的方式，使用人名作为键，每个键的值又使用另一个字典来表示，其键“age”、“post”和“rank”分别表示他们的年龄、岗位和职级，代码如下：

```
1    employee_inf= {
2        'Tom':{'age': 29, 'post': 'Engineer', 'rank': 'junior'},
3        'John':{'age': 28, 'post': 'Clerk', 'rank': 'junior'},
4        'Joy':{'age': 58,'post': 'Manager','rank': 'senior'}
5    }
```

当员工信息系统中的员工信息有变化或有新员工加入时，就需要更新或添加数据。可以直接使用键作为索引来更新或添加数据，代码如下：

```
     ...    # 续前面的代码
6    employee_inf['Tom']['age']=30   # Tom 的 age 更新为 30
7    employee_inf['Ann'] = {'age': 39,'post': 'Director','rank': 'junior'}
8    # 添加新员工 Ann
```

也可以使用 dict.update()方法更新或添加数据，代码如下：

```
     ...    # 续前面的代码
9    employee_inf.update({'John': {'age':28, 'post':'Manager', 'rank':'junior'}})
10   employee_inf.update({'Lily': {'age':33, 'post': 'Clerk', 'rank':'junior'}})
```

当有员工离职时，就需要在员工信息系统中删除对应的数据，可以使用 del 语句或 del()函数，也可以使用字典对象的 dict.pop()方法，代码如下：

```
         ...        # 续前面的代码
11      del employee_inf['Ann']
12      employee_inf.pop('Lily')
13      for key in employee_inf:
14          print(key, employee_inf[key])
```

执行结果如下：

```
Joy {'age': 58, 'post': 'Manager', 'rank': 'senior'}
John {'age': 28, 'post': 'Manager', 'rank': 'junior'}
Tom {'age': 30, 'post': 'Engineer', 'rank': 'junior'}
```

注意：如同列表可以使用列表推导式来迭代，字典也可以使用字典推导式来迭代，对于上面的第 25～26 行代码，如果用字典推导式，则可以改写为如下代码：

```
print({key:employee_inf[key] for key in Employee_inf})   # 左侧的 key 和 value 之间必须使用冒号 ":"
```

4.5 任务 5 了解集合

集合及基本应用

4.5.1 集合简介

Python 中的集合 set 和其他语言中的类似，是一个无序不重复元素集，基本功能包括关系测试和重复元素消除。创建集合的语法是使用花括号，也可以使用工厂函数 set()。示例如下：

```
>>> s1 = {1,2,3}
# 如果使用花括号包围一个字符串的语法，则会使得该字符串成为集合中的单一元素
>>> s2 = set('cheeseshop')
>>> s1
{1, 2, 3}
>>> s2
{'c', 'e', 'h', 'o', 'p', 's'}
```

集合对象支持并集（|）、交集（&）、差集（-）、差分集（^）等数学运算符，并且这些运算符可以像自加运算那样与赋值运算符同时使用。示例如下：

```
a = {1,2,3}
b = {2,3,4}
>>> a | b                      # 并集 union
{1, 2, 3, 4}
>>> a &= b                     # 交集 a 和 b，然后赋值给 a
>>> a
{2, 3}
>>> a-b                        # 差集 difference（项在 a 中，但不在 b 中）
{1}                            # 返回一个新的 set，包含 s 中有但是 t 中没有的元素
>>> a^=b                       # 对称差集 symmetric difference
>>> a
{1, 4}                         # 返回一个新的 set，包含 s 和 t 中不重复的元素
```

与其他容器类型一样，集合支持使用 in 和 not in 操作符检查成员。

```
>>> h = set('hello')
>>> h
{'h', 'e', 'l', 'o'}
>>> 'l' in h
True
>>> 'l' not in h
False
```

作为一个无序的集合，set 不记录元素位置或插入点。因此，set 不支持索引、切片或其他类序列（sequence-like）的操作。

集合支持推导式语法，而集合推导式类似于列表推导式，唯一的区别是需要将方括号改为花括号。示例如下：

```
>>> h = set('hello')
>>> print({i*3 for i in h})
{'eee', 'ooo', 'hhh', 'lll'}
```

4.5.2　可变集合和不可变集合

集合有两种不同的类型：可变集合（set）和不可变集合（frozenset）。可变集合是可变对象，与列表、字典一样，可以通过自身的方法添加和删除元素。表 4-5 列举了集合大类的方法及其说明。

表 4-5　集合大类的方法及其说明

方　　法	说　　明	备　注
add()	添加一个元素到集合中	仅可变集合
clear()	删除所有元素，使集合变成一个空集	仅可变集合
copy()	返回当前集合的一个浅拷贝	
difference()	返回两个或多个集合的差集（所有在本集合中存在，但在其他集合中不存在的元素）	
difference_update()	计算两个或多个集合的差集，并把计算结果更新到当前集合中，会更改原始对象，没有返回值	仅可变集合
discard()	从集合中删除指定元素，如果元素不存在，则不会抛出错误	仅可变集合
intersection()	返回两个或多个集合中的交集（所有集合中都有的公共元素）	
intersection_update()	计算两个或多个集合的交集，并把计算结果更新到当前集合中，会更改原始对象，没有返回值	仅可变集合
isdisjoint()	如果两个集合不存在交集，则返回 True，否则返回 False	
issubset()	如果当前集合是另一个集合的子集，则返回 True，否则返回 False	
issuperset()	如果当前集合是另一个集合的超集，则返回 True，否则返回 False	
pop()	随机删除一个元素，并将其作为返回值	仅可变集合
remove()	从集合中删除指定元素，如果元素不存在，则抛出错误	仅可变集合

续表

方　法	说　明	备　注
symmetric_difference()	返回两个或多个集合中的对称差集（不重复包含两个或多个集合中的元素）	
symmetric_difference_update()	计算两个或多个集合的对称差集，并把计算结果更新到当前集合中，会更改原始对象，没有返回值	仅可变集合
union()	返回两个或多个集合中的并集（所有集合中不重复的所有元素）	
update()	计算两个或多个集合的并集，并把计算结果更新到当前集合中，会更改原始对象，没有返回值	仅可变集合

注意：可变集合不是可哈希的，因此既不能被用作字典的键也不能被以嵌套方式用作其他集合中的元素。不可变集合则正好相反，即它有哈希值，能被用作字典的键或集合中的一个成员。

4.6　小结

本项目主要围绕容器数据类型进行介绍，首先介绍了序列的特性及通用操作，然后介绍了列表、元组和字符串各自的对象方法和其他特性；最后介绍了字典和集合。

- 序列
- 列表和元组
- 索引和切片
- 列表和数据结构
- 浅拷贝和深拷贝
- 工厂函数
- 字符串
- 字符编码
- 字典及相关特性
- 基于字典的员工信息系统
- 集合
- 可变集合和不可变集合

4.7　习题

1. 解释容器数据类型及其分类。
2. 使用 range() 函数生成一个数列，然后将它们转换为单一数字，例如，现已得到数列 0、1、2、3、4、5、6、7、8、9，如何将它转换为单一数字 123456789？要求不使用循环结构。
3. 输入一段英文文章，计算其长度，并统计其包含的单词数。
4. 实现一个同学录，要求提供基于字符的菜单命令，用户可以选择显示所有同学、按关键字查找同学、添加同学、删除同学、退出程序等功能。同学信息保存在字典中，要求包含学号、姓名、专业、班级等信息。键必须具有唯一性，因此将学号作为键。用户可以通过关键字查询对应的同学信息，例如，用户输入姓名"王强"，若有该同学存在，则返回其相关信息，否则提示"未找到该同学的信息"。

5．给出下列语句的执行结果。

```
x='abc'
y=x
y=100
print(x)
x=['abc']
y=x
y[0]=100
print(x)
```

6．杨辉三角形是二项式乘方展开式的系数规律，它的性质包括以下几个。

● 每个数都等于它上方两个数之和。

● 每行数字左右对称，由 1 开始逐渐变大。

● 第 *n* 行的数字有 *n* 项。

● 第 *n* 行的数字之和为 2*n*-1。

杨辉三角形的图形表示如下图所示，请通过编程来实现。（提示：可以用列表表示每一行。）

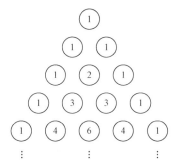

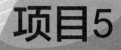

项目5

文件操作及系统交互

本项目将介绍 Python 文件处理相关的功能，包括文件对象及其方法和属性，通过这些方法，读者可以方便地对文件进行读/写操作。另外，本项目还将介绍用于访问文件系统、管理目录、管理文件的模块和相关函数。

5.1 任务 1 认识文件句柄对象

由于内存是易失性存储，如果想持久保存数据，就必须依赖文件系统，程序也就不得不和文件系统打交道。本节将介绍文件句柄对象（它的内建函数、内建方法和属性），学习它的基本原理和基本操作。

文件的打开

文件的读取

文件指针操作及数据写入

文件缓冲

5.1.1 文件的打开

文件的打开是通过内建函数 open() 实现的，该函数提供了初始化输入/输出操作的通用接口。open() 函数成功打开文件后会返回一个文件句柄对象，或者引发一个错误。使用 open() 函数打开文件的语法如下：

```
file_object = open(file_name, access_mode='r', buffering=-1, encoding=None)
```

file_name： 要打开的文件名称的字符串表达，可以是相对路径或绝对路径。

access_mode： 可选参数，同样以字符串表达，表示文件打开的模式，主要用于指定文件对象的读/写权限。打开模式分为主要模式和次要模式，常用的主要模式有 "r" "w" "a"，分别表示读、写、追加（仅在文件末尾写入）；常用的次要模式有 "+" 和 "b"，分别表示读/写兼容和二进制的读/写模式。主要模式是必选项，但可以省略，默认为"r"，次要模式不能单独使用，必须和主要模式组合使用。各种模式及其组合作用如表 5-1 所示。

buffering：用于指示访问文件所采用的缓冲方式，0 表示不缓冲，1 表示缓冲一行数据，大于 1 表示用给定值作为缓冲区大小，负值或不提供该参数表示使用系统默认缓冲机制。

encoding：用于指定文件的编码，以字符串形式提供，如'utf-8'和'gbk'。如果文件的编码和文件中数据的实际编码不相符，则可能无法正确表示，这种情况就需要指定 encoding。

表 5-1　文件打开的各种模式及其组合作用

模　式	允许的操作	当文件不存在时	是否清空原文件	初始指针位置	在何处读取	在何处写入
r（默认）	读	产生 IOError 异常	不清空	文件开头	指针所在处	不允许写
rb	按二进制读	产生 IOError 异常	不清空	文件开头	指针所在处	不允许写
r+	读且可写	产生 IOError 异常	不清空	文件开头	指针所在处	指针所在处
rb+	按二进制读且可写	产生 IOError 异常	不清空	文件开头	指针所在处	指针所在处
w	写	新建文件	清空	文件开头	不允许读	指针所在处
wb	按二进制写	新建文件	清空	文件开头	不允许读	指针所在处
w+	写且可读	新建文件	清空	文件开头	指针所在处	指针所在处
wb+	按二进制写且可读	新建文件	清空	文件开头	指针所在处	指针所在处
a	追加	新建文件	不清空	文件尾部	不允许读	仅末尾
ab	按二进制追加	新建文件	不清空	文件尾部	不允许读	仅末尾
a+	追加且可读	新建文件	不清空	文件尾部	指针所在处	仅末尾
ab+	按二进制追加且可读	新建文件	不清空	文件尾部	指针所在处	仅末尾

由于 Windows 中默认的路径分隔符是反斜杠"\"，所以可能会被识别为转义字符。例如，"C:\Windows\addins"这个路径中包含了"\a"，就会被解析为转义字符，从而导致文件打开失败。常见的做法有以下 3 种。

（1）显性地写成两个反斜杠"\\"，如"C:\\Windows\\addins"。

（2）给字符串加上前缀"r"，如"r'C:\Windows\addins'"表示原始字符串。

（3）使用 UNIX/Linux 风格的路径分隔符，即使用正斜杠"/"，如"C:/Windows/addins"。

5.1.2　文件的读取

Python 文件对象提供了 3 个读方法：read()、readline()、readlines()。无论使用哪一个方法，读取的内容都和打开形式有关。如果打开文件时使用普通的读或各种读/写兼容模式（r、r+、w+、a+），则读取内容为字符串；如果在前面的基础上使用了辅助模式"b"，则读取内容为 bytes 类型，可以被直接解析为二进制串，相当于按二进制读取。

read()方法：可以使用参数 size，表示每次读取的字节数，读取的内容会被放入一个字符串对象中。如果不指定参数，则默认读取整个文件。为了避免大文件耗尽内存资源，可指定参数以读取部分内容，然后迭代读取。文件对象有一个指针，当采用读模式打开文件对象时，指针位于文件首部，每当我们通过 read()方法读取 i 字节时，文件指针也会向后移动 i 字节，直到读取完整个文件，此时指针位于文件末尾。稍后会介绍用于获取指针和设置指针位置的方法。

readline()方法：每次只读取一行，同时将文件指针置于下一行的首部。readline()方法通常比 readlines()方法慢得多。仅当用户确切地指明要读取某几行时，才应该使用 readline()方法。readline()方法也可以接受参数 size，每次读取指定的字节数。如果字节数小于当前读取的行的长度，则仅读取指定的字节数，并将文件指针置于当前已读取到的位置，这意味着当前行剩余部分在下次调用 readline()方法时可再次被读取；如果 size 字节数大于当前读取行的长度，则读取整行。

readlines()方法：一次性读取整个文件，并按行将文件内容分析成一个列表对象进行返回，由于它是一个列表，因此它是可迭代的。

此外，文件句柄对象本身也是可迭代对象，用户可以直接使用 for 循环来访问，代码如下：

```
file1 = open('./fileName','r')
for item in file1:
    print(item)
```

在使用上述方法的过程中，应根据需要调用。如果文件很小，则使用 read()方法进行一次性读取最方便；如果不能确定文件大小，则反复调用 read(size)方法比较保险；如果是配置文件，则调用 readlines()方法最方便。

5.1.3 文件指针操作

在文件的读/写操作过程中，常常需要定位文件指针。文件指针用于明确用户所要读/写的内容位于文件的什么位置。与文件指针有关的方法有 tell()和 seek()，下面分别介绍：

```
fileObject.tell()
```

tell()方法用于返回文件指针当前的位置（一个中文占用 3 字节，Windows 下的换行符"\r\n"占 2 字节）。

```
fileObject.seek(offset[, whence])
```

offset：开始的偏移量，代表需要偏移的字节数，可以使用负数，表示向前偏移。

whence：可选参数，默认值为 0，提供给 offset 参数一个参考位置，表示要从哪个位置开始偏移。0 代表从文件开头算起，1 代表从当前位置算起，2 代表从文件末尾算起。

常用的方法是 seek(n)和 seek(0,2)。

seek(n)：n≥0，当 n=0 时，表示把文件指针移动到文件开头；当 n>0 时，表示把文件指针移动到文件之后的位置。从任意位置读取内容时或从任意位置写入（覆盖）内容时需要这样做。

seek(0,2)：表示把文件指针移动到文件尾部。当用户以读/写模式（r+）打开文件，又需要在文件尾部追加新内容时，就需要这样做。

需要注意的是，对于使用追加方式（a）打开的文件，无论指针在哪里，都只会在文件尾部进行写入。但对于追加可读（a+）的模式，指针位置还是有意义的。

5.1.4　文件的写入

Python 文件对象提供了两个写方法：write() 和 writelines()。

fileObject.write(string)

write() 方法和 read() 方法、readline() 方法对应，用于将字符串写入文件中。

fileObject.writelines(list)

writelines() 方法和 readlines() 方法对应，也是针对列表的操作方法。它接收一个字符串列表作为参数，并将其写入文件中，但不会自动地加入换行符，因此需要显式地加入换行符。典型的做法是让列表中的每个元素（每个字符串）有且只有一个换行符，并且位于其尾部。

write() 方法可以将任何字符串写入一个打开的文件中。需要重点注意的是，Python 字符串可以是二进制数据，而不仅仅是文字。write() 方法不会在字符串的结尾添加换行符 "\n"。参数是需要写入已打开文件中的内容，例如：

```
>>> file1 = open('/Users/test.txt', 'w')
>>> file1.write('Hello, world!')
>>> file1.close()
```

写文件和读文件是一样的，唯一的区别是在调用 open() 函数时，需要使用支持写入的访问模式，只读模式和二进制的只读模式（r 和 rb）不支持写入。当用户不希望清空现有文件的数据时，不要使用只写模式（w 和 wb），而应使用读/写模式或追加模式（r+和 a），具体请参考表 5-1。

我们可以反复调用 write() 方法来写入文件，但是务必调用 close() 方法来关闭文件。当写入文件时，操作系统往往不会立刻把数据写入磁盘，而是会放到内存中缓存起来，在满足一定的条件后才会将其写入磁盘，而关闭文件可以满足这个条件。忘记调用 close() 方法的后果是可能只写了一部分数据到磁盘中，剩下的数据丢失了。

除了文件对象自身的写入方法，print() 函数也能将打印的数据流重新定向到文件中。print() 函数原型如下：

print(value, ..., sep=' ', end='\n', file=sys.stdout, flush=False)

前 3 个参数我们已经比较熟悉了，第 4 个参数 file 中默认的 sys.stdout 表示输出到屏幕上。用户可以指定一个已经打开的文件对象作为参数（其打开模式要求用户有写入权限），这样的话，打印内容就能被直接输入文件中。

最后一个参数 flush 表示是否在打印结束后立即进行缓冲，关于缓冲的作用请参考下一小节。

小提示：由于文件本质上也是由二进制数构成的，因此当用户以二进制的形式读取一个文件，并将其写入另一个空白文件中时，实际上就完成了文件的复制。

5.1.5　文件的缓冲

对文件的写操作，实际上暂存在文件句柄对象的缓冲区中。只有在执行缓冲操作时，缓冲区中的内容才会被真正地写入文件中。用户可以在打开文件时，给 open()函数指定一个 buffering 参数，用于指定缓冲策略。回顾 open()函数的语法如下：

```
open(file_name, access_mode='r', buffering=-1, encoding=None)
```

下面详细介绍 buffering 参数的作用。我们知道，I/O 操作的速度比内存的读/写速度慢得多，因此，缓冲的目的是减少写入磁盘的次数，以提高程序整体的运行效率。只有在符合一定条件（如缓冲数量）时才调用磁盘 I/O。一般有 3 种方式可以用来设置文件缓冲。

全缓冲：将 open()函数的 buffering 参数设置为大于 1 的整数 n，表示缓冲区大小，Linux 默认为内存页面的大小，即 4096 字节。在全缓冲方式下，只有调用文件对象的写操作（如调用 write()方法）写满了 n 字节时才会真正地将数据写入磁盘中。

```
f=open('demo.txt', 'w', buffering=4096)
```

行缓冲：将 open()函数的 buffering 参数设置为 1，只要碰到换行就会将缓冲区的数据写入磁盘中。

```
f=open('demo.txt', 'w', buffering=1)
```

无缓冲：将 open()函数的 buffering 参数设置为 0，只要有输入就会将其写入磁盘。

```
f=open('demo.txt', 'w', buffering=0)
```

一般的文件流操作都包含缓冲机制，write()方法并不直接将数据写入文件中，而是先将数据写入内存中特定的缓冲区。在一般情况下，文件关闭后会自动刷新缓冲区，但有时需要在关闭文件前刷新它，这时就可以使用 flush()方法。flush()方法用来刷新缓冲区，即将缓冲区中的数据立刻写入文件中，同时清空缓冲区，不需要被动地等待输出缓冲区写入。flush()方法没有参数，也没有返回值。一个简单的示例如下：

```
f = open("runoob.txt", "w")          # 打开文件
f.write("文件名为：" + f.name)        # 文件对象的 name 属性即文件名
f.flush()                            # 刷新缓冲区
f.close()                            # 关闭文件
```

在正常情况下，当缓冲区数据存满时，操作系统会自动将缓冲数据写入文件中。

close()方法的原理是在内部先调用 flush()方法刷新缓冲区，再执行关闭操作，这样即使缓冲区数据未满也能保证数据的完整性。如果意外退出或正常退出进程时未执行文件的 close()方法，则缓冲区中的数据将会丢失。

在文件被关闭后，就不能再进行读/写操作了，否则会导致 ValueError 异常。close()方法允许被调用多次。

如果将一个文件对象被引用的次数更改为 0（也就是说，没有任何标识符引用它，例如，之前引用它的标识符被重新赋值为其他对象），Python 就会自动关闭之前的文件对象，并且在此过程中会自动完成缓冲。尽管如此，我们仍然应该养成使用 close()方法关闭文件的好习惯。另外，在文件使用完毕后，应该尽早将其关闭，因为文件对象会占用资源，并且操作系统在同一时间能打开的文件数量也是有限的。

由于在进行文件的读/写操作时都可能产生 IOError 异常，因此一旦出错，就不会再调用后面的 close()方法。所以，为了保证无论是否出错都能正确地关闭文件，可以使用异常处理来实现。本书将在项目 9 中介绍异常处理。现在，我们先给出一个简单例子，读者可以在阅

读完项目 9 后重新阅读这一部分：

```
try:
    f=open('/path/to/file', 'r')
    print(f.read())
finally:                              # 无论是否产生错误，都将关闭文件句柄
    if f:
        f.close()
```

如果每次都这么写，就实在太烦琐了，所以，Python 引入了上下文管理的概念，可以使用 with 语句自动帮助我们调用 close()方法：

```
>>> with open('/path/to/file', 'r') as f:
...     print(f.read())
```

这和前面的 try...finally 是一样的，但是代码更加简洁，并且不必调用 close()方法。为了防止忘记关闭文件，可以养成使用 with 语句操作文件 I/O 的好习惯。

5.2　任务 2　掌握文件和目录的管理

如果用户想要操作文件、目录，则可以通过在命令行下输入各种命令来完成，如 dir、cp 等命令。但如果用户想要在 Python 程序中执行这些目录和文件的操作怎么办？实际上，这些命令只是简单地调用了操作系统提供的接口函数，Python 内置的 os 模块也可以直接调用操作系统提供的接口函数。

本节将对文件的基本操作进行进一步的讲解，包括文件的复制、删除、重命名等操作。在 Python 中，对文件和文件夹进行复制、删除、重命名操作主要依赖 os 模块和 shutil 模块，其中包含了很多操作文件和目录的函数。

文件的复制、删除、重命名及属性获取　　　　目录管理　　　　运行系统命令和接收外部参数

5.2.1　文件的复制

复制文件的函数并不在 os 模块中，这是因为复制文件的函数并非由操作系统提供系统调用。从理论上来讲，我们可以通过读/写文件完成文件复制，但是需要多写一些代码。shutil 模块提供了 copyfile()函数，我们还可以在 shutil 模块中找到很多实用函数，并且可以将它们看作 os 模块的补充。典型用法如下：

```
shutil.copyfile(src, dst)          # 把 src 文件复制到 dst 中，dst 必须是完整文件名，不能仅包含路径
shutil.move(src, dst)              # 把 src 文件移动到 dst 中，dst 是移动之后的文件名
shutil.copy(src, dst)              # 把 src 文件复制到 dst 中，dst 可以仅表示目的地路径
shutil.copytree(src, dst)          # 把 src 目录整个复制到新路径 dst 下
shutil.rmtree(src)                 # 递归删除一个目录及目录内的所有内容
```

其中，shutil.copyfile()和shutil.copy()都是用于复制单个文件的函数，区别在于shutil.copyfile()函数必须提供目标文件名，而shutil.copy()函数可以只提供目标路径，省略文件名。

5.2.2 文件的删除

os.remove()函数可以用于删除文件，并且需要一个表示文件名的字符串作为参数。注意，该函数只能用于删除文件，不能用于删除目录，用法如下：

```
os.remove(file_name)
```

如果要删除的文件并不存在，则会抛出错误"WindowsError 2"。我们可以事先判断文件是否存在：调用 os.path.exists()函数，并使用文件名字符串作为参数，如果文件存在，则会返回 True，否则返回 False。示例如下：

```
import os
filename='text1.txt'
file(filename,'w')
if os.path.exists(filename):
    os.remove(filename)
else:
    print("%s does not exist!" % filename)
```

5.2.3 文件的属性获取

使用os.stat()函数可以获取文件的属性。此函数可以返回一个和系统平台有关的stat_result对象，具备一组可访问的属性，用户可以通过 stat_result.attribute 这样的格式来访问各个属性的值。这些属性及其描述如表 5-2 所示。

表 5-2 os.stat()函数返回对象的各属性及其描述

属 性	描 述
st_mode	inode 保护模式
st_ino	inode 节点号
st_dev	inode 驻留的设备
st_nlink	inode 的连接数
st_uid	所有者的用户 ID
st_gid	所有者的组 ID
st_size	普通文件以字节为单位的大小；包含等待某些特殊文件的数据
st_atime	上次访问的时间
st_mtime	最后一次修改的时间
st_ctime	由操作系统报告的"ctime"。在某些系统（如 UNIX）上是最新的元数据更改的时间，在其他系统（如 Windows 上是创建时间（详细信息参见平台的文档）

下面是使用 os.stat()函数的示例：

```
>>> import os
```

```
>>>  a=os.stat('E:/temp.txt')
>>>  a
nt.stat_result(st_mode=33206, st_ino=0L, st_dev=0L, st_nlink=0, st_uid=0, st_gid=0, st_size=184L, st_atime=15
23095121L, st_mtime=1523096505L, st_ctime=1523095121L)
```

除了 os.stat()函数，os.path 模块中也有许多函数可以用于获取文件的属性。os.path 模块是 os 模块下的一个子模块。前文已经用到了os.path.exists()函数，该函数可以用于判断当前的目录或者文件是否存在，如果存在，则返回 True，否则返回 False。

os.path 模块下的其他常用函数如下所述。

os.path.abspath(path)

该函数用于返回指定文件或目录的绝对路径。

os.path.isabs(path)

该函数用于判断 path 是否为绝对路径，如果是，则返回 True，否则返回 False。

os.path.isfile(path)

该函数用于判断 path 是否是文件，如果是，则返回 True，否则返回 False。

os.path.isdir(path)

该函数用于判断 path 是否是目录，如果是，则返回 True，否则返回 False。

os.path.getsize(path)

该函数用于获取文件大小，单位是字节。如果 path 是目录，则返回 0；如果 path 代表的目录或文件不存在，就会报 WindowsError 异常。

os.path.normpath(path)

该函数用于把 path 转换为标准的路径，用于解决跨平台问题。

一个简单的示例如下：

```
>>>  print(os.path.abspath('d:\\tmp\\test2.txt'))
>>>  print(os.path.abspath('test2.txt'))            # 返回当前执行目录下的文件名的路径
>>>  print(os.getcwd())                             # 返回当前执行目录
d:\tmp\test2.txt
C:\Python27\test2.txt
C:\Python27
```

os.path 模块中还包含从路径中获取盘符、文件名、扩展名、目录的函数。

os.path.split(path)

该函数用于对文件路径做分割，把最后一个 "\\" 后面的文件从目录中分割出来。它会将 path 分割成目录和文件名（事实上，如果我们提供了一个纯目录形式、不带文件名的参数，该函数也会将最后一个目录作为文件名而将其分离，同时它不会判断文件或目录是否存在），并将目录和文件名存放于元组中返回，示例如下：

```
>>>  print(os.path.split('D:\\tt4\\c12'))
>>>  print(os.path.split('D:\\tt4\\c12\\'))
>>>  print(os.path.split('D:\\tt4\\c12\\t1.txt'))
('D:\\tt4',  'c12')
```

```
('D:\\tt4\\c12', ")
('D:\\tt4\\c12', 't1.txt')
```

os.path.dirname(path)

该函数用于返回目录的名称，即返回 path 的目录路径，其实就是 os.path.split(path)函数返回的第一个元素。

os.path.basename(path)

该函数用于返回文件的名称，即返回 path 最后的文件名，其实就是 os.path.split(path)函数返回的第二个元素。如果 path 以"/"或"\"结尾，就会返回空值。

os.path.splitext(path)

该函数用于把路径和扩展名切分开，然后直接赋值给两个变量，其实得到的是一个元组。示例如下：

```
>>> print(os.path.splitext('01.py'))
>>> print(os.path.splitext('d:\\tmp\\001.txt'))
>>> print(os.path.splitext('D:\\tt4\\c12'))
('01', '.py')
('d:\\tmp\\001', '.txt')
('D:\\tt4\\c12', ")
fileName,expandName = os.path.splitext(f)
```

os.path.splitdrive(path)

该函数用于拆分驱动器（盘符）和后面的文件路径，并以元组作为返回结果。它主要针对 Win 有效，Linux 元组的第一个元素总是空。

os.path.join(path,*paths)

该函数用于把所有的路径组合成绝对路径。它可以连接两个或更多的路径名，中间以"\"分隔。如果所给的参数中都是绝对路径名，则最先给的绝对路径将会被丢弃。

Python 的 os 模块封装了操作系统的目录和文件操作，需要注意的是，这些函数有的在 os 模块中，有的在 os.path 模块中。

5.2.4 文件的重命名

Python 使用 os.rename()函数实现文件的重命名。函数原型如下：

os.rename(current_file_name, new_file_name)

os.rename()函数有两个参数，即当前的文件名和新的文件名。

以下是一个将现有文件 test1.txt 重命名为 test2.txt 的示例，实践起来非常简单：

```
>>> os.rename( "test1.txt", "test2.txt" )
```

我们经常会遇到需要批量处理文件的场景，一个一个地处理这些文件在处理量很大的情况下非常费时且低效。Windows 下的 bat 和 Linux 下的 Shell 用来做这一类脚本都很好用，但它们相互之间并不通用。而使用 Python 来做这一类脚本就简单多了，因为 Python 强大、简洁且跨平台。例如，将当前目录下所有后缀名为".txt"的文件批量修改后缀名为".py"，代码如下：

```
import os
file_list=os.listdir(".")                    # 获取指定目录下的文件名的信息，点号表示当前工作目录
for filename in file_list:
    if filename.endswith(".txt") == True:     # 如果扩展名是.txt
        newname=filename.rstrip('.txt')+".py"  # 新的文件名
        os.rename(filename,newname)
        print(filename + " 更名为： " + newname)
```

5.2.5　目录的创建

使用 os 模块的 mkdir()函数可以在当前目录下创建新的目录，但是需要我们提供一个包含要创建的目录名称的参数。函数原型如下：

```
os.mkdir("newdir")
```

在当前目录下创建一个新目录 test，代码如下：

```
>>> import os
>>> os.mkdir("test")                         # 创建目录 test
```

Python 使用 os.makedirs()函数递归创建目录，类似于 os.mkdir()函数，但创建的所有中级文件夹需要包含子目录。函数原型如下：

```
os.makedirs(path [,mode])
```

path：需要递归创建的目录。

mode：权限模式，默认模式为 0777。第一位 0 表示没有特殊权限，每个 7 代表了 3 位值为 1 的二进制位，分别对应属主、属组和其他用户的 r、w、x（读、写、执行）权限。

os.makedirs()函数的使用示例如下：

```
>>> import os, sys
>>> path = "/tmp/home/monthly/daily"         # 创建的目录
>>> os.makedirs( path, 0755 );
>>> print("路径被创建")
路径被创建
```

5.2.6　目录的删除

在 Python 中删除目录可以使用 os.rmdir()与 os.removedirs()函数。os.rmdir()函数用于删除单级空目录，若目录不为空，则无法删除，且会报错。os.removedirs()函数用于删除多级目录。

os.rmdir()函数用于删除目录，并以参数传递目录名称。在删除这个目录之前，它的所有内容应该被清除。函数原型如下：

```
os.rmdir('dirname')
```

例如，删除" /tmp/test"目录，此时目录的完全合规的名称必须被给出，否则会在当前目录下搜索该目录：

```
>>> import os
```

```
>>> os.rmdir("/tmp/test")                  # 删除"/tmp/test"目录
```

os.removedirs()函数用于递归删除目录。类似于 os.rmdir()函数，在子文件夹被成功删除后，os.removedirs()函数才会尝试删除它们的父文件夹，直到抛出一个 Error（基本上会被忽略，因为一般它意味着文件夹不为空）。函数原型如下：

```
os.removedirs(path)                         # path 是要移除的目录路径
```

更常见的情况是，需要删除包含不定文件数量的多级目录，而若想方便地删除这样的目录，可以使用 shutil.rmtree()函数。

5.2.7　与目录有关的其他操作

Python 使用 getcwd()函数显示当前的工作目录。示例如下：

```
>>> import os
>>> print(os.getcwd())                      # 给出当前的工作目录
```

Python 可以使用 chdir()函数改变当前的工作目录。chdir()函数需要的一个参数是用户想设置为当前工作目录的目录名称。例如，将当前工作目录改为"/home/newdir"，代码如下：

```
>>> import os
>>> os.chdir("/home/newdir")                # 将当前工作目录改为"/home/newdir"
```

用户还可以使用 os.walk()函数来遍历目录。与 os.listdir()函数不同，os.walk()函数能够通过递归的方式深入所有子目录中进行遍历，它会返回一个迭代器，其保存的每一个对象是一个三元组，即（root, dirs, files），保存了访问到的其中一级目录中的内容。其中，root 是当前正在遍历的这个目录的路径；dirs 是这个目录包含的子目录（但不包含子子目录）；files 是这个目录包含的所有文件。

5.2.8　系统命令的执行

我们可以直接通过操作系统提供的功能来管理文件和目录。当然，执行其他操作也是可以，因为有的 Shell 已经非常强大了，特别是对于 UNIX/Linux 系统，几乎所有的工作都是在 Shell 中完成的。

os.system()函数用于在一个子进程中执行操作系统的 Shell 命令，并以字符串的形式将命令传入，然后在函数中调用操作系统的 API，从而实现一个和 Shell 命令等价的操作。如果命令执行成功且正常结束，则返回状态代码 0。执行的命令必须是操作系统支持的，例如，在 Windows 下不能使用 ls 命令。

需要注意的是，子进程也将在命令执行结束后被销毁，所以不能分别执行具有依赖关系的多条命令，必须通过 "&&" 的语法把两条命令连接起来，一并执行。示例如下：

```
>>> os.system('cd C:/')
0
>>> os.system('dir')                        # 因为两条命令分别在两个不同的子进程中执行
0
 C:\Users\Administrator 的目录              # 所以未能成功查询到更改后的目录
2019/10/03   16:59   <DIR>          .
2019/10/03   16:59   <DIR>          ..
```

```
2018/07/15    08:29    <DIR>         .android
2018/05/02    17:34    <DIR>         .dotnet
（略）

>>> os.system('cd C:/ && dir')        # 在单个子进程中执行两条命令
0
C:\ 的目录
2019/09/11    09:56    <DIR>         coverdata
2018/11/21    11:05    <DIR>         Drcom
2018/04/26    08:37    <DIR>         Intel
（略）
```

有一个已知的问题是，在使用 os.system()函数执行删除（del）、复制（copy）等文件操作相关的命令时，POSIX 风格的路径分隔符"/"不能被识别，只能使用转义的双反斜杠"\\"。示例如下：

```
>>> os.system('copy D:/a1.py E:/a1.py')   # 不能识别路径中的"/"符号
D:
系统找不到指定的文件。
已复制          0 个文件。
1
>>> os.system('copy D:\\a1.py E:\\a1.py')
已复制          1 个文件。
0
```

5.2.9　输入/输出重定向

输入/输出重定向用于在文件和 Python 程序之间直接传递数据，无须使用文件句柄对象。需要注意的是，我们不能在交互式解释器中实现重定向，必须通过源代码文件执行。Python 使用 3 个 I/O 文件流对象来管理标准输入、标准输出和错误输出，分别是 sys.stdin、sys.stdout 和 sys.stderr，但不用显式地访问它们，只需要在命令行中执行源代码文件时加上必要的参数即可，其中"<"代表标准输入，">"代表标准输出，">>"代表标准追加输出，"2>"代表错误输出。

1. 标准输入

当执行标准输入重定向时，sys.stdin 从指定的文件中读取信息，并提交给 input()函数，代替用户通过键盘输入的信息。文件中的每一行信息对应一次 input()函数调用。如果所有的 input()函数调用执行完毕，而文件未读取完毕，则后续部分会被放弃；如果文件已经读取完毕，而程序仍在继续调用 input()函数，则无法得到输入的信息，从而产生 EOFError。标准输入重定向的语法如下：

```
Python src.py < datafile       # 将 datafile 文件中的数据提供给 src.py 中的 input()函数
```

2. 标准输出

当执行标准输出重定向时，sys.stdout 从 print()函数中接收要打印的信息，但并不会将它打印到屏幕上，而是直接写入指定的文件中。需要注意的是，单个">"表示覆盖写入，会清空原有数据；要在原有的文件里追加写入，需要使用">>"。标准输出重定向的语法如下：

```
Python src.py > datafile       # 将 src.py 中 print()函数打印的信息写入 datafile 文件中
```

3. 错误输出

当执行错误输出重定向时，当且仅当程序因为错误或异常而终止运行时，sys.stderr 会将错误发生的回溯信息写入指定的文件中。错误输出重定向的语法如下：

```
Python src.py 2> errfile     # 如果程序异常中止，将错误有关的信息写入 errfile 文件中
```

5.2.10 带有参数的源代码脚本执行方式

sys 模块提供了对 Python 执行环境的支持，其中的 sys.argv 用于通过源代码文件执行 Python 时获取额外的选项和参数。argv 是 argument variable（参数变量）的简写形式，一般在调用命令行时由系统传递给程序。sys.argv 其实是一个列表，argv[0]一般是被调用的脚本文件名或全路径，和操作系统有关，argv[1]及其之后的元素就是传入的数据了。sys.argv 中数据的来源如图 5-1 所示。

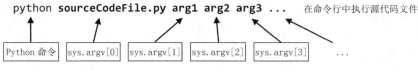

图 5-1 sys.argv 中数据的来源

通过这样的方式，我们就可以在执行代码时临时决定传入什么参数。而参数在被传入后，就可以在代码中被访问和使用了。

5.2.11 子任务：文本替换程序

在命令行运行 Python 脚本时指定相关参数，可以实现一个简单的文本替换程序。该程序依靠命令行传入参数，3 个参数分别是被替换的文本、替换后的文本、要处理的文本文件。代码如下：

```
#replace.py
import os
import sys
print("% running..." % sys.argv[0])        # 显示程序开始运行，argv[0]表示本程序的源代码文件名
if os.path.exists(sys.argv[3]):            # 如果文件存在，则打开并读取它，argv[3]是文件名
    f1 = open(sys.argv[3],'r')
    text = f1.read()
    f1.close()

    replaced = text.replace(sys.argv[1],sys.argv[2])# argv[1]、argv[2]分别是要替换的源字符和目标字符
    f1 = open(sys.argv[3],'w')
    f1.write(replaced)
    f1.close()
    print("All keyword %s has been replaced as %s in %s." % (sys.argv[1],sys.argv[2],sys.argv[3]))
else:                                      # 如果文件不存在，则给出提示
    print("File not exist!")
```

我们把源代码文件保存为"replace.py"，并假设要处理的文件在同一目录下，文件名为"temp.txt"。而我们的目的是把文件中所有的"time"替换为"date"，则在命令行中使用命令如下：

```
python replace.py time date ./temp.txt
```

请读者自行查看文件内容，并核实文件内容的替换结果。

5.3　任务 3　掌握时间和日期的处理

在应用开发工作中，我们经常需要用到时间和日期，包括：

- 作为日志信息的内容输出。
- 计算某个功能的执行时间。
- 用日期命名一个日志文件的名称。
- 记录或展示某文章的发布或修改时间。
- 其他。

操作系统提供了与时间和日期相关的信息，但许多应用程序自身需要一些与时间和日期有关的功能。Python 程序可以使用很多方式处理时间和日期，本节将介绍 time 模块和 datetime 模块中的一些函数和类。

时间戳、时间元组及格式化时间

日期和时间的高级管理

5.3.1　时间戳及时间元组

时间戳（timestamp）是指格林尼治时间 1970 年 01 月 01 日 00 时 00 分 00 秒（北京时间 1970 年 01 月 01 日 08 时 00 分 00 秒）起至现在的总秒数。在 Python 中，时间戳表现为一个浮点小数，可以使用 time.time()函数获取当前时间戳，示例如下：

```
>>> import time
>>> time.time()
1523082305.778
```

时间戳最适合进行日期运算。但是 1970 年之前的日期就无法以此表示了，太遥远的日期也不行，如 UNIX 和 Windows 只支持到 2038 年。此外，时间戳的可读性较差，我们很难直观地通过一个时间戳来看出这是什么时间和日期。因此，很多 Python 函数用一个包含 9 个属性的数据结构来表达和处理时间，这就是时间元组。时间元组不是真正的元组，而是一个名称为 "time.struct_time" 的类，表 5-3 列举了其中各属性名称、含义和取值范围。

表 5-3　时间元组中各属性名称、含义和取值范围

索 引 序 号	属 性 名 称	含　　义	取 值 范 围
0	tm_year	年	类似于 2018 的 4 位数
1	tm_mon	月	1～12
2	tm_mday	本月的第几日	1～31
3	tm_hour	时	0～23
4	tm_min	分	0～59
5	tm_sec	秒	0～61（61 是闰秒）

索 引 序 号	属 性 名 称	含　义	取 值 范 围
6	tm_wday	本周的第几日	0～6（0 是周一）
7	tm_yday	本年的第几日	1～366（儒略历）
8	tm_isdst	夏令时	是否为夏令时

获取时间元组有很多种方法，最常用的是 time.localtime()函数。该函数以时间戳作为参数（默认为当前时间），可以返回一个对应的时间元组，示例如下：

```
>>> import time
>>> a=time.localtime()
>>> type(a)
<type 'time.struct_time'>
>>> print(a)
time.struct_time(tm_year=2018, tm_mon=4, tm_mday=7, tm_hour=14, tm_min=40, tm_sec=23, tm_wday=5, tm_yday=97, tm_isdst=0)
```

如果用户只希望访问时间元组中的部分内容，例如只关心现在的日期，则可以通过索引序号来访问，也可以通过句点加上属性名称来访问，示例如下：

```
>>> print(a.tm_year, a.tm_mon, a.tm_mday)        # 通过句点加上属性名称来访问
2018 4 7
>>> print(a[0:3])                                # 通过索引序号来访问，注意获得的是一个元组
(2018, 4, 7)
```

5.3.2　格式化时间和日期

有了时间元组，我们就可以根据需求选取其中的部分字段，形成各种格式。但是，最简单的获取可读的时间格式的函数是 time.asctime()。该函数以一个时间元组为参数（默认为当前时间），返回一个字符串形式的简洁格式。它的用法如下：

```
>>> time.asctime()
'Sat Apr 07 14:56:19 2018'
```

有时我们希望进行反向的格式转换，即把时间元组转换为时间戳。此时可以使用 time.mktime()函数来完成，示例如下：

```
>>> time.mktime(time.localtime())
1523086435.0
```

time 模块下的 strftime()函数可以为格式化日期提供更多的选项。函数原型如下：

```
strftime(format[, tuple])
```

format：规定返回日期格式的字符串，类似于格式化输出。用户可以通过%Y、%m、%d 等占位符来指定要输出的格式类型，表 5-4 列举了这些占位符及其含义。

表 5-4　占位符及其含义

占 位 符	含　义	占 位 符	含　义
%y	两位数的年份表示（00～99）	%B	本地完整的月份名称

续表

占　位　符	含　　义	占　位　符	含　　义
%Y	四位数的年份表示（000～9999）	%c	本地相应的日期表示和时间表示
%m	月份（01～12）	%j	年内的一天（001～366）
%d	月内的一天（0～31）	%p	本地 A.M.或 P.M.的等价符
%H	24 小时制小时数（0～23）	%U	一年中的星期数（00～53），星期天为星期的开始
%I	12 小时制小时数（01～12）	%w	星期（0～6），星期天为星期的开始
%M	分（00～59）	%W	一年中的星期数（00～53），星期一为星期的开始
%S	秒（00～59）	%x	本地相应的日期表示
%a	本地简化星期名称	%X	本地相应的时间表示
%A	本地完整星期名称	%Z	当前时区的名称
%b	本地简化的月份名称	%%	%号本身

tuple：一个时间元组，如果该参数被省略，则默认为当前的时间元组。

格式化输出的简单示例如下：

```
>>> print(time.strftime("%Y-%m-%d %H:%M:%S"))          # 格式化成"年-月-日 时:分:秒"形式
2018-04-07 15:23:42
>>> print(time.strftime("%Y-%m-%d, %a"))               # 格式化成"年-月-日, 星期几"形式
2018-04-07, Sat
```

5.3.3　程序运行时间控制

time.sleep()函数可以用于阻塞 Python 程序当前的线程，它接收一个浮点数，使程序在此暂停指定的秒数，示例如下：

```
print(time.strftime("%H:%M:%S"))
time.sleep(10)
print(time.strftime("%H:%M:%S"))
time.sleep(12)
print(time.strftime("%H:%M:%S"))
```

执行结果如下：

```
15:39:39
15:39:49
15:40:01
```

要想衡量程序的执行效率，更专业的做法是使用 time.perf_counter()和 time.process_time()这两个函数。以 time.perf_counter()函数为例，在首次调用该函数时，它会在之前的时间里随机找一个时间点作为参照，然后返回参照时间点和此刻的时间差值，并且在之后每次调用相同的函数时，会重复使用这个参照时间点，不再定义其他参照时间点。

time.process_time()函数的用法和 time.perf_counter()函数类似，区别在于调用 time.sleep()函数可以使程序在阻塞期间经过的时间不会被 time.process_time()函数统计。

time.time()、time.perf_counter()和 time.process_time()三个函数都有精确到纳秒的版本，分别是 time.time_ns()、time.perf_counter_ns()和 time.process_time_ns()。

5.3.4　日期的置换

在很多情况下，需要进行日期的置换，例如，信用卡系统会周期性地对比消费时间和记账日，然后计算该账单对应的还款日（本月或下月的同一天）。由于每个月的天数不同，我们需要通过复杂的分支结构来判断一个月到底是 30 天、31 天、28 天还是 29 天。

datetime 模块中提供了表示日期的 date 类、表示时间的 time 类，以及同时表示日期和时间的 datetime 类，这 3 个类都提供了 replace()方法，用于置换对应的日期或时间信息。以 date 类为例，置换日期的方法如下：

```
>>> today = datetime.date.today()              # 通过 datetime.date.today()函数可获取当日的日期
>>> today
datetime.date(2018, 4, 7)
>>> after_10_days = today.replace(day=today.day+10)    # 返回新 date 对象：当日的 10 日后
>>> after_10_days
datetime.date(2018, 4, 17)
>>> next_month = today.replace(month=today.month+1)    # 返回新 date 对象：当日的 1 月后
>>> next_month
datetime.date(2018, 5, 7)
>>> this_year_sep = today.replace(month=9)     # 返回新 date 对象：9 月对应的当日
>>> this_year_sep
datetime.date(2018, 9, 7)
>>> other_year = today.replace(year=today.year+3, month=9, day=10)
                                               # 返回新 date 对象：3 年后的教师节
>>> other_year
datetime.date(2021, 9, 10)
```

5.3.5　日期和时间的差值计算

计算天数本身并不难，用户可以先使用 time.time()函数获取两个日期的时间戳，并将它们相减，再转换为时间元组格式或字符串格式，但是这显然很不方便。datetime 模块下的 date、time、datetime 和 timedelta 类都可以进行算术运算，其返回的都是 timedelta 类。例如，对于前面提到的几个日期置换例子，我们直接对其中两个 datetime.date 类进行减法运算，代码如下：

```
>>> delta = other_year － this_year_sep         # 两个日期相减
>>> delta
datetime.timedelta(1099)
>>> delta.days
1099
```

timedelta 类可以让我们很方便地对 datetime.date、datetime.time 和 datetime.datetime 对象进行算术运算，且两个时间之间的差值单位也更加容易控制。这个差值的单位可以是天、秒、微秒、毫秒、分钟、小时、周。timedelta 类的一些用法示例如下：

```
>>> datetime.timedelta(5).total_seconds()      # 5 天的总秒数
432000.0
>>> t1 = datetime.datetime.now()               # t1 为今天此刻
>>> t1 + datetime.timedelta(5)                 # t1 的 5 天后
datetime.datetime(2018, 4, 12, 16, 50, 2, 842000)
>>> t1 + datetime.timedelta(-5)                # t1 的 5 天前
datetime.datetime(2018, 4, 2, 16, 50, 2, 842000)
```

```
>>> t1 + datetime.timedelta(hours=1, seconds=30)        # t1 的 1 小时 30 秒后
datetime.datetime(2018, 4, 7, 17, 50, 32, 842000)
```

5.4　任务 4　了解序列化

序列化和 JSON 化

把对象转换为字节序列的过程称为对象的序列化；把字节序列恢复为对象的过程称为对象的反序列化。对象的序列化主要有以下两种用途。

（1）把对象的字节序列永久地保存到硬盘上，通常将其存放在一个文件中。

（2）在网络上传送对象的字节序列。

下面介绍 Python 中的序列化相关操作。

5.4.1　序列化和反序列化

pickle 模块提供了一个简单的持久化功能，可以将对象以文件的形式存放在磁盘上。Python 中几乎所有的数据类型（列表、字典、集合、类等）都可以用 pickle 模块进行序列化，并且经过 pickle 模块序列化的数据只能在 Python 中被反序列化。

通俗来讲，序列化和反序列化的好处就是使得 Python 能够通过文件信息进行数据共享。类似于字典、列表等数据是无法被直接写入文件的，需要转换成字符串。如果字典、列表等数据结构的嵌套层数很多，处理起来就比较麻烦，此时采用序列化会比较方便。下面介绍如何通过 pickle.dumps()函数来序列化一个对象，代码如下：

```
>>> import pickle
>>> l1 = ['Newton was','born in',16430104]
>>> text = pickle.dumps(l1)
>>> text
b'\x80\x03]q\x00(X\n\x00\x00\x00Newton wasq\x01X\x07\x00\x00\x00born inq\x02J\x18\xb4\xfa\x00e.'
```

从上面的代码可以看出，经过序列化后的数据可读性差，一般无法被轻易识别。如果要把序列化之后的信息进行反序列化，则可以得到原先的对象，代码如下：

```
...
>>> l2 = pickle.loads(text)
>>> l2
['Newton was', 'born in', 16430104]
```

如果想要把序列化的内容直接写入文件中，则可以使用 pickle.dump()函数而不是 pickle.dumps()函数，代码如下：

```
>>> import pickle
>>> l1 = ['Newton was','born in',16430104]
>>> pickle.dump(l1, open('D:/dump.txt','w'))
```

写入序列化数据之后的文件内容由读者自行查看。

pickle.dump()函数的作用是把序列化的内容写入文件中，因此它的参数是序列和文件对象，这样就在指定路径下生成了一个文件，存储的是序列化之后的内容。

对应地，如果想要从文件中读取信息，并进行反序列化，则可以使用 pickle.load()函数代替 pickle.loads()函数，代码如下：

```
>>> import pickle
>>> s1 = pickle.load(open('D:/dump.txt','r'))
>>> print(s1)
['Newton was', 'born in', 16430104]
```

5.4.2　JSON 和 JSON 化

JSON（JavaScript Object Notation，JS 对象标记）是一种轻量级的数据交换格式，采用完全独立于编程语言的文本格式来存储和表示数据。其简洁和清晰的层次结构特点使得 JSON 成为理想的数据交换语言。JSON 易于阅读和编写，同时易于机器解析和生成，可以有效地提升网络传输效率。JSON 是一种规范，因此，JSON 化就是把一些字符串对象改变成符合 JSON 规范的文本。

JSON 化和 pickle 模块序列化的操作基本相同，如何进行序列化就如何进行 JSON 化。区别在于，pickle 模块支持 Python 程序和 Python 程序之间的数据交互，而 JSON 支持跨语言程序的数据交互。

pickle 模块不仅可以序列化列表、字典等常规的对象，也可以序列化一个函数或一个类的实例，所以 Python 中所有的对象都可以被 pickle 模块序列化。而 JSON 只能对常规的类型进行操作，如列表、字符串等。因为在不同的语言中，函数和类的语法是不同的。另外，pickle 模块进行序列化得到的信息是非直观的，而 JSON 化得到的信息是直观的。示例如下：

```
>>> import json
>>> d1 = {'name':'schwarzenegger','gender':'male','age':71}
>>> s1 = str(d1)
>>> print(s1)
{'gender': 'male', 'age': 71, 'name': 'schwarzenegger'}
>>> print(json.dumps(d1))
{"gender": "male", "age": 71, "name": "schwarzenegger"}
```

可以看出，通过 JSON 化得到的字符串和通过 str()函数转换成的字符串基本是相同的，只是通过 str()函数转换成的字符串无法再转换回去，而通过 JSON 化得到的可以再转换回去。示例如下：

```
>>> import json
>>> d1 = {'name':'schwarzenegger','gender':'male','age':71}
>>> s1 = json.dumps(d1)
>>> print(s1)
{"gender": "male", "age": 71, "name": "schwarzenegger"}
>>> d2 = json.loads(s1)
>>> print(d2)
{u'gender': u'male', u'age': 71, u'name': u'schwarzenegger'}
```

5.5　任务 5　基于文件存储的用户账户登录功能

在了解了文件的读/写操作相关知识之后，我们已经可以实现一个简单的用户账户登录功能了。当然，考虑今后的可扩展性，我们可以将用户账户登录功能作为轮子提供给其他程序使用，这需要涉及项目 6～项目 11 的相关知识。下面仅实现用户账户登录子系统最基本的功能。

5.5.1　程序功能设计

我们使用一个名称为 "user_inf.txt" 的文本文件来存储用户账户信息。文件中的每一行表示一个不同的用户；每行有 3 个字段，分别是用户名、密码和密码错误的记录，并以空格来分隔。为了便于测试，该文本中可以有一些账户条目，示例如下：

```
Administrator 12345678 0
user 12345678 0
guest 12345678 0
surya 5xzkjf^Da6f 0
```

每一行的第 3 部分是密码错误的记录，是一个代表错误次数的整数。假设在首次密码错误之后还有 3 次机会，也就是说，当密码错误累计达到 4 次时，该账户将会被禁止登录。

程序流程如图 5-2 所示。

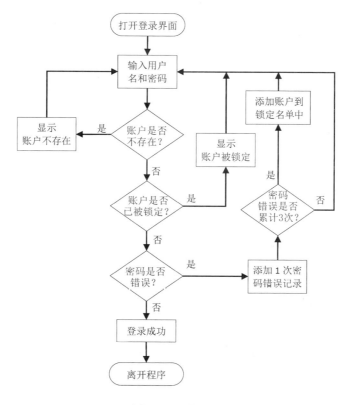

图 5-2　程序流程

5.5.2　程序实现

根据图 5-2 所示的程序流程，程序的主体部分应当包含在一个循环体中。当用户输错账户或密码信息时，程序允许用户回到初始阶段，重新输入账户和密码信息。此外，程序中应该有分支结构和嵌套的循环结构，分别对应用户是否输入了合法字符、账户是否不存在、账户是否已被锁定、密码是否错误、密码错误是否累计 3 次等。

下面的代码仅供读者参考：

```
logged_on = True                                        # 仅当登录成功才终止循环
while logged_on:
    user_inf = open("./user_inf.txt", "a+")             # 使用 a+ 以避免文件不存在而产生异常
    user_inf.seek(0)
    items = user_inf.readlines()                        # 读取所有行并放入列表中，方便逐行查询
    name = input("请输入您的账号：")
    if name.isalnum():                                  # 账号只能由数字和字母构成
        passwd = input("请输入您的密码：")
        if passwd.isprintable() and " " not in passwd:  # 密码必须是可打印字符，不能含有空格
            pass
        else:
            print("密码不能包含空格。")
            continue
    else:
        print("用户名不能包含特殊字符。")
        continue

    for i in range(len(items)):        # i 是列表 items 的下标
        if name in items[i]:           # 如果 items[i] 包含当前输入的用户名
            t = items[i].split(' ')    # 以空格把 items[i] 分割为列表，即[用户名, 密码, 密码错误次数]
            # name 和记录中的用户名必须精确匹配，如 Admin 在 Administrator 中，但它们不同
            # 同时检查密码是否正确，以及密码错误记录是否小于 4 次（表示未被锁定）
            if name == t[0] and passwd == t[1] and int(t[2]) < 4:
                print("登录成功！")                        # 显示登录成功，程序结束
                logged_on = False
                break
            elif name == t[0] and passwd != t[1] and int(t[2]) < 4:    # 若密码错误
                t[2] += 1                                              # 则更新密码错误次数
                if t[2] < 4:                                           # 若密码错误次数<4
                    print("密码错误！您还有%d 次机会。\n" % (4 - int(t[2])))  # 则显示警告
                else:
                    print("账户{}已被锁定!".format(name))     # 否则显示账户已被锁定
                items[i]=t
                break
            elif name == t[0] and int(t[2]) >= 4:          # 若程序一开始就检测到密码错误次数>4
                print("账户{}已被锁定!".format(name))        # 则显示账户已被锁定
                break
            else:
                pass
        else:                                              # 若没有找到匹配的用户名，则显示用户不存在
            print("用户不存在！")
```

但是上述程序没有考虑到一些复杂的问题，包括注册新用户、随机的验证码、密码加密处理、密码字符遮盖、用户被锁定的期限等。这些问题将在后续项目中给出解决方案。当然，读者也可以自行尝试解决问题。

5.6　小结

本项目介绍了 Python 中的文件操作及系统交互，首先，介绍了文件句柄对象及对文件的读/写操作；其次，系统介绍了文件和目录的管理，包括文件的复制、删除、属性获取和重命名，目录的创建、删除、改变和显示等；再次，介绍了序列化和 JSON 这两种数据处理方法；最后，通过设计一个用户账户登录功能，展示了文件管理在程序设计中的重要作用。

- 文件句柄的概念
- 文件的打开
- 文件的读取和写入
- 文件的编码
- 文件的缓冲和关闭
- 文件的复制和删除
- 文件的属性获取及其他管理功能
- 目录的创建和删除
- 当前目录的定位和更改
- 文件的批量操作
- 时间和日期的处理
- 序列化和反序列化
- JSON 和 JSON 化
- 用户账户登录功能的实现

5.7　习题

1．列举几种文件的缓冲形式，包括程序员主动进行的缓冲和由其他原因造成的缓冲。

2．小明在某公司的信息安全部门工作，该公司最近淘汰了一批老旧的服务器硬盘。为了避免商业对手利用数据恢复手段获取硬盘中的数据，部门领导让小明为这些硬盘写入垃圾数据。请你帮小明写一个脚本，在当前目录下创建 1000 个文件，文件名随机；文件中的内容是1000 个随机字符。

3．在毕业季，每个学生都要完成毕业设计并参加答辩，假如学院要求将每个班分成 6 组来参加毕业答辩。班级名单保存在名称为 "students.txt" 的文件里，每一行一个姓名，请编写一个程序来实现随机的分组。

4．编写一个程序，由用户输入自己的生日，然后自动计算距离下次生日的时间。

项目6

函　数

函数是指一段在一起的、可以实现某个功能的、可以重复使用的代码段。之前我们已经使用过一些内建函数，本项目将介绍如何定义、创建我们自己的函数，Python 所提供的灵活、多变的参数类型，以及不同的函数调用方式。

6.1　任务 1　掌握函数的定义和调用

本节主要介绍 Python 中的函数，包括函数的定义，函数的调用，函数中的参数、变量的作用域及其他语法规则。

函数的定义和调用　　　　　位置参数、关键字参数和默认参数　　　　可变参数、关键字收集器和参数组

6.1.1　函数的定义和调用

函数也叫作子程序或方法（面向对象程序设计中的术语），是组织好的、可重复使用的、用来实现单一或相关联功能的代码段。简单来说，函数是一小段可以重复使用的代码，可以提高应用的模块性和代码的重复利用率。基本上所有的高级语言都支持函数，而 Python 不但能非常灵活地定义函数，而且其本身内置了很多有用的函数，可以被直接调用。

用户可以定义一个能实现自己想要的功能的函数，简单的规则如下：

- 函数代码块以关键字 def 开头，后接用户自定义的函数名称和圆括号()。
- 在圆括号之间定义函数的参数。
- 作为代码块的开头，当前行应该以冒号结束，并从第二行开始缩进。

- 函数体中的第一行语句可以定义文档字符串，用于向 help()函数提供函数说明，但不是强制性的。
- 语句"return [表达式]"将会结束函数的定义，表达式的结果会作为返回值。没有 return 语句的函数，会默认 return None。

定义函数的一般格式如下：

```
def func(arg1[,arg2[, ... arg n]]):
    <func_suite>
```

在默认情况下，参数值和参数名称是按函数声明中定义的顺序匹配的。定义函数的示例如下：

```
def greeting(current_time, somebody):          # 函数定义
    print("Good %s, %s!" % (current_time, somebody))

t1='morning'
n1='Elsa'
t2='evening'
n2='ladies and gentlemen'
greeting(t1,n1)
greeting(t2,n2)
```

执行结果如下：

```
Good morning, Elsa!
Good evening, ladies and gentlemen!
```

函数可以在函数体内部定义数据，也可以接收外部参数，所以具体的设计要根据需求，同时考虑用户体验。下面看一个例子：我们要设计一个程序用来计算手机屏幕的 PPI（Pixels Per Inch，每英寸像素数目），通常已知屏幕的像素行、列数和对角线尺寸，根据勾股定理，可以得出以下公式：

$$PPI = \frac{\sqrt{W^2 + H^2}}{D}$$

H 和 W 分别表示屏幕像素的行、列数，D 表示对角线长度。因此，等号右边的分子部分是对角线方向能容纳的像素总数，除以 D 就得到了 PPI。根据这个算法，我们可以自定义函数如下：

```
import math
def ppi_compute(height, width, screensize):    # 手机屏幕 PPI 计算的函数
    diagonal = math.sqrt(height ** 2 + width ** 2)
    return diagonal/screensize

print(ppi_compute(1920, 1080, 5)               # 调用函数，直接传入数字作为参数
height = int(input('Enter the height of the Screen: '))
width = int(input('Enter the width of the Screen: '))
screensize = float(input('Enter the size of the Screen: '))
print(ppi_compute(height, width, screensize))  # 再次调用，这次将用户输入变量作为参数
```

执行结果如下：

```
440.581434016
```

```
Enter the height of the Screen: 2560
Enter the width of the Screen: 1440
Enter the size of the Screen: 5.5
534.038101838
```

如果把用户输入变量的语句写在函数内部，就不必从外部获取参数了。用户也可以选择在函数内部直接打印计算结果，而不必给出返回值。函数更改如下：

```
import math
def ppi_compute():
    height = int(input('Enter the height of the Screen:'))
    width = int(input('Enter the width of the Screen:'))
    screensize = float(input('Enter the size of the Screen:'))
    diagonal = math.sqrt(height ** 2 + width ** 2)
    print(diagonal/screensize)

ppi_compute()
```

执行结果如下：

```
Enter the height of the Screen:1280
Enter the width of the Screen:720
Enter the size of the Screen:4.5
326.35661779
```

6.1.2 函数对象赋值

在定义一个函数时，给函数定义了一个名称，并指定了函数中包含的参数和代码块结构。然后，我们就可以在函数外部调用并执行它了，也可以在另一个函数内部调用它。函数名其实就是指向一个函数对象的引用，完全可以把函数名赋给一个变量，相当于给这个函数起了一个名字。示例如下：

```
>>> a = abs(-1)          # 调用 abs()函数，将函数返回值赋值给变量 a
>>> b = abs             # 将函数对象本身赋值给变量 b
>>> a
1
>>> b(-2)               # 调用 b()就相当于调用 abs()函数
2
```

6.1.3 位置参数

Python 的函数定义非常简单，但灵活度非常大。除了正常定义的参数，还可以使用关键字参数、默认参数等，使得通过函数定义出来的接口，不但能处理复杂的参数，还可以简化调用者的代码。

在前面的代码中已经使用过普通的参数形式，这种参数叫作位置参数，也称为必备参数。在调用位置参数时，其数量必须和声明时的一样，且必须以正确的顺序传入函数。例如，在6.1.1 节中出现过的自定义函数 greeting()和 ppi_compute()，传入的参数必须有两个，并且这两个参数有各自的作用。

对于位置参数，最常见的错误类型是 TypeError（关于错误和异常，请参考项目 9）。如果在调用函数时传入的参数数量不对，就会抛出 TypeError 错误。例如，abs()函数只接收一个参数，而用户为其提供了两个，此时 Python 会明确地给出用户信息，代码如下：

```
>>> abs(5, 2)
Traceback (most recent call last):
  File "<stdin>", line 1, in <module>
TypeError: abs() takes exactly one argument (2 given)
```

如果传入的参数数量是对的，但参数类型不能被函数内部的代码处理，也会抛出 TypeError 错误，并且给出错误信息。例如，abs()函数可以接收一个数字并返回它的绝对值，但它不能处理字符串。对于 abs()函数来说，str 是错误的参数类型。示例如下：

```
>>> abs('b')
Traceback (most recent call last):
  File "<stdin>", line 1, in <module>
TypeError: bad operand type for abs(): 'str'
```

6.1.4 关键字参数

位置参数规定了用户必须按照定义函数时书写的参数顺序传入参数。但是，如果用户在调用函数时显式地提供了参数的名称，则可以按照自己想要的顺序传入参数。例如，在前面的 greeting()函数中，位置参数的顺序是 current_time 在前，somebody 在后，而用户可以在调用函数时提供参数的标识符，此时参数的顺序就不重要了。示例如下：

```
def greeting(current_time, somebody):                 # 函数定义和之前完全相同
    print("Good %s, %s!" % (current_time, somebody))
t1='morning'
n1='Anna'
greeting(somebody=n1, current_time=t1)                # 但调用时提供参数的方式不同
```

执行结果如下：

```
Good morning, Anna!
```

经过仔细观察后，我们就会发现在提供关键字参数时，本质上提供了一个赋值表达式。关键字参数和传统的位置参数可以混合使用，但在调用时，位置参数必须在前，关键字参数必须在后。

6.1.5 默认参数

默认参数也称为缺省参数。用户可以在定义函数时，为一个参数指定一个默认的初始值。这样，用户就可以在调用函数时省略这个参数，以使用默认的初始值。例如，在 PPI 计算函数中，用户可以设置默认的纵向像素数量为 1920，默认的横向像素数量为 1080，默认的屏幕对角线为 5.5 英寸。如果用户未传入参数，则使用默认值；如果用户传入了一个或多个参数，则覆盖对应的默认值。代码如下：

```
import math
def ppi_compute(height=1920, width=1080, screensize=5.5):    # 将 3 个参数均设置为默认参数
    diagonal = math.sqrt(height ** 2 + width ** 2)
    return diagonal/screensize
```

```
print(ppi_compute())              # 不提供任何参数，使用默认参数
print(ppi_compute(2560, 1440))    # 不提供参数名，只提供参数的值，且只提供两个参数
print(ppi_compute(screensize=6))  # 只提供名称为 screensize 的参数
```

执行结果如下：

```
400.528576379
534.038101838
367.151195014
```

可以看到，默认参数和关键字参数一样，都是通过提供赋值表达式来实现的，区别在于：关键字参数在调用函数传入参数时提供赋值表达式，而默认参数在定义函数的参数时就提供赋值表达式。默认参数可以和其他参数混用，但需要注意的是，没有默认值的参数必须在前，默认参数必须在后。

下面用一个具体的例子展示默认函数的更多用法与注意事项。先说明如何定义函数的默认参数，编写一个计算 x^2 的函数，代码如下：

```
>>> def power(x):
return x * x
>>> power(2)          # 当我们调用 power()函数时，必须传入有且仅有的一个参数 x
4
>>> power(4)
16
```

现在想一想，如果我们想要计算 x^3 怎么办？当然，可以再定义一个函数来计算，但是如果想要计算 x^4、x^5……这就显得有点烦琐，而且我们不可能定义无限多个函数。因此，我们必须想办法简化它，实际上这样的计算是有规律可循的，可以把 power(x)函数修改为 power(x, n)函数，用来计算 x^n，代码如下：

```
>>> def power(x, n):
        return x ** n
>>> power(6, 2)
36
>>> power(4, 3)
64
```

对于这个修改后的 power()函数而言，它可以计算 x^n。但是，此时旧的代码调用会失败，原因是我们增加了一个参数，导致旧的代码无法被正常调用，代码如下：

```
>>> power(4)
Traceback (most recent call last):
  File "<stdin>", line 1, in <module>
TypeError: power() takes exactly 2 arguments (1 given)
```

这时，默认参数就派上用场了。由于我们经常计算 x^2，因此完全可以把第二个参数 n 的默认值设定为 2，代码如下：

```
>>> def power(x, n=2):  # 设定 n 的默认值为 2
        return x ** n
>>> power(4)
16
```

```
>>> power(5, 3)
125
```

这样一来,当我们调用 power(4)函数时,就相当于调用了 power(4,2)函数,而对于 n≠2 的其他情况,就必须明确地传入参数 n,如 power(5,3)。

从上面的例子可以看出,默认参数可以简化函数的调用。在设置默认参数时,有几点需要注意:一是位置参数在前,默认参数在后,否则 Python 解释器会报错;二是当函数有多个参数时,应该把具有常用参考值的参数放在后面,就可以将常用参考值作为默认参数。

6.1.6　可变参数和关键字收集器

可变参数也称为不定长参数,是指传入的参数数量是可变的。用户可能需要一个函数以处理比当初声明参数时更多的参数。可变参数在声明时不会命名,基本语法如下:

```
def func1([args,] *var_args_tuple):
    <func_suite>
    return [expression]
```

加了星号(*)的变量名会存放所有未命名的变量参数,并作为一个元组提供给函数内部。可变参数示例如下:

```
def printInfo(*vargs):
    print("Output:")
    for var in vargs:
        print(var)
printInfo(10)
printInfo(6,7,8)
```

执行结果如下:

```
Output:
10
Output:
6
7
8
```

如果使用两个星号(**)来标识变量名,则会搜集不定数量的关键字参数,因此也将其称为关键字收集器。采用这种方法传入的多个参数必须被明确赋值,这些参数和值会组成一个字典,每个参数为一个键,对应每一个值。示例如下:

```
def printInfo(**kw):
    print("The information of this car is as follows:")
    for v in kw:
        print("%-10s : %10s" % (v, kw[v]))       # v左对齐,kw[v]右对齐,各自占据10个字符宽度
    return
printInfo(Model="Focus",Brand="Ford",Class="A",WheelBase=2648,Engine="1.6/1.5T")
```

执行结果如下:

```
The information of this car is as follows:
Engine     :    1.6/1.5T
Model      :      Focus
```

```
WheelBase  :      2648
Brand      :      Ford
Class      :      A
```

6.1.7 参数组

在 Python 中定义函数时，可以使用位置参数、关键字参数、默认参数、可变参数，而且这 4 种参数可以一起使用，也可以使用一部分，但是需要注意的是，参数定义的顺序必须是：位置参数、默认参数、可变参数和关键字参数。比如，定义一个函数，包含上述 4 种参数，代码如下：

```
def func(a, b, c=0, *args, **kw):
    print("a=%s, b=%s, c=%s, *args=%s, **kw=%s" % (a, b, c, args, kw))
func(1, 2)   # 在调用函数时，Python 解释器会自动按照参数位置和参数名把对应的参数传入
func(1, 2, c=3)
func(1, 2, 3, 'a', 'b')
func(1, 2, 3, 'a', 'b', x=99)
```

执行结果如下：

```
a=1, b=2, c=0, *args=(), **kw={}
a=1, b=2, c=3, *args=(), **kw={}
a=1, b=2, c=3, *args=('a', 'b'), **kw={}
a=1, b=2, c=3, *args=('a', 'b'), **kw={'x': 99}
```

此外，通过一个元组和（或）字典，用户也可以调用该函数，代码如下：

```
def func(a, b, c=0, *args, **kw):
    print("a=%s, b=%s, c=%s, *args=%s, **kw=%s" % (a, b, c, args, kw))
args = (1, 2, 3, 4)
kw = {'x': 99}
func(*args, **kw)
```

执行结果如下：

```
a=1, b=2, c=3, *args=(4,), **kw={'x': 99}
```

6.1.8 函数注解

动态语言很灵活，但是这种特性有两个明显的弊端。

- **难发现**：由于没有进行任何类型检查，因此直到运行函数时才显现出问题，或者直到线上运行程序时才暴露出问题。
- **难使用**：函数的使用者看到函数时，并不知道函数的设计，也不知道应该传入什么类型的数据。

在 Python 2 中，常见的做法是为函数提供文档字符串，但很难保证调用者一定会查看它们，而且当函数体被修改时，文档字符串未必能确保同步更新。Python 3 提供了函数注解功能，可以更好地解决这个问题，并且在语法上和 C、Java 等编译型语言更接近。

简单来说，函数注解是对参数和返回值增加特殊的注释，主要目的是告诉调用者应该传递什么样的参数及获取什么样的返回值。参数注解和变量注解的格式是一样的（详见项目 2）；

返回值的注解由减号和右尖括号"->"加上指定的类型名称构成，需要写在函数入口语句的最后，位于参数列表的右括号和冒号之间。

现在来回顾 6.1.1 节中计算手机屏幕 PPI 的函数，为它添加注解，代码如下：

```
import math
def ppi_compute(height:int, width:int, screensize:float) -> float: # 指定了参数的类型和返回值的类型
    diagonal = math.sqrt(height ** 2 + width ** 2)
    return diagonal/screensize
```

具有注解信息的函数，可以使用 __annotations__ 属性获取参数名称和对应的类型，返回的是一个字典，代码如下：

```
print(ppi_compute.__annotations__)
```

执行结果如下：

```
{'height': <class 'int'>, 'width': <class 'int'>, 'screensize': <class 'float'>, 'return': <class 'float'>}
```

📝 **注意**：注解功能只是提供了一种建议，它不会对参数的实际类型进行检查。

6.2 任务 2 了解函数的高级特性和功能

作用域和名称空间

yield 和生成器

递归函数

函数闭包

装饰器

6.2.1 作用域和名称空间

当我们开始定义自己的函数时，有些问题是无法回避的，例如：

● 在 Python 中，从哪里查找变量名？

● 能否同时定义或使用多个对象的变量名？

● 在 Python 中查找变量名时，应按照什么顺序搜索不同的名称空间？

前文说过，Python 中的一切皆对象，包括常量、列表、字典、函数、类等。当我们需要访问一个对象时，通常使用一个变量名称来引用它，形成一个名称到对象的映射关系。因此，名称空间是一个集合，或者说是一个容器，它包含了一些名称，这些名称可以映射到相同或不同的对象。

但麻烦的是，Python 中有多个名称空间。每当我们调用一个函数时，就创建了一个独立的名称空间。在不同的名称空间中可能出现相同的名称，就可能会导致歧义。这时就需要划分名称的作用域了。示例如下：

```
>>> num = 10
>>> def foo():
...     print(num)
>>> def bar():
```

```
...        num = 12
...        print(num)
>>> foo()
10
>>> bar()
12
>>> print(num)
10
```

在这个例子中，出现了多个同名的变量。首先在全局范围内创建了名称 num，然后在 foo()函数中引用了它，那么在 foo()函数中的 num 和外部的 num 是同一个对象。但是，在 bar()函数中，我们对 num 进行了赋值操作，这导致了一个新的 num 被创建。

我们可以把上述的全局范围称为全局名称空间，而在全局名称空间中创建的名称被归类为全局变量。在函数内部创建的名称可以被归类为局部变量，对应一个局部名称空间。在一个 Python 程序中，只有一个唯一的全局名称空间，其生命周期是程序执行的期间；局部名称空间则可能有多个，其生命周期是函数执行的期间。

显然，在函数内部无法直接操作全局变量。如果用户在函数中使用了全局变量的名称，则只不过是创建了一个和它同名的局部变量而已。Python 解释器在处理名称时，会按照一个特定的顺序在不同级别的名称空间中查找。除全局名称空间和局部名称空间之外，还有两个名称空间：闭包名称空间和内建名称空间。闭包是函数在嵌套定义时的一种特殊情形，会在本项目后面介绍。而对于内建，我们应该已经很熟悉了，它是 Python 中默认已经具有的名称。

当代码中出现一个名称时，Python 会在所有的名称空间中检索该名称。在发现重名现象时，就按照 LEGB 的优先级来处理，即局部（Local）→函数闭包（Enclosing function）→全局（Global）→内建（Built-In）。简单来说，越大的名称空间，其优先级越低，如图 6-1 所示。

Built-In （Python统一的名称集）	Global （Python程序实例、模块）	Local （函数）
		Local （函数）
		...
		Local （函数）
	Global （Python程序实例、模块）	Local （函数）
		Local （函数）
		...
	...	...
	Global （Python程序实例、模块）	Local （函数）
		Local （函数）
		...

优先级 ————————————————————————→ 高

图 6-1　名称空间及优先级

6.2.2　在函数中修改全局变量

经过前面的讨论，读者应当已经认识到，在函数中不能直接修改全局变量。但是，我们可以通过关键字 global 来告诉 Python 解释器，这里要操作的是全局变量，而不是函数中的局部变量。示例如下：

```
>>> name = 'hydrogen'
>>> def foo():
...     global name          # 在定义函数时，到全局名称空间中查找名称为 name 的变量，并允许操作它
...     name = 'helium'
...     print(name)
>>> foo()
helium
>>> print(name)              # 全局变量已被 foo()函数修改
helium
```

使用 global 操作全局变量在编写代码方面比较方便、快捷，但不宜滥用，因为这样会导致一些弊端或潜在的问题出现，例如：

- 全局变量生命周期长，因此程序运行期一直存在，长期占用内存资源。
- 难以定位在哪里被修改，加大了调试的难度。
- 使用全局变量的函数，需要关注全局变量的值，不仅增加了理解的难度，而且增加了耦合性。
- 线程不安全，在多线程中修改全局变量容易产生冲突，需要加锁。

6.2.3 匿名函数

在使用 Python 编写一些执行脚本时，使用匿名函数可以省去定义函数的过程，让代码更加精简。对于一些抽象的、不会被复用到其他地方的函数，有时给这些函数起个名字也挺麻烦的，而使用匿名函数不需要考虑命名的问题，并且可以让代码更容易理解。匿名函数使用关键字 lambda 来定义，语法格式如下：

```
lambda args:expression
```

冒号的左侧是参数，可以有多个，用逗号隔开；冒号的右侧可以是任意表达式，但不能是语句，例如，不能是 while、return 等。由于匿名函数没有名称，不能被直接调用，因此需要将其赋值给一个对象，然后依靠此对象来调用它，例如：

```
>>> a,b = 3,4
>>> f1 = lambda x,y:x+y
>>> print(f1(a,b))
7
```

上述代码的第二行等价于：

```
>>> def f1(x,y)
...     return x+y
```

匿名函数的主要意义在于函数速写，在 map()函数和 reduce()函数中常常被当作参数来使用，后面会介绍这种用法。

6.2.4 用函数实现生成器

回顾前文介绍过的列表推导式和生成器：当返回的数据量非常巨大时，使用生成器可以显著地节省内存资源，因为它不会一次性返回所有数据，而是会通过延迟求值，在需要访问部分数据时才进行计算。

  类似于列表推导式的生成器存在着语法上的限制，很难把一个复杂的计算和处理过程放在一个单独的推导式中。现在，用户可以通过函数实现非常复杂的生成器。举个简单的例子，定义一个函数，由用户传递一个参数 n，该函数会统计并打印输出 n 以内所有的素数，代码如下：

```
1    def primeNumber(n):              # 求 n 以内的所有素数
2        for i in range(2,n+1):       # i 的范围是 2～n
3            for j in range(2, int(i**0.5+1)): # 除数的变换范围是从 2 到 i 的平方根
4                if i % j == 0:        # 如果能被整除，则不是素数
5                    break            # 跳出内层循环，进入外层循环的下一轮（下一个数字是被除数）
6            else:                    # 如果 i 始终不能被整除，则意味着 i 是素数，内层循环正常结束
7                print(i)             # 将 i 打印输出
8    primeNumber(int(input("Enter: ")))
```

执行结果如下：

```
Enter: 10
2
3
5
7
```

  在这段代码中，每找到一个素数都会将其打印输出，然后换一个数字继续检查。计算过程不会在中途暂停，所有的计算结果都会占用内存空间。如果我们把第 7 行的代码简单地改写一下：

```
6        ...
7                yield i              # 将 i 的值添加到生成器中
```

  需要注意的是，当函数中出现关键字 yield 时，这个函数就是一个生成器，它会返回一个迭代器对象，且不允许在函数体中出现带有参数的 return 语句（会导致 SyntaxError）。在执行 yield 语句时，都将生成一个对象，并传入对应的迭代器，然后暂停计算，直到下一次被访问，才会重新开始执行 yield 语句之后的代码，直到遇见下一条 yield 语句。因此，改写后的 primeNumber()函数不会立即给出计算结果，而是会返回一个迭代器。只有通过 next()函数访问（或通过 for 循环迭代访问）时，才会进行计算，并抛出它找到的第一个素数，然后暂停计算；当它的 next()函数再次被调用或 for 循环进入下一轮时，才会继续计算，并抛出找到的第二个素数，以此类推。显然，我们还需要修改一下第 8 行代码，因为我们必须将生成器产生的迭代器对象赋值给一个变量，以方便访问。

  yield 语句并非只能用在循环结构中，用户也可以在顺序结构中定义多个 yield 语句。示例如下：

```
>>> def foo():
...     yield 1
...     yield 10
...     yield 100
>>> a=foo()
>>> print(a)
<generator object foo at 0x00000000026831B0>
>>> for i in a:
...     print(i)
```

```
1
10
100
```

生成器是惰性计算和延迟求值在 Python 中的实现，是一种非常强大的工具。用户可以简单地把列表推导式改成生成器，也可以通过函数实现具有复杂结构的生成器。生成器不仅可以避免不必要的计算，实现性能上的提升，而且可以节约空间，实现无限循环（无穷大的）的数据结构。

6.2.5　子任务：重新实现 xreadlines()方法

回顾 5.1.2 节，readlines()方法可以用于将文件的所有行读取到一个列表中。在 Python 的早期版本中，文件对象还有一个 xreadlines()方法：在 Python 2.3 之前，xreadlines()方法会返回一个迭代器；从 Python 2.3 起，文件对象自身已经是一个可迭代对象了，而 xreadlines()方法则变成了返回文件对象的一个副本。在 Python 3 中，xreadlines()方法被彻底移除了，但我们可以尝试着探究 xreadlines()方法的内部实现，对它进行逆向工程。作为练习，我们以函数的形式重新实现 xreadlines()方法，代码如下：

```python
def myReadLines(f):              # 以打开的文件对象作为参数
    p = 0                        # 设置指针值为 0
    while True:
        f.seek(p)                # 设置指针到 p 的位置
        data = f.readline()      # 读取一行
        if data:                 # 如果该行不为空
            p = f.tell()         # 把当前指针位置存到 P 中
            yield data           # 把刚才读取的数据存入生成器中
        else:                    # 否则
            break                # 文件读取完毕
    return

f1 = open("./AAA.txt","r",encoding="gbk",errors="ignore")
                                 # 在默认情况下简体中文版本的 Windows 中，文本文件中的中文字符编码为 GBK 或 GB2312
                                 # 打开文件时，参数 encoding 用于指定文件原本的编码
gen = myReadLines(f1)
print(type(gen))                 # 查看生成器对象的描述信息
for i in gen:                    # 通过 for 循环取出数据
    print(i)
f1.close()
```

执行结果由读者自行查看。

6.2.6　递归函数

在函数内部可以调用其他函数，例如，我们在 6.1.1 节中定义了计算手机屏幕 PPI 的函数，然后在这个函数中调用了 math.sqrt()函数来计算平方根。特别地，一个函数调用它自己也是被允许的，这称为递归函数。

举个例子，计算阶乘 n! = 1×2×3×...×n，用函数 fact(n)表示，可以看出：

$$fact(n) = n!$$
$$= 1 \times 2 \times 3 \times ... \times (n-1) \times n$$

$$= (n-1)! \times n$$
$$= fact(n-1) \times n$$

所以，fact(n)可以表示为 n×fact(n-1)，只有在 n=1 时需要进行特殊处理。于是，fact(n)用递归的方式写出来就是：

```
>>> def fact(n):   # 定义一个递归函数
...     if n==1:
...         return 1
...     return n * fact(n - 1)
>>> fact(1)
1
>>> fact(5)
120
>>> fact(100)
93326215443944152681699238856266700490715968264381621468592963895217599993229915608941463976156518286253697920827223758251185210916864000000000000000000000000
```

如果我们需要计算 fact(5)，则可以根据函数定义推导出计算过程如下：

$$
\begin{aligned}
fact(5) &= 5 * fact(4) \\
&= 5 * (4 * fact(3)) \\
&= 5 * (4 * (3 * fact(2))) \\
&= 5 * (4 * (3 * (2 * fact(1)))) \\
&= 5 * (4 * (3 * (2 * 1))) \\
&= 5 * (4 * (3 * 2)) \\
&= 5 * (4 * 6) \\
&= 5 * 24 \\
&= 120
\end{aligned}
$$

递归函数的优点是定义简单、逻辑清晰。从理论上来讲，所有的递归函数都可以写成循环的方式，但循环的逻辑不如递归的逻辑清晰。不过，从性能上来看，递归比循环要差一些。

使用递归函数需要注意防止栈（stack）溢出。在计算机中，函数调用是通过栈这种数据结构实现的：每当进入一个函数调用时，栈就会增加一层栈帧；每当函数返回时，栈就会减少一层栈帧。由于栈的大小不是无限的，因此递归调用的次数过多会导致栈溢出，如计算 fact(1000)，代码如下：

```
>>> fact(1000)
Traceback (most recent call last):
File "<stdin>", line 1, in <module>
File "<stdin>", line 4, in fact
...
File "<stdin>", line 4, in fact
RuntimeError: maximum recursion depth exceeded
```

解决递归调用次数过多导致栈溢出问题的方法是通过尾递归优化，但遗憾的是，包括 Python、Java、C#在内的多数编程语言都没有针对尾递归进行优化。通过 sys 模块中的 getrecursionlimit()函数可以看到，Python 默认限制了递归调用次数为 1000。

6.2.7 函数闭包

如果在一个内部函数中引用外部作用域（但不是全局作用域）的变量，内部函数就会被认为是闭包（closure）。这是 Python 中对闭包在表现形式方面的定义。

下面我们先来看一下什么叫作内部函数，示例如下：

```
>>> def outer_func(arg1):
...     def inner_func(arg2):        # 在函数内部又定义了一个函数
...         return arg1* arg2        # 显然，arg1 是外部函数的参数
...     return inner_func            # 将内部函数返回
>>> a = outer_func(3)                # 此时 arg1 的值为 3，并且 a 是内部函数对象，调用 a 表示调用内部函数
>>> print(a)
<function inner_func at 0x0000000002B1E198>
>>> a(2)                            # 调用内部函数，arg2 的值为 2
6
```

在上面的代码中，在定义一个函数时，其中又嵌套定义了一个内部函数，并且内部函数是外部函数的返回值。因此，当调用外部函数并赋值给一个变量时，该变量就引用了这个内部函数对象，而再次为这个函数对象传递参数时，又获得了内部函数的返回值。我们知道，按照作用域的原则，在全局作用域中是不能访问局部作用域的。但是，这里通过一种"讨巧"的方法访问到了内部函数。

下面我们继续看一个例子：

```
>>> def outer_func():
...     a = []
...     def inner_func (arg):
...         a.append(arg)
...         return a
...     return inner_func
>>> a = outer_func()
>>> print(a(123))
[123]
>>> print(a(321))
[123, 321]
```

可以看出，函数位于外部函数中的列表 a 被改变了。回顾 6.2.1 节，我们知道，在一个局部名称空间中不能访问其他的局部名称空间，只能访问全局名称空间和内建名称空间。但是，如果存在多个局部名称空间嵌套的情况，则内部的局部名称空间可以访问外部的局部名称空间。我们将后者称为闭包名称空间，从 LEGB 法则来看，闭包名称空间的优先级低于局部名称空间，但高于全局名称空间。正是因为这样的优先级，我们可以通过内部函数来访问外部函数中的变量，内部函数也就是所谓的闭包。

6.2.8 装饰器

装饰器是一个特殊的函数，用于为其他函数增加特定的功能。程序在开发期间经常会面临需求更改、需求增加的情况，因此代码总会被修改。对于一个函数而言，如果偶尔更改其功能，尚可以接受；但如果频繁修改其功能，就会有很大的、额外的人力成本。装饰器可以在一定程度上解决上述问题。

装饰器有很多经典的应用场景，如插入日志、性能测试、事务处理、权限校验等。装饰器是解决这类问题的绝佳设计，它最大的作用就是对于已经写好的程序，可以从中抽离一些雷同的代码以组建多个特定功能的装饰器。这样我们就可以针对不同的需求使用特定的装饰器，同时由于去除了大量泛化的内容而使得源代码具有更加清晰的逻辑。

装饰器的工作方式如下所述。

（1）定义一个外部函数（装饰器），并接收一个函数对象（被装饰的函数）作为参数。

（2）定义一个内部函数（闭包），在内部函数中执行一些工作，并运行作为参数被传进来的函数。由于执行了额外的工作，原先的函数功能得到了增强。

（3）外部函数将内部函数作为返回值。

当装饰器接收一个函数作为参数，并运行该函数时，会将内部函数作为返回值赋值给一个新的变量，此变量就是被增强之后的函数。装饰器可以增强函数的功能，其定义虽然有点复杂，但其使用非常灵活和方便。

回顾项目 5 中的用户账户登录的示例，假设我们已经把整个登录过程写到了一个 login() 函数中，但几天后产品经理要求我们给这个程序加上验证码功能，用来防止黑客使用脚本对用户密码进行暴力破解。下面我们来看如何通过装饰器来实现上述功能，代码如下：

```
1    def decorator(func):                    # 以要被装饰的函数作为参数
2        def wrapper():
3            import random
4            captcha = random.choices("0123456789ABCDEFGHIJKLMNOPQRSTUVWXYZ",k=5)
5            captcha = "".join(captcha)      # 生成验证码
6            code = input("Enter the CAPTCHA : [ %s ] \n" % captcha)
7            if code.upper() == captcha:
8                func()
9            else:
10                print("CAPTCHA error!")
11        return wrapper                      # 以内部函数作为返回值
12
13    def login():
14        print("Welcome")                    # 为了简单起见，假设这就是登录函数的全部功能
15
16    login = decorator(login)                # 调用装饰器，获得内部函数，覆盖名称 login
17    login()
```

需要注意的是，我们在第 4 行代码中用到了 random.choices()函数，该函数可以在一个数据集中随机选择指定个数的数据，并返回一个列表。执行结果如下：

```
Enter the CAPTCHA : [ 99IR3 ]
（输入）99ir3
Welcome
```

在分析以上代码时，请注意以下几点。

- 函数的参数传递的其实是引用，而不是值。
- 函数名也是一个变量，所以可以被重新赋值。
- 在赋值操作时，会先执行右侧的表达式。

由此，我们应该能明白什么是装饰器了。所谓装饰器，就是在闭包的基础上传递了一个函数，然后覆盖原来函数的执行入口，在以后调用这个函数时，就可以额外实现一些功能的工具。

装饰器的存在主要是为了不修改原函数的代码，也不修改其他调用这个函数的代码，就能实现功能的拓展。Python 给出了一个便利的写法以避免每次都进行重命名操作，语法如下：

```
@decoratorFuncName
def func()
    <func_suite>
```

注意，@符号后面接装饰器函数的名称，然后在下一行开始定义被装饰的函数。我们把上面代码从第 12 行开始，重写如下：

```
12      ...
13      @decorator              # 装饰语句，@装饰器函数名，装饰从下一行开始定义的函数
14      def login():
15          print('Welcome!')
16      login()                 # 调用被装饰后的函数
```

这些便利写法也叫作 Python 的语法糖。需要注意的是，在上面这些例子中，被装饰的函数是没有参数的，如果它是一个有参数的函数，则装饰器的内部函数也必须有参数，且它在调用被装饰的函数时也需要有参数。示例如下：

```
def outer(fun):
    def wrapper(x):            # 内部函数需要有参数
        print('x=%d' % x)
        fun(x)                 # 内部函数执行被装饰的函数也要有参数
    return wrapper

@outer
def pw2(x):
    print('x^2=%d' % x**2)

@outer
def pw3(x):
    print('x^3=%d' % x**3)

pw2(3)
pw3(4)
```

执行结果如下：

```
x=3
x^2=9
x=4
x^3=64
```

6.3 任务 3 掌握高阶函数

6.3.1 什么是高阶函数

如果一个函数的参数（同时是函数要处理的对象）是其他函数，这个函数就是高阶

匿名函数及高阶函数（1）　　匿名函数及高阶函数（2）

函数。之前介绍的装饰器就可以被认为是一种高阶函数。Python 中常用的高阶函数有 map()、reduce()、filter()、sorted()等，下面依次介绍其用法。

6.3.2 map()函数

map()函数是内建函数，它可以接收两个参数，即一个函数对象和一个序列。map()函数将传入的函数依次作用到序列的每个元素中，并把结果作为一个特殊的 map 对象返回。可以用 for 循环迭代访问该对象，也可以先将其转换成列表再访问。map()函数原型如下：

```
map(function, iterable, ...)
```

在 map()函数的参数中，function 是一个处理函数，iterable 是一个或多个可迭代对象。map()函数会根据提供的函数对指定序列做映射，即以参数序列中的每一个元素调用 function 函数，每次 function 函数返回的结果都会被搜集起来，然后由 map()函数批量返回。

举个例子，现有一个函数 $f(x)=x^2$，要把这个函数作用在一个包含数字 1～9 的列表对象上，并用 map()函数实现，如图 6-2 所示。

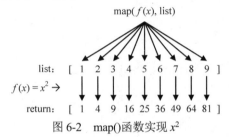

图 6-2　map()函数实现 x^2

使用 Python 代码实现如下：

```
>>> def foo(x):
        return x * x
>>> m1 = map(foo, [1, 2, 3, 4, 5, 6, 7, 8, 9])
>>> list(m1)
[1, 4, 9, 16, 25, 36, 49, 64, 81]
```

利用 map()函数，可以把一个列表转换为另一个列表，只需要传入转换函数。传入的函数可以是匿名函数，因此可以将上面的代码写成如下形式：

```
>>> map(lambda x : x * x, [1, 2, 3, 4, 5, 6, 7, 8, 9])
```

由于列表包含的元素可以是任何类型，因此 map()函数不仅可以处理只包含数值的列表，事实上它可以处理包含任何类型的列表，只要确保传入的函数可以处理这种数据类型即可。因此，我们不但可以计算简单的 $f(x)=x^2$，还可以计算任意复杂的函数，比如，把这个列表的所有数字转为字符串，只需要一行代码：

```
>>> list(map(str, [1, 2, 3, 4, 5, 6, 7, 8, 9]))
['1', '2', '3', '4', '5', '6', '7', '8', '9']
```

6.3.3 reduce()函数

之前属于内建函数的 reduce()函数现在被移到了 functools 模块中。reduce()函数会对参数序列中的元素进行累积处理。函数可以将一个数据集合（如链表、元组等）中的所有数据进行下列操作：使用传递给 reduce() 函数中的 function 函数（有两个参数）先对集合中的第一个和第二个元素进行操作，再将得到的结果与第三个数据用 function 函数运算，以此类推，最后得到一个结果。函数原型如下：

```
functools.reduce(function, iterable[, initializer])
```

function 是用于处理的函数；iterable 为可迭代对象；initializer 是可选的，为初始参数。返回值是函数计算结果。

reduce() 函数接收的参数和 map() 函数的类似，但行为和 map() 函数的不同。reduce() 函数把一个函数作用在一个序列[x1, x2, x3...]上，且这个函数必须接收两个参数，然后 reduce() 函数会把结果继续和序列的下一个元素进行累积计算，其效果就是：

```
reduce(f, [x1, x2, x3, x4]) 等价于 f(f(f(x1, x2), x3), x4)
```

例如，对一个序列求累计乘积，就可以用 reduce() 函数实现。下面是利用 reduce() 函数求阶乘结果的例子：

```python
import functools
n = int(input("Enter a Number(n>=1): "))
if n>=1:
    a = functools.reduce(lambda x,y: x*y, range(1, n+1))
print(a)
```

执行结果如下：

```
Enter a Number(n>=1): 6
720
```

在了解 reduce() 函数后，我们会发现它非常实用且方便，比如，要把序列[1, 3, 5, 7, 9]变换成单一的整数 13579，reduce() 函数也可以派上用场，代码如下：

```python
>>> def fn(x, y):
        return x * 10 + y
>>> functools.reduce(fn, [1, 3, 5, 7, 9])
13579
```

考虑到字符串 str 也是一个序列，对上面的例子稍加改动，并配合 map() 函数，我们也可以写出把字符串转换为整数的函数，代码如下：

```python
>>> def fn(x, y):
        return x * 10 + y
>>> def char2num(s):
        return {'0': 0, '1': 1, '2': 2, '3': 3, '4': 4, '5': 5, '6': 6, '7': 7, '8': 8, '9': 9}[s]
>>> functools.reduce(fn, map(char2num, '13579'))
13579
```

将其整理成一个单一的转换函数就是：

```python
>>> def str2int(s):
        if s.isdigit():
            def fn(x, y):
                return x * 10 + y
            def char2num(s):
```

```
                return {'0': 0, '1': 1, '2': 2, '3': 3, '4': 4, '5': 5, '6': 6, '7': 7, '8': 8, '9': 9}[s]
            return reduce(fn, map(char2num, s))
        else:
            print("Need a numeric string.")
```

也就是说，假设 Python 没有提供 int()函数，则用户完全可以自己写一个把字符串转换为整数的函数，而且非常简单。

6.3.4　filter()函数

Python 内建的 filter()函数用于过滤序列。和 map()函数类似，filter()函数也接收一个函数和一个序列。和 map()函数不同的是，filter()函数把传入的函数依次作用于每个元素，然后根据返回值是 True 或 False 来决定保留还是丢弃该元素。函数原型如下：

```
filter(function, iterable)
```

function 为判断函数，iterable 为可迭代对象，返回的是一个可迭代的 filter 类。

举个例子，在一个列表中，删掉偶数，只保留奇数，代码如下：

```
>>> list(filter(lambda x : x%2 == 1, [1, 2, 4, 5, 6, 9, 10, 15]))
[1, 5, 9, 15]
```

把一个字符串中的数字提取出来，代码如下：

```
>>> list(filter(str.isdigit, "23i40pjwef02"))
['2', '3', '4', '0', '0', '2']
```

由此可见，使用 filter()这个高阶函数，关键在于正确地选择或者实现一个"筛选"函数。

6.3.5　sorted()函数

排序也是在程序中经常使用的操作，Python 提供了内建函数 sorted()，用于为可迭代对象中的元素进行排序。一般来说，用户不必关心其内部的排序算法，只需要了解函数的调用方式即可。函数原型如下：

```
sorted(iterable[, key[, reverse]])
```

iterable：可迭代对象。

key：指定一个函数，每个元素先被此函数处理，再参与排序。

reverse：排序规则，reverse = True 降序，reverse = False 升序（默认）。

返回值：排序后的列表。

简单的排序示例如下：

```
>>> sorted([36, 5, 12, 9, 21])
[5, 9, 12, 21, 36]
```

一个字符串排序的示例如下：

```
>>> s1 = "It is never too old to learn"
>>> sorted(s1.split(), key=str.lower)
['One', 'minute', 'needs', 'off', 'on', 'practice', 'stage', 'stage', 'ten', 'the', 'years']
```

在默认情况下，对字符串排序是按照 ASCII 码的大小来进行的，因此所有的大写字母会被排在所有的小写字母之前。现在，我们提出，排序应该忽略大小写排序。忽略大小写来比较两个字符串，实际上就是先把字符串都变成大写（或者都变成小写），再进行比较。因此，要实现这个算法，不必对现有代码进行太大的改动，只需要通过参数 key 指定一个 str.lower() 方法或 str.upper() 方法即可。示例如下：

```
>>> s1 = " It is never too old to learn"
>>> sorted(s1.split(), key=str.lower)
['minute', 'needs', 'off', 'on', 'One', 'practice', 'stage', 'stage', 'ten', 'the', 'years']
```

如果列表的元素也是序列，则可以按序列的长度来排序，只需要指定 key 为 len 函数即可。例如，对于列表中的字符串，按长度排序，代码如下：

```
>>> sorted(['Mercury', 'Venus', 'Mars', 'Saturn'], key=len)
['Mars', 'Venus', 'Saturn', 'Mercury']
```

还可以以列表中嵌套序列的指定下标为比较对象进行排序，例如，对于直角坐标系中的每个坐标点，以 x 和 y 来定义，那么可以用一个二元组来表达。二元组中的两个数字分别代表 x 和 y 的值。那么，如果一个列表中有多个这样的二元组，代表多个坐标，我们可能会希望它们在某一个轴上（如 y 轴）按顺序排列，这种需求在图形界面程序中很常见。要达到这个目的，我们需要使用 operator 模块中的 itemgetter() 函数，该函数需要的参数就是我们需要指定的排序下标，例如，在 (x, y) 二元组中，y 的下标就是 1，传入这个参数后，把 itemgetter() 函数的返回值再赋值给 sorted() 函数的 key 参数即可。说起来略显复杂，但用起来很简单，请看下面的代码：

```
>>> import operator
>>> sorted([(3,4), (1,3), (6,2)], key=operator.itemgetter(1))
[(6, 2), (1, 3), (3, 4)]
```

类似地，如果列表中的元素是某种类的实例，具有一些共同的属性，则可以以这些属性作为排序依据。例如，对于一组实数，可以按它们的虚部大小进行排序。这需要用到 operator 模块中的 attrgetter() 函数，其用法和上一个例子中的 itemgetter() 函数的用法是一样的：把要作为排序依据的属性名称（以字符串形式）作为参数传给 attrgetter() 函数，然后把它的返回值传递给 sorted() 函数中的 key 参数。示例如下：

```
>>> sorted([3+4j, 1+3j, 6+2j], key=operator.attrgetter('imag'))
[(6+2j), (1+3j), (3+4j)]
```

通过上面的例子可以看出，排序的核心是比较两个元素的大小。有的数据可以直接比较，有的数据不可以直接比较，所以我们通过 key 参数来提供额外的排序依据。用户也可以自己实现一个比较函数，以供排序使用。通常规定，比较函数接收两个参数 x1 和 x2，如果认为 x1 < x2，则返回-1；如果认为 x1 == x2，则返回 0；如果认为 x1 > x2，则返回 1。这样，排序算法就不用关心具体的比较过程，而根据比较结果直接排序即可。在 Python 2 中的 sorted() 函数有一个特殊参数 cmp，它可以接收一个比较函数，但在 Python 3 中这个参数被移除了，作为替代，用户可以使用 functools 模块中的 cmp_to_key() 函数来指定自定义的比较函数，然后把 cmp_to_key() 函数的返回值传递给 sorted() 函数中的 key 参数。下面再看一个例子，我们知道，数字字符串不能直接和真正的数字字符进行比较，这会导致 TypeError

错误，但是如果用户真的想让数字字符串和数字字符按字面大小进行混合排序，则可以通过自定义的比较函数来实现。代码如下：

```
>>> import functools
>>> def cmp(x,y):
        if type(x) is str and x.isdigit():          # 如果 x 是字符串且是数字字符，则将其转换成浮点型
            x = float(x)
        if type(y) is str and y.isdigit():
            y = float(y)
        return 1 if x>y else 0 if x==y else -1 # 如果 x>y，则返回 1；如果 x==y，则返回 0；否则返回-1
>>> sorted([4,'6',2,'3',7,'5',0], key=functools.cmp_to_key(cmp))
[0, 2, '3', 4, '5', '6', 7]
```

从上述例子可以看出，高阶函数的抽象能力是非常强大的，而且核心代码可以保持得非常简洁。

6.4　小结

本项目主要介绍了函数，首先了解了什么是函数，包括函数的定义，函数的调用，函数中的参数、变量的作用域，以及其他语法规则。然后介绍了闭包和装饰器、递归函数、匿名函数等函数高级功能。最后介绍了高阶函数的概念，通过示例详细介绍了几个常用的高阶函数的用法。

- 函数
- 函数的定义和调用
- 参数
- 参数的多种定义和传递方法
- 名称空间和作用域
- 全局变量和关键字 global
- 匿名函数
- 用函数实现生成器
- 递归
- 函数闭包
- 装饰器
- map()函数
- reduce()函数
- filter()函数
- sorted()函数

6.5　习题

1. 写出并解释调用函数时可以使用的参数类型。
2. 写出创建一个生成器的两种方法，并举例说明。

3．编写一个函数，用来计算圆柱体的体积。

4．如果没有 os.walk()函数，你能否以自己的方式实现对多层目录的递归访问？请设计一个函数，能够对多层目录进行遍历，并显示出每一层目录的全部子目录和文件的名称。

5．利用 map()函数把用户输入的不规范的英文名字转换为首字母大写、其他字母小写的规范名字。例如，输入['adam', 'LISA', 'barT']，输出['Adam', 'Lisa', 'Bart']。

项目7

面向对象编程

为了解决大型软件危机，人们提出了面向对象分析（OOA）、面向对象设计（OOD）、面向对象编程（OOP）、面向对象的软件工程（OOSE）等一系列概念，并催生了许多优秀的面向对象编程语言（OOL），Python 便是其中非常优秀的一种。本项目将围绕面向对象编程展开，重点介绍 Python 中和面向对象相关的语法规则和特性。

7.1 任务 1 了解什么是面向对象编程

传统的程序设计采用面向过程的方法，即结构化程序设计，通常需要先分析出解决问题的步骤，再把这些步骤一步一步实现。而面向对象编程与其有本质的不同，它的核心内容是对象及对象之间的关系，解决的是"用何做，为何做"的问题。与面向过程编程相比，面向对象编程的结构化程度更高、便于分层实现，有利于设计、复用、扩充、修改等，因此更适合大型程序的开发。

面向对象基本概念

7.1.1 面向对象思想

所谓的面向对象思想，是指从现实世界中客观存在的事物（即对象）出发来构造软件系统，并在系统的构造过程中尽可能运用人类的自然思维方式，强调直接以问题域（现实世界）中的事物为中心来思考问题、认识问题，并根据这些事物的本质特点，把它们抽象地表示为系统中的对象，使这些对象作为系统的基本构成单位。这可以使系统直接映射问题域，保持问题域中事物及其相互关系的本来面貌。

7.1.2 对象和类

在日常生活中，每一种事物都是一种对象，对象是事物存在的实体。对象具有属性和行为，举例来说，每个人的年龄、性别、身高、体重等都属于属性；而对象可能产生的动作，如微笑、哭泣、行走、奔跑等，属于对象的行为。人类通过探讨对象的属性和观察对象的行为来了解对象。

如果多个对象具有一些共同特征，则可以将它们的共同特征提取出来，并忽略它们的不同特征，这样就可以将它们归为同一个类。图 7-1 展示了这样的关系：姚明和科比都是 NBA 球星，在抽象时，可以忽略他们之间的某些区别——例如，他们的肤色不同，但我们只在意他们都有高超的球技；他们的身高也不同，但我们不关心具体高度，只在意他们的身高都能够满足职业篮球运动的要求。

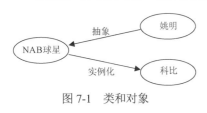

图 7-1　类和对象

对具有相同或相似性质的对象进行抽象和归类，就得到了类。因此，对象的抽象是类，类的具体化（实例化）就是对象，即类的实例是对象。例如，鸟类具有所有鸟的具体属性（嘴、翅膀、爪子）和行为（飞行、捕食）。

7.1.3　封装

封装是面向对象思想的另一个重要特性。当我们和生活中的各种对象打交道时，往往只关心它们的特征和行为，而不关心其背后的原理。例如，当我们使用手机时，通常只关心它能否接打电话、能否运行常用的 App，而不必深究它如何收发信号、如何运算和处理数据等。从编程的角度来看，我们也只需要关心函数的作用、函数需要什么参数、函数会返回什么结果，而并不需要关心函数内部的实现。

对于类和对象而言，封装就是把类的属性和方法隐藏起来，并且只能通过特别定义的界面来访问这些属性和方法。例如，在一个类中专门设计一个方法，用来向外界提供隐藏的类属性。直接访问那些隐藏属性是非法的，只有使用这个接口方法才能获得访问权限。

封装也为软件工程提供了好处。软件设计的一个基本原则是低耦合、高内聚。耦合性也称块间联系，是衡量软件系统结构中各模块间相互联系的紧密程度的一种度量。模块之间的联系越紧密，其耦合性就越强，模块的独立性则越差。内聚性又称块内联系，是衡量模块的功能强度的一种度量，即衡量一个模块内部各个元素彼此结合的紧密程度的一种度量。若一个模块内各元素（语句之间、程序段之间）的联系越紧密，则它的内聚性就越高。显而易见，具有良好封装性的类和对象，能够降低块间联系，增强块内联系。

7.2　任务 2　掌握类和实例的语法规则

类是一种数据结构，当通过类产生实例时，就创建了对象，此对象具有类中所定义的属性和方法。类的声明和定义就是类的创建，和 Java、C++等语言一样，Python 中的类也通过关键字 class 来创建，且语法上和创建一个函数十分相似。

类的创建和实例化　　类的属性和方法

7.2.1　类和对象的创建

创建一个类的基本方法是在 class 后面连接类名，例如：

```
class className:
    'class document string...'        # 类文档（可选）
    class suit                        # 类体
```

在这之后可以使用类的同名函数来创建对象，即实例。虽然这么说不太准确，但至少表面上看起来是这样的。实际上，所有的类中均有两个隐藏方法，分别是__new__()和__init__()，当用户对一个类进行实例化时，会自动调用__new__()方法，而__new__()方法又会调用__init__()方法。__init__()方法是类的构造方法，实例的创建正是由它来完成的。一般来说，如果要给实例做一些初始化设置，就需要通过__init__()方法来实现。直接使用类名，实际上就是调用了构造方法，例如：

```
class className:
    pass
c1 = className()
```

这是创建一个类和对象的最简单的例子，程序可以正常执行。用户也可以自己在类中定义构造方法。

7.2.2　类的构造方法

在默认情况下，如果没有实现__init__()方法，则不会对实例施加任何特别的操作。任何实例所需的特定操作，都需要由程序员实现__init__()方法，并覆盖实例的默认行为。例如，使用__init()__方法在实例化一个对象时，设置一个对象属性，代码如下：

```
class Student:
    def __init__(self, number):
        self.number = number
Tom = Student('2017220140')
print(Tom.number)
```

执行结果如下：

```
2017220140
```

虽然上述代码没有显性地调用__init__()方法——这是不被允许的，但是在创建对象的过程中进行了隐性调用。在这个例子中，通过构造方法，在由类（Student）创建对象（Tom）的同时给出了其学号信息。注意上面代码中的 self 参数。

7.2.3　类方法及 self 参数

从语法角度来看，方法是类的成员函数；从面向对象思想来看，方法是类的行为。在 Python 中，所有的类方法必须有一个特殊的参数，这个参数通常为 self。self 不是关键字，但从规范的角度考虑，最好不要使用其他名称。除非用户不参与任何协作开发，不在乎其他的程序员能否读懂自己的代码，否则最好遵循约定俗成的规范。self 必须排在参数中的第一位，在被调用时不必传入相应的数据，而是由实例化的对象名称作为它的值。

显而易见，在 7.2.2 节的代码中，self 指代的是对象名称 Tom，在实例化的过程中，语句 self.number = number 实际上是将 number 参数赋值给了 Tom.number。

self 也是传递消息的重要媒介。我们知道，在函数中声明的名称是局部名称，不能被外界访问；同理，在类方法中声明的普通名称（未带 self 前缀的名称）也是局部名称，不仅不能被外界访问，而且不能被同一个类中的其他方法访问。但是，由于 self 是实例，因此方法中带有 self 前缀的名称能够被同一个对象的其他方法访问。也就是说，至少在实例内部，带 self 的名称是允许共享的。

7.2.4　类和对象的属性

在类中直接定义的变量，即成员变量，是类的属性。同时，在类中允许为将来的实例定义属性。在 7.2.2 节的例子中，self.number 就是实例的属性，通过类来访问这个属性会导致语法错误，也就是说，student.number 是不合法的。反之则不然，类的属性会传递给实例，因此可以通过实例来访问。示例如下：

```
class Student:
    race = 'human'                    # 类的属性，但也会在实例化时作为实例的属性
    def __init__(self, gender):
        self.gender = gender
Ivy = Student('female')
print('Student is %s, Ivy is %s, Ivy is %s.' % (Student.race, Ivy.race, Ivy.gender))
```

执行结果如下：

```
Student is human, Ivy is human, Ivy is female.
```

虽然在语法上是合法的，但不建议通过类名来访问类属性，因为有时可能会产生歧义。

在大型项目中，类可能具有庞大的体积，包含相当多的属性和方法。内建类也是如此，类似于列表、字符串等内建类有许多属性和方法。无论任何时候有需要，用户都可以使用内建函数 dir() 来查看类的成员，不管它是自定义的类还是内建类。

7.3　任务 3　链表的实现

7.3.1　链表的结构特征

在项目 4 中介绍列表时，我们已经简单介绍过单链表这种线性表，并且探讨了它和数组之间的优劣。一般来说，当用户重视修改速度，并且对查询速度不太关心时，可以优先选择使用链表。链表的特征是存储于不连续的内存空间中，每个元素依靠指针或引用机制指向下一个元素所在的逻辑内存地址。

为了实现链表，需要先设计链表中元素的结构，在数据结构中，它被称为节点，在 C 语言中用结构体来定义，在支持面向对象的程序语言中一般都使用类来定义。每个节点包含两部分，即数据域和指针域，结构如图 7-2 所示。

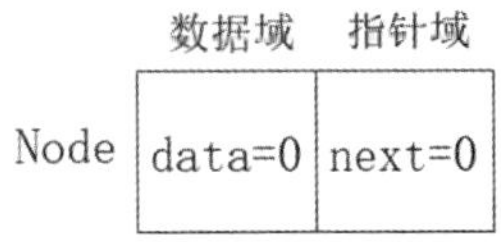

图 7-2　节点的结构

- **数据域：**用来保存实际的数据。由于 Python 具有动态语言的特性，因此数据域可以存储不同类型的数据，就像列表和元组那样。
- **指针域：**用来指向下一个节点。虽然 Python 没有 C 语言那样的指针机制，但 Python 的赋值就是引用，因此指针域实际上是一个引用下一个节点的标识符。

节点类的代码如下：

```
class Node():
    def __init__(self, data=0):        # 数据域默认值为 0
        self.data = data
        self.next = 0                   # 指针域默认值为 0
```

在这个节点类中，数据域和指针域的默认值都是 0。在设计链表结构时，我们使用一个节点作为链表头，其数据域用于存储链表的长度。头节点不被记入链表的长度，因此数据域初始值为 0 表示链表为空。同理，指针域默认值为 0，表示它没有引用其他节点，当链表为空时，头节点也是尾节点。链表的结构如图 7-3 所示。

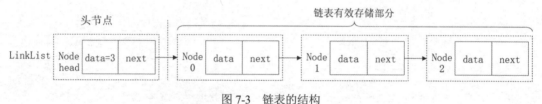

图 7-3　链表的结构

7.3.2　链表的创建和初始化

链表是由节点组成的，所以实现链表的过程就是在链表类中创建节点对象，并设置数据域和指针域的引用目标。在 C/C++这样的静态语言中，通常需要先初始化一个空链表，再根据需要添加数据节点。但在 Python 这样的动态语言中，可以直接创建一个带有若干数据节点的链表，就像创建数组一样。下面是创建链表的代码，主要涉及初始化：

```
class LinkList():
    def __init__(self, *argv ):        # 链表的构造方法，接收任意数量的参数
        temp = Node(len(argv))         # 当接收 n 个参数时，初始化之后就有 n 个节点，存有对应的数据
        self.head = temp
        for i in argv:
            temp.next = Node(i)
            temp = temp.next
```

测试代码如下：

```
l1=LinkList(1,2,3)
print(l1.head.data)                    # 打印结果：3
print(l1.head.next.data)               # 打印结果：1
print(l1.head.next.next.data)          # 打印结果：2
print(l1.head.next.next.next.data)     # 打印结果：3
```

7.3.3   链表的信息查询和数据查找

下面的两个方法用于管理链表的长度信息，接前面创建链表的代码，由于它们仍然位于类体中，需要注意缩进级别：

```
def isEmpty(self):              # 判断链表是否为空
    return self.head.next == 0
def getLength(self):            # 从头节点中读取数据，其代表了链表的长度
    return self.head.data
```

由于链表是链式存储，不能直接跳到指定的位置，必须从头节点开始，并不断地通过每个节点的指针域向后查找。但没有人会喜欢不停地写"head.next.next.next……"，而且对于节点数比较多的情况，根本就不具备可操作性，所以应该采用一个方法自动执行这个查找过程。下面是用于查找数据的方法，注意在该方法的第 3 行代码中使用了关键字 raise，表示当链表为空或要查找的下标超出链表的长度时，会手动触发一个异常。关于异常处理的详细信息，请参考项目 9。下面的内容接前面的代码，需要注意缩进级别：

```
def index(self, key):
    if not self.isEmpty() and ~self.getLength() < key < self.getLength():
        if key < 0:  # 允许用负数反向计算节点位置，但由于是单链表，实际上还是从头部开始查找
            key += self.getLength()
        c = 0
        temp = self.head.next
        while c < key and temp.next != 0:
            temp = temp.next
            c += 1
        return temp.data
    else:
        raise IndexError("LinkList index out of range.")
```

现在可以很方便地得到任意一个节点的数据了，但有时我们希望一次性获得链表中的所有数据，所以下面提供一个方法，把所有数据读入一个列表中，然后返回，代码如下：

```
def items(self):                # 获取链表中的所有数据，返回一个列表
    lst = []
    if self.isEmpty():
        return lst
    i = 0
    temp = self.head.next
    lst.append(temp.data)
    stop = self.getLength()
    while temp.next != 0:  # 只有尾节点的指针域的值是 0，如果当前不是尾节点，就继续向后浏览
        temp = temp.next
        lst.append(temp.data)
        i += 1
    return lst
```

7.3.4   为链表添加新节点

链表的修改具有很高的效率，以插入节点为例，我们只需要在指定位置断开指针，将前

一个节点的指针域引用到新节点中，再把新节点的指针域引用到下一个节点中即可，无须在内存中移动节点的位置，如图 7-4 所示。

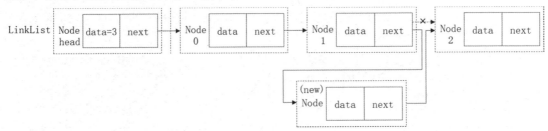

图 7-4　在链表中插入新节点

为了方便添加数据，我们定义 3 个方法：追加新节点到末尾、插入新节点到指定位置、将一个可迭代对象拼接到当前链表中（可迭代对象的每一个元素均作为新节点）。需要注意的是，自定义类默认是可变对象（若要将其定义为不可变对象，则需要重新实现类的 __setattr__()方法），所以修改链表的操作不会返回一个副本，而是会直接更改原始对象。下面给出它们的实现代码，仍然位于类体中，需要注意缩进级别：

```python
    def append(self, data):                        # 在链表末尾追加数据 data
        item = Node(data)
        if self.isEmpty():
            self.head.next = item
        else:
            temp = self.head
            while temp.next != 0:
                temp = temp.next
            temp.next = item
        self.head.data += 1                        # 当链表的长度被更改时，需要更新头节点的数据域

    def insert(self, key, data):                   # 在指定的索引位置 key 插入数据 data
        if self.isEmpty() or key >= self.getLength():  # 若列表为空，或插入的位置大于链表长度，直接追加
            self.append(data)
        else:
            if key < 0:
                key += self.getLength()
            i = 0
            item = Node(data)
            temp = self.head
            while i < key:
                temp = temp.next
                i += 1
            item.next = temp.next
            temp.next = item
            self.head.data += 1

    def extend(self, seq):
        if not isinstance(seq, self.__class__):    # self.__class__ 等价于 type(self)
            seq = self.__class__(*seq)             # 用传入的序列解压，然后创建一个新链表
        if self.isEmpty():
            self.head=seq.head
        else:
            temp = self.head
```

```
        while temp.next != 0:
            temp = temp.next
        temp.next = seq.head.next          # 将当前链表的尾节点和新链表的第一个数据节点连接
    self.head.data += seq.head.data
```

7.3.5　删除节点

删除节点的过程和插入节点的过程类似，重点是设置相关节点的指针域。具体来说，需要将拟删除节点的前驱节点和后继节点连接，如图 7-5 所示。

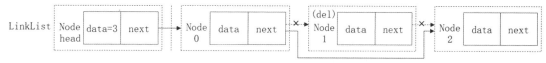

图 7-5　在指定的位置删除节点

示例如下：

```
def delItem(self, key):
    if not self.isEmpty() and ~self.getLength() < key < self.getLength():
        if key < 0:  # 允许用负数反向计算节点位置，但由于是单链表，实际上还是从头部开始查找
            key += self.getLength()
        i = 0
        temp = self.head
        while i < key:
            temp = temp.next
            i += 1
        resalt = temp.next.data
        temp.next = temp.next.next
        self.head.data -= 1
        return resalt  # 返回删除的数据
    else:
        raise IndexError("LinkList index out of range.")
```

很多时候，删除节点的同时附带"抽取"的需求，所以这个方法也把被删除的数据作为返回值，就像列表中的 pop() 方法那样。

至此，一个完备的单链表就设计完成了，请自行创建链表对象，装入数据，然后测试每一个方法。

7.4　任务 4　掌握类的深度定制

静态方法和静态属性

私有字段和私有方法

嵌套类、对象的销毁与回收

7.4.1 为对象添加属性和方法

在不修改类定义的情况下，用户可以为对象动态添加新的属性和方法。这就为实例实现不同的目标提供了很大的灵活性。为对象添加属性很简单，直接使用类似于<对象名.属性名>的格式进行赋值初始化即可。用户可以对类和对象分别使用 dir()函数来查看其包含的属性。示例如下：

```
class Student:
    pass
s1 = Student()
s1.name = 'Megatron'
print('This class has the following attributes:' dir(Student))
print('This instance has the following attributes:' dir(s1))
```

执行结果如下：

```
This class has the following attributes: ['__doc__', '__module__']
This instance has the following attributes: ['__doc__', '__module__', 'name']
```

为对象添加方法则比较麻烦，在这个过程中需要使用 types 模块中的 MethodType()函数，用于将一个新的函数绑定到一个实例中，使其成为对象的方法。示例如下：

```
1    class Student:
2        pass
3    s1 = Student()
4    def setAge(self,age):                    # 先定义一个外部函数
5        self.age = age
6    import types                             # 导入 types 模块
7    s1.setAge = types.MethodType(setAge, s1) # MethodType()函数有两个参数
8    s1.setAge(18)                            # 函数名、实例名、实例所属类名
9    print(s1.age, dir(s1))
```

执行结果如下：

```
18 ['__doc__', '__module__', 'age', 'setAge']
```

注意上述代码中第 7 行 MethodType()函数的两个参数，分别是函数名、类的实例名。如果第二个参数为空（None），则此函数会被添加到类中。在通常情况下，要为类添加功能，应该直接将该功能写到类的定义中。但 MethodType()函数允许我们在程序运行的过程中动态地给类添加功能，这在静态语言中很难实现。

7.4.2 静态方法

静态方法需要通过类名直接调用，不需要先创建对象再调用。静态方法不会隐式地传递 self 参数，所以在定义时不能写 self 参数。定义静态方法需要使用一个名称为@staticmethod 的装饰器，代码如下：

```
class Student:
    race = 'Human'
    @staticmethod
    def display_race():
        print(Student.race)
```

```
        def __init__(self, name):
            self.name = name
    Student.display_race()
```

执行结果如下：

```
Human
```

静态方法能够让程序员像调用普通的函数一样调用这个方法，但是又能得到类的实际好处，方便了代码的管理和复用。

7.4.3　类方法

类方法和静态方法类似，在定义时需要使用@classmethod 装饰器，且至少需要一个参数，约定俗成地使用 cls 参数。就像 self 参数指代的是实例，cls 参数指代的是自身这个类。类方法无法处理对象属性。下面的代码同时通过类和实例对类方法进行了调用：

```
class Student:
    race = 'Human'
    @classmethod
    def display_race(cls):
        print(cls.race)
    def __init__(self,name):
        self.name = name
    @classmethod
    def getName(self):          # 错误的用法。类方法不能处理对象属性
        print(self.name)

Student.display_race()          # 通过类名调用
s1 = Student('Xiao Ming')
s1.display_race()               # 通过实例名调用
s1.getName()                    # 会产生错误
```

执行结果如下：

```
Human
Human
Traceback (most recent call last):
  File "classmethod.py", line 15, in <module>
    s1.getName()
  File "classmethod.py", line 10, in getName
    print(self.name)
AttributeError: type object 'Student' has no attribute 'name'
```

7.4.4　静态属性

对象的方法也可以被当作属性，假设我们希望字段形式的属性不能被直接访问，就可以使用一组专门的方法来获取这些字段。通过@property 装饰器，我们可以将方法以属性的方式使用，即省去后面的括号。示例如下：

```
class Student:
    race = 'Human'
```

```
        @property                          # 将下面的方法声明为属性
        def displayNumber(self):
            return self.number             # 需要提供返回值
        def __init__(self, number):
            self.number = number
    BruceLee = Student('2017220146')
    print(BruceLee.displayNumber)          # 调用此属性，不能带有括号
```

执行结果如下：

```
2017220146
```

回顾 7.1.3 节提到的关于封装的概念。类的字段可以被当作类的属性，以 self 作为前缀的字段可以被当作对象的属性。使用静态属性，即对常规的属性进行了一次封装。

7.4.5 类属性

与 7.4.4 节中介绍的静态属性相比，Python 中的类属性更接近 Java、C++ 等语言中通过关键字 static 修饰的静态属性。类属性是所有实例共享的。可以通过对象直接访问类属性，但不能直接对它赋值，否则将产生同名的对象属性。如果要修改类属性，则需要先通过对象属性 __class__ 访问对象所属的类（详见 7.5.6 节），再通过后者访问对应的类属性，并对其进行赋值。

下面的例子定义了一个代表学生的 Student 类。我们希望每创建一个对象，id 的值都会自动增长，例如第一个学生对象的 id 为 1，第二个学生对象的 id 为 2，以此类推。为了实现这个目的，在构造方法中对类属性 id 进行自增赋值：每创建一个对象，必然执行一次构造方法，使类属性 id 增加，然后赋值给同名的对象属性。代码如下：

```
>>> class Student:
        id = 0                      # id 和 room 是类属性
        room = 0
        def __init__(self, name, age):
            self.name = name
            self.age = age
            self.__class__.id += 1# 每创建一个学生，类属性 id 都自增 1，并被赋值给同名的对象属性
            self.id = self.__class__.id

>>> s1 = Student("xiao ming",16)
>>> s2 = Student("xiao hong",15)
>>> s3 = Student("xiao fang",15)
>>> s1.id
1
>>> s2.id
2
>>> s3.id
3
>>> s3.room = 101               # 通过赋值创建的是对象属性
>>> s1.room                     # 在没有对象属性的前提下，可以读取类属性
0
>>> s3.room
101
>>> s3.__class__.room           # 通过对象的 __class__ 属性访问所属类，然后给类属性赋值
0
>>> s3.__class__.room=101
```

```
>>> s1.room                               # 通过其他对象观察到类属性被更改
101
>>> s2.room
101
```

7.4.6　私有字段

仔细观察生活中的对象，我们会发现对象有许多特征是外在、显性的，如一个人的身高、肤色等；但对象也会有许多隐性的特征，如一个人的学历、收入、性格等。我们将后者称为私有特征，对应地，在类中它们是私有字段。

使用私有字段可以进一步实现封装。在其他面向对象语言中，如 C++和 Java，使用关键字 private 定义私有字段。在 Python 中，则是由标识符（也就是字段名称）决定的。如果一个字段名称以两个下画线开头，则它是一个私有字段。示例如下：

```
class Employee:
    def __init__(self, name):
        self.name = name
        self.__salary = 2500          # 在构造实例时定义一个私有字段
e1 = Employee('Johnny')
print(e1.__salary)                    # 通过实例的名称访问并打印这个私有字段
```

程序报错如下：

```
Traceback (most recent call last):
  File ".../index.py", line 6, in <module>
    print(p1.__salary)
AttributeError: Employee instance has no attribute '__salary'
```

为什么会运行错误呢？解释器已经告诉我们了：在 Employee 类的实例中并没有一个名称为 "__salary" 的属性。也就是说，外界不能直接访问私有属性，解释器会声称这个属性不存在。

一个可行的做法是使用其他方法作为媒介。在类中定义一个方法，并使用这个方法来访问私有字段。因为该方法是类方法，所以它可以访问私有字段，并将其作为返回值。外界调用这个方法，就能获得私有字段。示例如下：

```
class Employee:
    def __init__(self, name):
        self.name = name
        self.__salary = 2500          # 私有字段
    def getSalary(self):              # 定义一个方法，用来访问私有字段
        return self.__salary          # 返回私有字段
e1 = Employee('Johnny')
print(e1.getSalary())                 # 通过实例的名称访问并打印这个私有字段
```

执行结果如下：

```
2500
```

需要注意的是，用来访问私有字段的方法名通常使用 get 前缀，如 getAttribute。但是，如果私有字段是 bool 类型，则要使用 is 前缀。这种用于获取私有字段的方法，可以统称为 getter 方法。

有时也有这样的需求：授权给用户，使其可以修改私有字段。那么，如何满足这种需求呢？可以使公有方法作为媒介，由该方法接收用户的参数，并将其作用于私有方法。示例如下：

```
class Employee:
    def __init__(self,name):
        self.name = name
        self.__salary = 2500
    def setSalary(self,value):            # 此方法用于修改私有字段
        self.__salary += value
        return self.__salary
p1 = Employee('Padme Amidala')
print(p1.setSalary(600))
```

执行结果如下：

```
3100
```

与前面提到的 getter 方法同理，专门用于修改私有字段的方法，通常带有 set 前缀，如 setAttribute。这种用于修改私有字段的方法，可以统称为 setter 方法。

7.4.7 私有方法

私有方法和私有字段一样，通过以两个下画线开头的标识符来定义。同理，私有方法也不能直接从外部调用，必须通过一个普通（公有）的方法来间接调用。示例如下：

```
1    class Employee:
2        def __init__(self, name):
3            self.name = name
4            self.salary = 2500
5        def __increase(self):          # 私有方法
6            self.salary += 500
7            return self.salary
8        def promote(self):
9            return self.__increase()    # 间接执行私有方法，并将其执行结果作为返回值
10   e1 = Employee('Anakin')
11   print(e1.promote())
```

执行结果如下：

```
3000
```

针对这段程序，将作为外部接口的方法设置为属性，可以在调用时省去后面的括号。在第 9 行代码之前添加装饰器@property，即可在最后调用 e1.promote，而并非 e1.promote()。

如果我们想强行访问一个私有字段或调用一个私有方法，应该怎么做呢？其实这也是被允许的，只要在私有字段或方法前面加上以单下画线开头的对象名即可。

使用如下语句替换上一段代码中的第 11 行代码：

```
11   print(p1._employee__increase())    # 注意名称顺序：对象名._类名__方法名
```

执行结果如下：

```
3000
```

7.4.8　标准类

标准类是面向对象编程的一种通用规范，规定一个标准的类通常拥有以下 4 个特征。

（1）所有的属性都设计为私有属性。

（2）每一个属性都有自己的 getter 方法和 setter 方法。

（3）一个无参数的构造方法。

（4）一个全参数的构造方法（构造方法要求为所有属性传递参数）。

对于其中的第 3 条和第 4 条，由于 Python 提供了默认参数，因此我们通常设计一个全参数的构造方法，并为参数提供默认值，就能够同时满足这两个特征。一个标准类的示例如下：

```python
class Student:
    def __init__(self, name=None, age=None, qualified=False):
        self.__name = name
        self.__age = age
        self.__qualified = qualified
    def getName(self):
        return self.__name
    def getAge(self):
        return self.__age
    def isQualified(self):
        return self.__qualified
    def setName(self, name):
        self.__name = name
    def setAge(self, age):
        self.__age = age
    def setQualified(self, qualified):
        self.__qualified = qualified
```

7.4.9　对象的销毁与回收

既然有构造方法能随着对象的创建而被自动调用，那么有没有对应的析构方法随着对象的销毁而被自动调用呢？直觉告诉我们，应该有这样的方法，用于释放对应的内存空间。的确如此，Python 中类的析构方法是 __del__()，它会在满足条件时被自动调用，这些条件包括：

- 引用计数减少至 0（删除标识符、对标识符重新赋值及函数中的局部名称生命周期结束，都会减少引用计数）。
- 因使用 exit()方法或键盘中断等退出解释器。
- 程序正常执行结束。
- 程序产生异常。

如果用户想要在销毁对象的同时做点其他事情，例如让对象留下几句提示，就需要重新实现析构方法。示例如下：

```python
class Knight:
    def __init__(self):
        print("Hello, I was born!")
    def __del__(self):
        print("The interpreter wants to delete me. Hasta la vista, Baby!")
k1 = Knight()
```

执行结果如下：

```
Hello, I was born!
The interpreter wants to delete me. Hasta la vista, Baby!
```

可以看出，即使没有调用析构方法，随着程序执行的结束，它也会被自动执行。因此，一般不用自己调用析构方法。析构方法处于一个对象的生命周期的结尾，也就是说，一个对象的析构方法必定是最后才执行的。

7.5 任务5 掌握类的继承和派生

继承和派生是所有面向对象编程语言的重要特性。假设类和类之间有许多相似的属性和方法，就可以通过继承和派生来实现代码的复用。它的好处在于，在使用一个已经定义好的类时，无论是扩展它还是对其进行修改，都不会影响系统中使用现存类的其他代码片段。

继承

覆盖方法与多重继承

新式类

7.5.1 父类和子类

就像继承和派生这两个名词本身所蕴含的意义一样，一个新的类可以具备现有类的属性和方法，并允许重新实现（覆盖）这些属性和方法；也可以定义它自己的新的属性和方法。于是，现有类可以称为父类、超类或基类，新的类可以称为子类、派生类或扩展类。简单起见，我们采用父类和子类来指代它们。

在关系上，父类派生出了子类，子类继承自父类。换言之，继承和派生描述的是同一件事，只是站在了相反的角度来描述。

7.5.2 继承

类的属性和方法可以被子类或孙类继承。这些子类从父类或祖先类中继承它们的核心属性。如果需要，这些子类可以扩展到多代。例如，从较大的汽车类中派生出了一个较小的越野车类，这时可以将汽车类称为祖先类，并且每一层继承关系都有其对应的父类和子类。

多层继承关系可以用一个树状图来描述。除了祖先类，每个类都有自己的父类，都从父类那里继承了所有的属性和方法；每个类都有可能在自身内部重新实现或添加新的属性和方法。如图 7-6 所示，小型乘用车的特征（类的属性）——车厢、发动机、变速箱等，以及行为（类的方法）——行驶、转向、制动等，会被轿车和 SUV 所继承。轿车的特征，如较低的底盘等，又会被三厢车及两厢车所继承，以此类推。

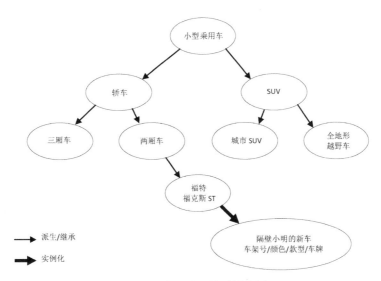

图 7-6　多层继承关系树状图

继承的语法规则很简单，在定义类时，只需要在类名后面连接一个圆括号，里面加上父类的名称即可。一个关于继承的简单示例如下：

```
1    class Father:
2        def good(self):
3            print('honest, brave')        # 诚实、勇敢
4    class Son(Father):                     # 指定继承父类
5        pass
6    s1 = Son()
7    s1.good()
```

执行结果如下：

```
honest, brave
```

在上述代码中，父亲诚实、勇敢，所以儿子也诚实、勇敢，正是因为子类继承了父类中的 good()方法。

7.5.3　覆盖方法

如果有需要，可以在子类中重新实现同名方法，该方法会覆盖继承自父类的方法。例如，在上述代码中，修改 Son 类的定义：

```
4    class Son(Father):
5        def good(self):
6            print('patriotic')
```

执行新的代码就会发现，儿子具有一颗爱国心，但失去了从父亲那里继承来的诚实和勇敢。

有时候，父类中的方法包含了比较复杂的代码，我们并不想彻底重写，只是希望在此基础上增加一点新功能。假如这个方法包含了 10 行代码，而我们只需要在最后增加一行代码即可满足需求，这时就需要采用"环保"一点的措施。示例如下：

```
class Father:
    def good(self):
        print('honest, brave')
class Son(Father):
    def good(self):
        Father.good(self)      # 调用父类中的同名方法
        print('patriotic')      # 只添加父类方法中没有的功能
s1 = Son()
s1.bad()
```

执行结果如下：

```
honest, brave
patriotic
```

在这个例子中，子类调用了父类中的同名方法，然后添加了新的功能。因此儿子继承了父亲的诚实、勇敢，还具备了自己独有的爱国心。

7.5.4 多重继承

多重继承，是指一个子类继承多个父类。例如，猫是哺乳动物，也是掠食者，因此它可以同时继承哺乳动物的方法（恒温、胎生）和掠食动物的方法（捕猎、食肉）。如果缺乏多重继承的支持，往往会导致同一个功能在多个地方被重写。

任何类都有一个名称为__bases__的隐藏属性，它是一个元组，包含当前类的父类，但不包含祖父类。对于没有继承任何父类的类，它的__bases__是一个空元组。__bases__属于类而并非对象。通过实例来调用__bases__是非法的。

下面的代码展示了__bases__的作用：

```
class GrandFather:
    pass
class Father(GrandFather):
    pass
class Mother:
    pass
class Son(Father, Mother):
    pass
print(GrandFather.__bases__)
print(Father.__bases__)
print(Son.__bases__)
```

执行结果如下：

```
()
(<class __main__.GrandFather at 0x0000000002994B28>,)
(<class __main__.Father at 0x00000000028BA828>, <class __main__.Mother at 0x0000000002A48AC8>)
```

7.5.5 钻石问题和经典类

钻石问题又称菱形继承问题，是在 Python 早期版本中出现的一个麻烦问题。

Python 早期版本中的类在多重继承时，其 MRO（Method Resolution Order，基类方法搜索顺序）是基于深度优先原则来搜索各个父类和祖父类中的可继承方法的，如图 7-7（a）所示。

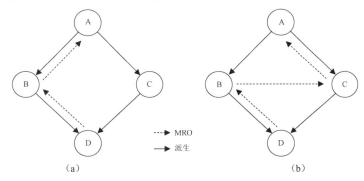

图 7-7　类的 MRO

在图 7-7（a）中，D 类同时继承自 B 类和 C 类，而 B 类和 C 类均继承自 A 类。假设 C 类重新实现了继承自 A 类的同名方法，由于经典类是深度优先的搜索原则，则 D 类可能在搜索 B 类之后直接搜索 A 类，导致不能继承 C 类中重写的方法。

这种旧的设计叫作经典类，在 Python 3 中已经被移除了，现在的类叫作新式类，它的 MRO 采用广度优先算法，如图 7-7（b）所示。

7.5.6　新式类的其他特性

下面让我们来看看新式类的其他新特性：

- 新式类的对象可以直接通过__class__属性获取自身所属类的类名。
- 新式类增加了__getattribute__()方法，用于获取对象属性的值。
- 新式类还提供了一个名称为__slots__的属性，它的值被用作类属性的白名单。

回顾 7.3.1 节中的内容，Python 允许为一个类或对象动态添加属性和方法。有时我们希望限制可以被添加的属性。例如，我们规定 Student 类可以添加专业、班级、学号等信息，而禁止添加与学籍信息无关的内容，应该怎么做呢？只需要在__slots__的值中添加白名单即可。__slots__的值可以是一个列表或元组，其中的元素是字符串形式，每个字符串代表一个被许可的属性名称。下面在交互式解释器里演示__slots__的用法，代码如下：

```
>>> class Student(object):
...     __slots__ - ('name', 'major', 'number')
...                                # 只有 name、major、number 字段是合法的
>>> s1=Student()
>>> s1.name='Odin'
>>> s1.age='22'                    # 一个不合法的字段
Traceback (most recent call last):
  File "<stdin>", line 1, in <module>
AttributeError: 'student' object has no attribute 'age'
```

7.5.7　super 类

super()看上去像一个内建函数，但它实际上是一个类，用于在子类中显式地调用父类中的方法，支持多重继承。我们知道，继承一个类意味着拥有了父类中的所有方法，一旦我们

对该方法进行了重写，父类中的同名方法就被覆盖了。如果用户只是想为父类中的方法添加一些新功能，就需要显式地调用父类中的方法。在 7.5.3 节中，我们是直接使用父类的名称进行调用的。

在新式类中，推荐使用 super 类来解决这样的问题，从语法上来看，我们好像是在调用一个函数，其实我们是在对它进行实例化。它需要的第一个参数是要调用的目标父类的子类，第二个参数是 self，具体用法如下：

```python
class Father(object):
    def good(self):
        print('honest, brave')
class Son(Father):
    def good(self):
        super(Son, self).good()                # 调用父类中的同名方法
        print('patriotic')
s = Son()
s.good()
```

从运行结果来看，似乎没有什么差别。但是，在多重继承中，super 类会自动地按照 MRO 来执行父类中的方法，无须由程序员手动指定父类名称。需要注意的是，在同一个项目中要保持调用父类方法的手段的一致性，也就是说不要混用两种方法。

7.6 任务 6 了解类的其他特性和功能

Python 对面向对象的支持非常完善，其他面向对象编程语言所具有的特性基本上 Python 都具有，同时 Python 还有很多独有的特性或功能。下面介绍抽象类、抽象方法及如何在程序运行中动态地定义新的类等。

抽象类和抽象方法　　　动态定义类和运算符重载

7.6.1 抽象类和抽象方法

在很多情境下，抽象类和接口被认为是等同的，而在 Python 中并没有 Interface 这个关键字，因此我们用抽象类这个词。与普通类不同，抽象类中的方法只有定义，没有实现，这些方法将会由派生类实现。抽象类和接口的概念进一步降低了程序的耦合性，多用于协作开发时由不同的人在不同的类中实现接口中的各个方法。

要定义抽象类，需要使用 abc 模块中的 ABCMeta 类和@abstractmethod 装饰器。前者用于将一个类定义为抽象类，后者用于在抽象类中定义抽象方法。同时应该遵循以下两条规则。

- 当一个类被定义为抽象类之后，不要在类体中实现任何方法，所有被定义的方法均以 pass 进行占位。
- 当子类继承抽象类时，必须实现所有的抽象方法。

如果不使用抽象类，也可以定义一个不实现任何功能的类，并且同样可以对所有的方法均写上 pass。但抽象类对子类必须实现所有抽象方法的要求是强制的，它的意义在于，架构师负责编写规范，程序员必须按照规范实现这个功能。

下面来看一小段代码：

```
from abc import ABCMeta, abstractmethod    # 从 abc 模块中导入 ABCMeta 类及@abstractmethod 装饰器
class Student(metaclass=ABCMeta):          # 指定当前类为抽象类
    @abstractmethod                        # 将下一行定义的方法指定为抽象方法
    def setName():
        pass
    def setAge():                          # 因为没有指定@abstractmethod，所以它不是抽象方法
        pass

class SeniorStudent(student):
    def setName(self, name):
        self.name=name
```

在这段代码中，Student 被定义为抽象类，而 student.setName()被指定为抽象方法。对于 Student 类的派生类，必须实现 setName()方法，但不必实现 setAge()方法。

7.6.2　动态定义类

有时候，我们无法确定用户需要什么样的类，我们在代码中定义的类可能是不符合用户需求的。那么，我们能否在程序运行的过程中，让用户提交对新类的需求呢？

内建函数 type()常常被用于判断对象的数据类型。但是，type()函数也能够用于生成一个新的类，只要在调用 type()函数时传入 3 个参数(name, bases, dict)，就能够创建一个新的类。其中，name 是类名；bases 是一个元组，里面包含了父类列表，如果是一个非派生的全新类，则可以给一个空元组；dict 是一个字典，键/值对代表了类的属性和值，也可以代表一个已经定义好的函数。

使用 type()函数创建一个类，代码如下：

```
def move(self):                            # 定义函数
    print("Go forward!")
def fire(self, target):                    # 定义函数
    print("Shoot %s!" % target)
tank = type('tank',(),{'model':'M1A1','move':move})  # 定义类
t1=tank()                                  # 实例化
print('Im Fighting with the %s!' % t1.model)
t1.move()                                  # 调用方法
tank.fire=fire                             # 允许动态地为类添加方法
t1.fire('the bunker')                      # 调用方法
```

执行结果如下：

```
Im Fighting with the M1A1!
Go forward!
Shoot the bunker!
```

在这个例子中，属性和方法是预先定义好的，我们可以采用更加灵活的方式，例如，让用户输入一个字符串，然后使其作为类属性。我们可以预定义一组函数，通过字符串告诉用户它们的功能，让用户自己决定添加哪些函数作为类方法。

7.6.3 运算符重载

运算符重载是指在方法中拦截内建的操作符——当类的实例出现在内建操作中时，Python 会自动调用自定义的方法，并且返回自定义方法的操作结果。换言之，只要在类中实现了相关的操作函数，就能代替对应的操作符，使类在使用该操作符时具有不同的行为。例如，如果对象实现了__add__()方法，当它出现在+表达式中时会调用这个方法。所有的 Python 表达式的操作符都可以被重载，一些常见的被重载的操作符如表 7-1 所示。

表 7-1　一些常见的被重载的操作符

方　　法	重载的操作说明	调用表达式
__add__()	+	x + y
__sub__()	−	x − y
__mul__()	*	x * y
__div__()	/	x / y
__and__()	&	x & y
__or__()	|	x | y
__eq__()、__ne__()	==、!=	x == y、x != y
__gt__()、__ge__()	>、>=	x > y、x >= y
__lt__()、__le__()	<、<=	x < y、 x <= y
__call__()	函数调用	X()
__getattr__()	属性引用	x.undefined
__getitem__()	作为可迭代对象，可使用下标索引	x[key]、for 循环、in 测试
__setitem__()	索引赋值	x[key] = value
__getslice__()	切片	x[low : high]
__len__()	可测试长度及获得正确的布尔测试	len(x)
__cmp__()	比较	x == y、x < y
__radd__()	右边的操作符"+"	非实例 + x

下面来看几个例子，首先我们重新定义加号"+"，让它作为减号来使用，代码如下：

```
class add_is_sub(object):
    def __init__(self, value):
        self.value = value
    def __add__(self, x):
        return self.value − x.value
a = add_is_sub(3)
b = add_is_sub(4)
print(a + b)
```

执行结果如下：

```
−1
```

通过运算符重载，可以仅使用对象名称来调用方法，从而代替 object.method()方法，代码如下：

```
class Knight:
    def __init__(self):
        pass
    def __call__(self):
        print("Let's do something...")
k1 = Knight()
k1()                                        # 等价于 k1.__call__()方法
```

执行结果如下：

Let's do something...

运算符重载并不是魔法，Python 只是允许类通过实现一系列指定的方法来实现不同的行为，只有实现了这些特定行为的类才能使用这个重载的运算符。对于其他对象而言，运算符还是以前的运算符。

7.6.4 子任务：链表的改进

在 7.3 节中实现了链表，实现了基本的修改和查询功能。但和内建的序列类型相比，链表在易用性方面还有一些不足。下面通过运算符重载为链表增加一些功能，同时简化它的使用方法。请把下面编写的方法添加到 7.3 节的链表类体中，建议放在构造方法和其他方法之间，注意缩进级别：

```
    def __add__(self, linkListObj):              # 可使用+/+=作为序列相加，+返回相加结果，+=更改原对象
        if not isinstance(linkListObj, self.__class__):   # self.__class__ 是通过当前对象获取到类的名称的
            raise TypeError("can only concatenate LinkList (not '%s') to LinkList"   # 续行
                            % linkListObj.__class__)
        x = self.__class__(*self)
        x.extend(linkListObj)
        return x

    def __mul__(self, value):                    # 可使用*/*=作为序列相乘，*返回相乘结果，*=更改原对象
        return self.__class__(*(self.items() * value))
```

按照 Python 原先对运算符重载的设计，自增和自乘操作需要实现__iadd__()和__imul__()两个方法，但是在当前的 Python 版本中，它们的功能已经由__add__()和__mul__()方法提供了。而这两个方法不但能实现链表的加法和乘法，也能实现自增和自乘。

接下来，实现__getitem__()、__setitem__()和__delitem__()方法，这 3 个方法的作用如下：

__getitem__()：直接使用方括号中的下标访问指定的数据，无须调用链表的 index()方法。同时将链表定义为可迭代对象，这意味着可以通过 for 循环访问链表，可以使用 list()、tuple()等工厂函数进行类型转换。此外，如果用户没有实现用于切片的__getslice__()方法，则__getitem__()方法本身也能够支持切片操作。

__setitem__()：允许对方括号中的下标序号所代表的元素进行赋值操作。

__delitem__()：允许使用关键字 del 或 del()函数，对方括号中的下标序号所代表的元素进行删除操作，无须调用链表自身的 delitem()方法。

相关代码如下：

```
    def __getitem__(self, key):
        if isinstance(key, slice):
```

```
                return self.__class__(*self.items()[key])
            else:
                return self.index(key)

    def __setitem__(self, key, value):
        if not self.isEmpty() and ~self.getLength() < key < self.getLength():
            if key < 0:# 允许用负数反向计算节点位置，但由于是单链表，实际上还是从头部开始查找的
                key += self.getLength()
            i = 0
            temp = self.head.next
            while i < key and temp.next != 0:
                temp = temp.next
                i += 1
            temp.data = value
        else:
            raise IndexError("LinkList index out of range.")

    def __delitem__(self, key):
        self.delItem(key)
```

作为补充，最后给出几个方法，可以用来进一步完善链表的功能。这几个方法的作用如下：

__len__()：允许链表作为内建函数 len() 的参数，返回链表长度。同时，实现了该方法可以让链表在布尔测试中得出正确结果（只有实现了该方法，空链表才能被视作 False）。

__next__()：把链表定义为一个迭代器对象，允许通过内置函数 next() 来每次取出一个数据。当数据取完后继续执行该动作会引发一个 StopIteration 异常。

__repr__()：将链表对象作为 repr() 函数的参数所返回的字面值，也是该对象在交互式解释器中被直接访问时所显示的值。建议在交互式解释器里将当前代码文件作为模块导入，然后创建链表对象，测试此功能。具体可以参考项目 8。

__str__()：将链表对象作为 str() 函数的参数所返回的字符串，也是该对象被 print() 函数打印时所显示的值。

__str__() 方法可以和 __repr__() 方法有相同的实现，也可以有不同的实现，两者可以相互替代。

这几个方法的实现代码如下：

```
    def __len__(self): # 返回链表长度，并且实现了__len__()方法的对象可以正确地进行布尔测试
        return self.getLength()

    def __next__(self):
        if self:
            item = self.index(0)
            self.delitem(0)
            return item
        else:
            raise StopIteration

    def __repr__(self):
        return 'LinkList%s' % self.items()

    def __str__(self):
```

```
                    return 'LinkList%s' % self.items()
```

　　至此，我们已经给这个链表类增加了许多相当强大、便捷的功能，使其基本上具备了所有内置列表所具备的功能。下面是功能测试，代码如下：

```
l1=LinkList(*range(11, 17))  # 当参数为单个容器对象时，可用*进行解压，这样链表才会接收每个元素
print(l1)
for i in l1:
    print(i, end=" ")
l2=LinkList()
print(bool(l1), bool(l2), 'len:', len(l1))
del  l1[2]
l2.extend((21,22,23))
l2[0]=99
print(l1)
print(l2)
print(l1+l2)
```

执行结果如下：

```
LinkList[11, 12, 13, 14, 15, 16]
11 12 13 14 15 16 True False
len: 6
LinkList[99, 22, 23]
LinkList[11, 12, 14, 15, 16, 99, 22, 23]
```

　　最后，你可以让自己的链表支持比较运算（==、!=、>、>=、<、<=），这需要分别实现 __eq__()、__ne__()、__gt__()、__ge__()、__lt__()、__le__()等几个方法。这里不再给出具体代码，由读者自行研究实现（具体的比较规则请参考 4.1.3 节）。

7.7　小结

　　本项目介绍了与面向对象编程有关的知识，并详细讲解了类的使用方法及其他特性。
- 面向对象编程的思想、关键概念和专有名词
- Python 中类的定义和实例的创建
- 类和对象的属性
- 静态方法和静态属性
- 私有字段和私有方法
- 类的嵌套
- 继承
- 覆盖方法
- 多重继承
- 抽象类和抽象方法
- 运算符重载

7.8 习题

1．设计一个同学录，用类来定义同学，使每个同学表示一个实例。类中需要有姓名、班级、学号、联系电话等属性。然后，把这个类实例化，尝试访问其每一个属性。

2．改写习题 1 中的同学录类定义，要求外界不能直接访问除姓名之外的其他属性，而必须设置一个特定的方法来作为访问这些属性的接口。

3．按照下面描述的方式创建一个继承分级结构。在基类中提供适用于所有车辆对象的方法，并在派生类中覆盖它们，从而根据不同的车型采取不同的行动。

> 车辆：
> 　　商用车：重型卡车、半挂牵引车、大客车
> 　　家用车：轿车、城市 SUV、越野车、跑车

4．将项目 6 中出现过的 PPI 计算程序改写为使用类来实现的版本。

5．由于我们在本项目中设计的链表是可变对象，因此应该设计一个 copy()方法，用来返回当前对象的浅拷贝。同时，为了方便清空数据，请再设计一个 clear()方法，用来清除所有节点，把当前链表变成一个空链表。

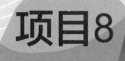

项目8

模块和程序打包

在组织程序代码时使用模块的概念，模块的历史比面向对象编程悠久得多。使用模块可以用分治法分解问题、解决问题。之前的例题也曾涉及模块的应用，如 os、sys、math 等，但这些模块的功能远远不止我们用过的那些。本项目首先介绍 Python 模块和包的相关概念，以及如何使用模块和包来完成工作，然后介绍如何为我们自己的模块进行打包和发布。

8.1 任务 1 熟悉模块的概念和用法

软件模块是一套一致且有紧密关联的软件组织，分别包含了程序和数据结构两部分。现代软件开发往往利用模块作为合成的单位。模块的接口表达了由该模块提供的功能和调用该模块时所需的元素。模块是可以被分开编写的单位，这使得它们可以被复用，并允许研发人员同时协作、编写及研究不同的模块。

定义和导入模块

模块文件、关键变量、反射

8.1.1 定义模块

对于许多编程语言来说，模块在物理层面上是以文件的形式被组织起来的。了解 C 语言的读者都知道，如果要在 C 语言中使用 sqrt()函数，就必须使用语句#include 引入 math.h 这个头文件，否则该函数是无法被正常调用的。相同的概念在 Python 中被称为模块（Module），被导入的模块和 Python 源代码文件一样，都是以.py 作为后缀的格式。Python 的标准安装包含了一组常用模块，称为标准库。此外，我们可以根据需求编写自己的模块，或者通过网络安装第三方库以获取额外的模块。有时特定领域的开发者为了解决一类具体的问题，可能会开发出一系列特定的模块，以及组织、使用这些模块的工具和控件，这称为第三方框架。

编写自定义模块非常简单，只需要将我们需要复用的函数和类根据不同的用途，分门别类地写在专门的.py 文件中，使文件名尽量实现"见其名知其意"，并且使其作为模块名称即可。

8.1.2 导入模块

我们已经多次使用了 import 语句来导入模块。import 语句的用法很灵活，如果要导入多个模块，则可以把它们写在同一条 import 语句中，代码如下：

```
import Module1, Module2 ...
```

如果重视可读性，建议每个模块使用一条单独的语句，代码如下：

```
import module1
import module2
...
```

有时我们只需要模块中的某一个或某几个特定的内容，如 math 模块中的 sqrt()函数。此时不需要导入整个模块，只需要通过 from Module import function 的方式导入指定的内容即可。采用这种方式，用户可以将指定模块中的对象引入当前的全局名称空间。（关于名称空间的概念，我们稍后进行讨论。）这么做的好处显而易见：用户可以通过对象名称直接访问，不再需要以模块名作为前缀。例如：

```
>>> from math import sqrt
>>> sqrt(4)   # 不需要以 math.sqrt 的格式
2.0
```

可以使用 from...import 格式导入指定模块中的若干属性，但是语句可能会很长。我们应该使用"\"符号在语句中恰当的位置使其跨行，以保证语句的可读性。

8.1.3 导入和加载

既然模块是.py 文件，它就能够被执行。实际上，首次导入模块会加载这个模块，导致模块中的代码被执行。我们使用模块的目的是从中取出可用的属性，包括定义好的函数、类和其他全局变量，所以应当避免模块中有其他可执行的代码。

在一个 Python 程序中，无论模块被导入多少次，它都只会被加载一次（因此只被执行一次）。考虑到多重导入，这种设计是很合理的。例如，用户导入了 sys 模块，而该用户导入的其他几个模块也导入了 sys 模块，即便如此，sys 模块也只能被加载一次。

如果确实需要再次加载模块（例如，用户编写的模块在首次导入后经过了修改），则可以使用内建函数 reload()。此时，模块必须被全部导入（不是使用 from...import 格式导入部分属性），而且必须被成功导入。reload()函数的参数必须是模块本身，而不是包含模块名的字符串。如果被导入的模块有一个别名，则用户可以使用此别名作为 reload()函数的参数。

8.1.4 模块文件和关键变量

前文提到，模块被加载时会被执行——其中定义的函数和类也因此才能被调用。直接执行的.py 文件称为主文件，作为模块被加载而间接执行的文件称为从文件。

使用模块的正常情景是这样的：在一个作为模块的文件中定义了一组函数，但在当前文件中并不调用它们。这是非常合理的，因为我们把它当作模块（从文件）使用，并希望它由其他的.py 源文件来导入其名称空间中，然后间接调用这些函数。这是否意味着我们应该避免在从文件中留下任何能够被直接执行的语句呢？是的，有很多理由要求我们这样做，例如，攻击者可能导入一个主文件，使它间接执行。

一个有着良好习惯的模块编写者很容易做到这一点。但有时候，例如，针对模块中那些函数的测试和修改，我们希望更方便。好在 Python 有标准的做法来克服这个问题。在每个.py 文件中，有一个隐藏的变量，叫作__name__，如果该.py 文件被直接执行（主文件），则该变量的值为__main__；如果该.py 文件作为模块（从文件）被其他 Python 程序导入，则__name__的值是它的文件名。所以，可以在模块文件中使用 if 条件语句，根据__name__的值来判断当前文件是主文件还是从文件，如果是主文件，则调用需要测试的函数。示例如下：

```
def func1():                              # 定义函数
    print('func1 has been called.')
def func2(arg):
    print('func1 has been called by %s.' % arg)
if __name__ == '__main__':                # 当且仅当这是主文件，调用函数
    func1()
    func2('tester')
```

除此之外，还有两个隐藏变量和文件有关。

__file__：它的值是.py 文件的路径。当处于交互式解释器时尝试访问__file__，会抛出一个"name '__file__' is not defined"错误，也就是说，只有执行一个.py 源文件时才有此变量。如果用户通过相对路径来执行源文件，则__file__是相对路径；如果用户通过绝对路径来执行源文件，则__file__是绝对路径。用户也可以打印已导入的从文件的__file__，而在此情况下打印出来的也是从文件的绝对路径。

__doc__：如果在.py 文件的第一行有效代码之前（考虑到以"#!"开头的解释器环境变量和指定编码语句，通常从第三行开始）有一段通过三重引号引起来的多行注释信息，则这些信息被称为当前文件的文档，也就是当前文件的__doc__变量的值。当没有定义这些注释信息时，__doc__的值为空（None）。

8.1.5　模块的别名

为模块或模块中的属性定义一个别名是一个很方便的特性。Python 之所以提供这样的特性，是因为有两方面的需求：模块或模块中的属性名字太长，不方便输入；用户的代码中已经有了和模块或模块中的属性同名的变量。

可以声明一个较短的标识符，然后将模块赋值给它，这样就可以使用这个简短的别名了，代码如下：

```
import longModuleName
m1 = longModuleName
m1.attribute
```

这个例子只是告诉我们 Python 的灵活性，但并不推荐这样做，因为有专门用来创建别名的方法。使用 import...as 语句，可以在导入模块的同时给它指定一个别名，代码如下：

```
>>> import multiprocessing as mp          # multiprocessing 模块的别名为 mp
```

```
>>> print(mp.current_process().name)          # 使用别名访问模块中的属性
MainProcess
```

同理，使用 from...import...as 语句可以在导入模块中指定的函数时，赋予它一个别名，代码如下：

```
>>> from random import getrandbits as rb      # random 模块中的 getrandbits()函数的别名为 rb()
>>> rb(10)                                     # 使用 getrandbits()函数的别名
815
```

8.1.6 反射

从本质上来说，import 语句之所以能导入一个模块，是因为它调用了__import__()函数。用户也可以直接使用这个函数，代码如下：

```
os = __import__('os')
```

上面这条语句等价于"import os"。当然，用户也可以给赋值运算符左侧的变量赋予一个别名，例如：

```
r = __import__('random')
```

上面这条语句等价于"import random as r"。这种应用方式被称为反射，它有什么实际意义呢？下面假设这样一个场景：企业主要使用 Microsoft SQL Server 数据库，并且使用 MySQL作为后备数据库。在正常情况下，企业基于 Python 的应用通过 sqlserverhelper 模块来操作 Microsoft SQL Server 数据库。当 Microsoft SQL Server 数据库发生故障时，可以通过故障切换转而使用 MySQL 数据库，此时需要导入 mysqlhelper 模块。那么，在 Python 代码中，通过某种方式来切换需要导入的模块，就很有必要了。

如果使用 import 语句：

```
import sqlserverhelper
sqlserverhelper.method()
```

当发生故障切换时，需要改写源代码：

```
import mysqlhelper
mysqlhelper.method()
```

这就显得比较麻烦。而使用反射则简单得多。例如：

```
a = "sqlserverhelper"                          # 当需要进行故障切换时，修改此字符串
mod = __import__(a)
if sqlserverhelper.serverstatus == False:      # 如果 SQL Server 数据库发生故障
    a = input("Enter the name of the module:") # 由用户指定备用的数据库模块
    mod = __import__(a)                         # 导入新模块
a.method()                                     # 使用新模块的功能
```

如上述代码所示，当需要进行故障切换时，只需要通过 input()函数让用户直接输入要导入的新模块名即可，不需要深入源代码层面去修改。

8.2　任务 2　熟悉包的概念和用法

模块用于提供常用的函数、类和常量。随着需求的增长，各式各样的模块会被提供到我们的开发环境中，这时就需要使用一种方法来集中管理和使用模块，包就是这样一种机制。

如何使用包　　　搜索路径、环境变量、名称空间

8.2.1　如何使用包

包是一个有层次的文件目录结构，可以包含模块和子包。这些有联系的模块被组合在一起，能够以一个整体被导入。在包的组织下，模块具有目录结构，避免了管理方面的混乱，还能够解决模块名称的冲突。

如果文件夹中包含了一个__init__.py 文件，则此文件夹就能够作为一个包被导入。与类和模块相同，包也可以使用句点来访问其中的内容。不过，单纯导入包本身，只是执行了包目录下的__init__.py 文件，并不能将其中所有的模块加入名称空间中。如果需要导入包下的所有模块，则用户可以使用批量导入的方式。

通常有两种方法用来导入包中的模块，一种是直接导入包中指定目录下的指定模块，例如：

```
import packageName.moduleName
```

这种方法要求使用全名来访问模块中的内容。

第二种是使用 from...import 语句，例如：

```
from packageName import moduleName
```

在使用这种方法时，用户可以仅引用模块名，省去包名。

众所周知，*代表通配符，所以如果要批量导入，用户可以这样做：

```
from packageName import *
```

这表示将 packageName 包下所有的模块导入当前的名称空间中。然而，由于不同平台间的文件名规则不同（比如，大小写敏感问题在 Windows 和类 UNIX 系统下是截然不同的），很可能导致 Python 解释器不能正确判定哪些模块需要被导入。这个语句只会顺序运行包文件夹和子包文件夹下所有的__init__.py 文件。若要解决这个问题，则可以在包文件夹下的__init__.py 文件中定义一个名称为__all__的列表，其元素为字符串，记录了每个模块名。例如：

```
__all__ = ['moduleName1', 'moduleName2', ...]
```

前文提到，单纯导入一个包并不能导入所有模块，但既然此时会执行包目录下的__init__.py 文件，我们就可以在此文件中加上 import 语句来导入对应的模块。例如：

```
# packageName1__init__.py
import moduleName1, moduleName2 ...
```

这样，当用户执行"import packageName"语句时，就可以导入 packageName 包下所有的模块了。这种方法也要求使用全名来访问这些模块中的内容。

8.2.2　搜索路径与环境变量

在导入一个模块时，Python 解释器首先需要知道模块对应的.py 文件的位置，因此它会沿着一系列路径进行搜索，查找 import 语句中提及的名称。如果在这些路径下找不到需要导入的.py 文件，解释器会抛出一个错误"ImportError: No module named moduleName"。

当 Python 被安装到我们的系统中时，就预定义了默认的搜索路径，它们被保存在 sys 模块下的 sys.path 变量中。类 UNIX 系统下 Shell 的环境变量通常是由冒号分割的字符串，而 sys.path 则是由不同字符串组成的列表。用户可以通过列表类型自带的方法来添加新的搜索路径。例如：

```
sys.path.append('newPath')
```

只要这个列表中的某个目录包含这个文件，它就会被正确导入。由于 append()方法用于追加元素到列表的尾部，所以新路径会在最后被搜索。用户也可以通过 insert()方法将新路径字符串插入更靠前的位置，以获得更优先的查找顺序。这是很有必要的，如果在不同的路径下有同名的模块，解释器会导入查找到的第一个模块。所以，一方面，我们需要注意自定义模块或第三方模块的命名问题；另一方面，我们应该保证它们在命名冲突的情况下仍然可以被正确导入。

有一种很常见的错误：用户在为主文件命名时缺乏考虑，产生主文件和要导入的模块同名的情况。因为主文件总是位于当前工作目录中，而当前工作目录又在可导入的路径中具有最高优先级，所以这就会导致无法正确地导入模块的情况，并且按照 import 语句指定的模块名，主文件会导入它自己。

向 sys.path 中添加可导入路径，只能临时生效，如果想要永久添加环境变量，则可以在 Windows 系统变量中添加 PYTHONPATH，然后在其中加入要添加的路径。

通过 sys 模块中的 sys.modules 变量，我们可以查看当前已导入的模块和包，以及它们所对应的路径。sys.modules 是一个字典，键记录了模块和包的名称，值记录了模块路径。

8.2.3　名称空间

到目前为止，我们已经习惯了使用句点分隔的方式来访问模块中的变量、函数和类。包和模块的名称作为前缀，是整个对象名称的重要组成部分。例如，前面提到的 sys.path，就是 sys 模块下的 path。根据 import 语句中的模块名称，解释器只会导入在 sys.path 中搜索到的第一个模块，所以无论如何都不可能导入多个同名模块。即使不同模块下存在同名对象，但是加上模块名作为前缀，每个变量、函数和类也都会有唯一的完全限定名称（Fully Qualified Name，FQN），这就意味着每个对象都有自己的名称空间，从而避免了名称冲突。

名称空间是名称（标识符）和对象之间的绑定（也可以称为映射）。再次重申 Python 中一切内容皆对象的概念，我们已经说过，当通过赋值表达式来更改一个数字型变量时，其实是解除了标识符和数字对象之间的绑定，并将其重新绑定到一个新的对象上。

在涉及名称空间时，我们应当非常小心，因为它们会受到作用域的影响。让我们回顾一下在介绍函数时提到的变量作用域的问题。作用范围最大的是内建（Built-in）作用域，内建类型是预定义的类型，内建名称对所有模块和文件都有效；其次是全局（Global）作用域，对正在执行的 Python 文件有效；最后是函数中的本地（Local）作用域。每个函数在被调用时都会生成一个本地作用域，并且随着函数执行结束，该作用域也会被清除。作用域还有两个特征：当函数嵌套时，会产生嵌套的本地作用域；内层作用域在生命周期内会覆盖外层作用域。名称空间/作用域如图 8-1 所示。

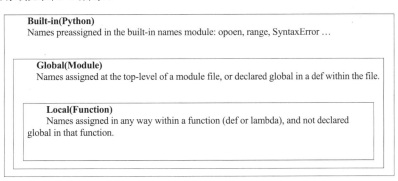

图 8-1 名称空间/作用域

内建作用域包含的所有名称，即内建名称空间，被保存在 __builtins__ 模块中，包括内建函数、异常及其他属性。如果用户不小心覆盖了内建名称，例如：

```
>>> print = 2
>>> print("Hello!")
Traceback (most recent call last):
  File "<stdin>", line 1, in <module>
TypeError: 'int' object is not callable
```

对 print 赋值导致了内建函数 print()被覆盖，名称 print 被引用到了一个整数类型，后果就是无法再使用 print()函数进行打印输出。如果发生这种情况，则用户只需要通过 from...import 语句从 __builtins__ 模块中导入 print 这个名称，即可修复该问题。

对于全局名称空间和局部名称空间，用户可以分别使用内建函数 globals()和 locals()来获取其中包含的名字。它们会返回一个字典，以键/值对记录了所属名称空间中的每一个名称和这些名称对应的值。由于局部作用域仅当函数运行时才会产生，因此当处在全局作用域中时，locals()函数和 globals()函数会返回相同的值。

8.2.4 虚拟环境

开发不同的项目可能需要不同的版本和其他资源。如果想要多个 Python 版本共存，则将它们安装在不同的路径下即可。但如果在同一个版本中的第三方库也需要多版本共存，就必须使用虚拟环境（venv）。虚拟环境可以被理解为一个容器，在这个容器中，可以只安装当前需要的包，同时各个容器之间互相隔离，互不影响。

下面是创建虚拟环境的命令示例：

```
C:\Users\Administrator>python -m venv D:/MyProject/venv/NewProject
```

在创建完成后，进入该虚拟环境的目录下，可以看到 Include、Lib、Scripts 三个目录，在

Scripts 目录下保存了一个 Python 环境所需要的工具，列表如下：

activate	easy_install-3.7.exe	pip3.exe
activate.bat	easy_install.exe	python.exe
Activate.ps1	pip.exe	pythonw.exe
deactivate.bat	pip3.7.exe	

可以看到，这里相当于原先 Python 的完整克隆，除了有 Python 解释器，还有 pip 等工具。其中，批处理文件 Activate.bat 用于激活虚拟环境，它本身不会驻留，执行之后会被关闭，所以要预先打开 cmd 命令提示符窗口，在 cmd 命令提示符窗口中执行。在执行成功后，输入提示符会将带有用户的虚拟环境的名称作为前缀，示例如下：

(NewProject) D:\MyProject\venv\NewProject\Scripts>

这表示用户已经位于虚拟环境下，此时通过 pip 安装的第三方库是独立的，不会对原先的 Python 环境产生影响。

8.3　任务 3　熟悉标准库的查询和帮助

Python 标准库（Standard Library）是随 Python 编程语言一起被安装到系统中的一组模块的合集，其中包含了大量有用的功能，可以让编程事半功倍。

模块的查询及代码追踪

8.3.1　模块的查询

如何查看有多少模块可以使用，以及它们都具有什么功能呢？如何得知需要的模块到底是哪个名称呢？可以通过以下两种方法查看当前已经有哪些模块可被导入使用。

（1）在命令行下输入 "pydoc modules" 即可查看。这种方法只支持类 UNIX 系统。

（2）使用内建函数 help('modules')。

如果安装了第三方库或者有一些可被导入的自定义模块，也会在此被列举出来。随着 Python 开发环境被不断地引入新的功能，可导入的模块会越来越多。但是，即使只有标准库中的模块，也可以列举出一个很长的清单。如何使用标准库超出了本书的知识范畴，由于篇幅的限制，在此我们仅对常用模块进行一个笼统的介绍。用户可以通过内建函数 help() 来查看模块或模块中某个功能的用法，也可以阅读官方文档中关于标准库的内容。此外，用户还可以参考《Python 标准库》一书。

8.3.2　拆解轮子

大家可能都听过"不要重新发明轮子"这句话。但是，了解轮子是如何工作的将有助于提高我们分析和解决问题的能力。作为进阶，我们可以阅读标准库（或优秀的第三方库）的源代码，思考它们是如何实现那些令人激动的功能的，这是最好的学习方式。那么，如何找到标准库的源代码文件呢？前文提到，导入模块的查找路径包含在 sys.path 中，因此可以通过这些路径去寻找它们。更好的方法是查看模块的 __file__ 属性。首先导入一个模块，然后访问 moduleName.__file__，它会直接给出该模块的源文件位置。

当查看标准库源代码时，有两点需要注意：第一，通过任何可编辑的文本浏览器或 IDE 来查看源代码，都存在着修改它的风险。比较合理的做法是，使用 cat 这种不可编辑的查看工具或者以只读模式打开文件。第二，有些模块并不包含 Python 源代码，它们可能是由 C 语言编写而成的，以 C 链接库的形式存在。

8.4　任务 4　了解标准库中常用的包和模块

标准库中的一些常用的包和模块可以被大致归为 3 类：Python 增强、系统互动、网络。虽然这种归类并不完全，但基本上可以覆盖标准库中常用的内容。

8.4.1　Python 增强

Python 自身的一些已有的功能可以随着标准库的使用而得到增强。

1．文字处理

通过标准库中的 re 模块，Python 可以用正则表达式（regular expression）来处理字符串。正则表达式通常被用来检索、替换那些符合某个模式（规则）的文本。

标准库还为字符串的输出提供了更加丰富的格式，如 string、textwrap 等。

2．数据对象

不同的数据对象适用于在不同场合下对数据的组织和管理。标准库定义了列表和字典之外的数据对象，如数组（array）、队列（queue）。一个熟悉数据结构的 Python 用户可以在这些模块中找到自己需要的数据结构。copy 模块也很常用，用来提供不同形式的复制功能。

3．日期和时间

日期和时间的管理并不复杂，但容易发生错误。Python 标准库中对日期和时间的管理颇为完善（利用 time 模块管理时间，利用 datetime 模块管理日期和时间，利用 calendar 模块处理和日历有关的内容），用户不仅可以进行日期和时间的查询和变换（比如，2012 年 7 月 18 日对应的是星期几），还可以对日期和时间进行运算（比如，2000.1.1 13:00 的 378 小时之后是什么日期，什么时间）。通过这些标准库，我们还可以根据需要控制日期和时间输出的文本格式。

4．数学运算

标准库中定义了一些新的数字类型（decimal 模块、fractions 模块），以弥补之前的数字类型（integer、float）可能存在的不足。标准库还包含了 random 模块，用于处理与随机数相关的功能（产生随机数、随机取样等）。math 包补充了一些重要的数学常数和数学函数，cmath 包提供了对复数的支持。

5．存储

前文只提及了文本的输入和输出。实际上，Python 可以输入或输出任意的对象。这些对象可以通过标准库中的 pickle 包被转换为二进制格式，然后被存储于文件之中，也可以反向从二进制文件中读取对象。

此外，标准库还支持基本的数据库功能。XML 和 CSV 格式的文件也有相应的处理模块。

8.4.2　系统互动

系统互动主要是指 Python 和操作系统、文件系统之间的互动。Python 可以实现一个操作系统的许多功能，能够像 Bash Shell 脚本那样管理操作系统，这也是 Python 有时被称为脚本语言的原因。

1．Python 运行控制

sys 模块被用于管理 Python 自身的运行环境。Python 是一个解释器，也是一个运行在操作系统上的程序。我们可以使用 sys 模块控制程序运行的许多参数，比如，Python 运行所能占据的内存和 CPU，Python 所要扫描的路径等。sys 模块的另一个重要功能是和 Python 自己的命令行互动，从命令行中读取命令和参数。

2．操作系统

如果说 Python 构成了一个小世界，则操作系统就是这个小世界之外的大世界。Python 与操作系统的互动可以让 Python 在自己的小世界中管理整个大世界。

os 模块是 Python 与操作系统的接口。我们可以使用 os 模块实现操作系统的许多功能，比如，管理系统进程、改变当前路径、改变文件权限等。但需要注意的是，os 模块是建立在操作系统的平台上的，如果操作系统不支持某个功能，则对应模块中的功能也是无法实现的。

我们可以通过文件系统来管理磁盘上储存的文件。查找、删除、复制文件及列出文件列表等都是常见的文件操作。这些功能通常可以在操作系统中看到（比如，ls、mv、cp 等类 UNIX 系统中的命令），但现在通过 Python 标准库中的 glob 模块、shutil 模块、os.path 模块及 os 模块的一些函数等即可在 Python 内部实现。

subprocess 模块被用于执行外部命令，其功能相当于在操作系统的命令行中输入命令并执行。

3．线程与进程

Python 支持多线程（threading 模块）运行和多进程（multiprocessing 模块）运行。多线程和多进程可以提高系统资源的利用率，提高计算机的处理速度。Python 在这些模块中，附带了相关的通信和内存管理工具。此外，Python 还支持类似于 UNIX 的 signal 系统，以实现进程之间的、粗糙的信号通信。

8.4.3　网络

目前，网络功能的强弱在很大程度上决定了一个语言的成功与否。从 Ruby、JavaScript、PHP 上都可以感受到这一点。Python 的标准库对互联网开发的支持并不充分，这也是 Django 等基于 Python 的项目的出发点：增强 Python 在网络方面的应用功能。这些项目取得了很大的成功，也是许多人愿意学习 Python 的一大原因。但需要注意的是，这些第三方项目也是建立在 Python 标准库的基础上的。

1．基于 Socket 层的网络应用

Socket 即套接字，是网络可编程部分的底层。我们可以通过 socket 模块直接管理套接字，

比如，将套接字赋予某个端口，连接远程端口，以及通过连接传输数据。我们也可以利用 socketserver 模块更方便地建立服务器。

通过与多线程和多进程配合，建立多线程或者多进程的服务器，可以有效提高服务器的工作能力。此外，通过 asyncore 模块实现异步处理，也是改善服务器性能的一个方案。

2. 互联网应用

在实际应用中，网络的很多底层细节（如 Socket）都是被高层的协议隐藏起来的。建立在 Socket 之上的 HTTP 协议实际上更容易也更经常被使用。HTTP 协议通过 request/response 的模式建立连接并进行通信，其信息内容也更容易被理解。Python 标准库中有 HTTP 协议的服务器端和客户端的应用支持（http.server 模块、urllib 模块、urllib2 模块），并且可以通过 urlparse 模块对 URL（URL 实际上说明了网络资源所在的位置）进行操作。

8.5　任务 5　模块化程序设计：用户账户登录（总体设计）

至此，读者应当已经掌握了模块的使用和管理，已经有能力编写较为复杂的程序了。在项目 5 的最后部分，我们已经实现了用户账户登录的功能。下面我们进一步完善这个程序，并将它分成几个独立的模块，使模块之间通过消息传递来进行协作。同时我们应尽可能地把子功能独立出来，降低模块间的依赖，提高程序的健壮性。

8.5.1　设计目标

首先，我们需要确定，在项目 5 中实现的功能都将被保留。对于账户锁定功能，需要有进一步的具体实现。其他需要增加的功能包括对用户设置的密码进行加密、增加验证码机制以防止恶意的登录尝试等。此外，对于被锁定的账户，需要给定一个期限。在经过一定的时间后，系统应该能自动解除锁定。

程序的执行流程必须合理。如果在用户错误地输入了一条信息之后，只能终止程序并重新运行，则这个程序是失败的。除了这些，许多功能都有必要重新实现——之前实现这些功能时尚未接触函数、模块等语法，现在我们可以将它们编写得更好。

8.5.2　程序结构

下面列举一些构成这个程序的组件。它们可能是主程序中单独设计的函数，或者是以模块的形式被放到.py 文件中的。

主程序：用户在此输入用户名和密码以登录。

组件-创建账户：用户在此创建账户。

组件-为口令加密：设置账户密码时通过 MD5 加密。

组件-验证码：仅当验证码匹配时才授权下一步操作。

组件-锁定账户：若连续输错 3 次密码，则该账户被锁定。

其中，创建账户、密码检查、账户锁定均已经在之前的任务中完成了。但为了方便调用，需要将它们修改成函数的形式。程序流程如图 8-2 所示。

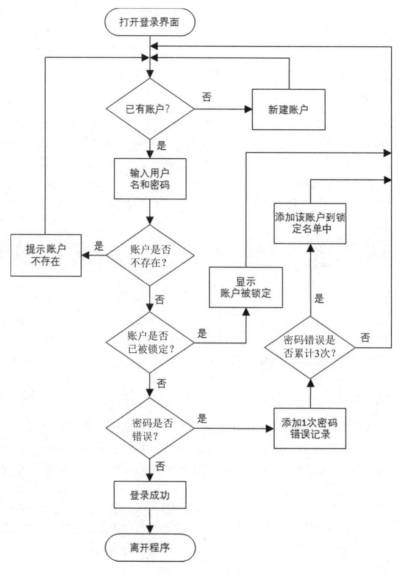

图 8-2 程序流程

如图 8-2 所示，程序运行后进入一个登录界面，如果已经有一个账户，则可以直接登录；如果没有，则可以创建一个账户。输入用户名和密码，将启动一系列检查：账户是否不存在、账户是否已被锁定、密码是否错误等。不同的检查失败将导致程序产生不同的行为，但除了登录成功，其他失败的行为都将导致程序回到允许用户输入用户名和密码的登录界面。

和之前一样，我们使用文本文件来保存账户数据，但这次我们需要增加一列字段，用于保存用户最近一次密码错误的时间戳，所以配置文件的格式如下：

```
sevie  3db1a73a245aa55c61204c56c8d99f6d  0  0
admin  d8578edf8458ce06fbc5bb76a58c5ca4  1  1575105365.557079
tomcat  6708482a4c1d7f6f3d16e2d92dc0423e  0  0
...
```

第一列是用户名，第二列那些奇怪的字符组合是经过哈希算法加密后的密码，第三列是密码错误次数，第四列是最近一次密码错误的时间戳。

8.6　任务 6　模块：验证码的生成和校验（实现）

8.6.1　什么是验证码

验证码（CAPTCHA）是 Completely Automated Public Turing test to tell Computers and Humans Apart（全自动区分计算机和人类的图灵测试）的缩写，是一种用于区分用户是计算机还是人的公共全自动程序。验证码可以防止恶意破解密码、刷票、论坛灌水等行为，并有效防止某个黑客对某个特定注册用户采用特定程序暴力破解方式进行不断的登录尝试。这个问题可以由计算机生成并评判，但是只能由人类解答。由于计算机无法解答 CAPTCHA 的问题，所以回答出问题的用户就可以被认为是人类。虽然现在有了类似于二维码、拼图等更加复杂的验证手段，但是使用验证码仍然是很多网站的通行方式，这是因为它的实现非常简单。

8.6.2　随机数和权重设置

验证码是随机生成的，在典型的案例中，可能会随机出现 4 个或 5 个字符，其中多数是数字，字母只占很小的比例。这些字母通常显示为大写，但在匹配过程中通常不区分大小写。在项目 6 中介绍装饰器时，也制作了一个验证码，但没有考虑验证码中数字和字母出现的概率差别。下面使用 random 模块中的 choices() 函数，其中有一个可选参数，用于为选择集中的每一个数据设置一个权重，以此来控制概率差别。

> **小提示**：与 random.choices() 函数相似的一个函数是 random.sample()，区别在于，后者是用于随机抽取数据的，而不是用于随机选择数据的，也就是说，每抽取一个数据，数据集中就会减少一个数据。

8.6.3　验证码功能的实现

我们把和验证码有关的功能统一存放在 captcha.py 文件中，这些功能包括生成验证码、显示、核对、错误提示等。按照常见的案例，我们使用 5 位的验证码，其中数字出现的概率大约是字母的 4 倍。为了和其他程序交互，我们不能仅仅通过打印消息来告诉用户是否验证成功，还必须通过返回值来传递信息。这样，其他模块可以了解用户验证的具体情况。

参考代码如下：

```
# ./captcha.py
from random import choices
from string import ascii_uppercase, digits        # 导入的内容是大写字母 A~Z 和数字 0~9 构成的字符串
def genecaptcha():
    return "".join(choices(ascii_uppercase + digits, k=5))    # 随机选取 5 个字符构成验证码
```

所有的模块都应该以自身作为主文件进行测试，即在"if __name__ =='__main__':"语句下调用各个函数以测试其功能。

8.7　任务 7　模块：创建新账户（实现）

如果要登录系统，就需要有账户。所以实现整个系统的第二步是实现创建新账户的功能。我们可以将它放在一个模块中，并将其命名为 addusr.py。该模块中只有一个单独的函数，被用于创建新账户。此外，为了在创建新账户时遮盖密码，或者将密码转换为密文，还需要提供另外两个函数。它们也被存放在单独的文件中，名称为 sinput.py 和 encrypt.py。

8.7.1　创建新账户的关键步骤

创建新账户的关键步骤有 4 个，分别是：指定用户名并检测其是否有重名、在设置或输入密码时遮盖真实字符、将输入的密码加密、提供验证码并检测其正确性以防止恶意的新建行为。

新建的账户仍然被保存在配置文件中，如果发现已经有同名账户存在，则程序将返回上一个状态，允许用户重新指定一个名称。

在以前实现过的创建新账户的功能中，对输入密码的过程是没有遮盖保护的，我们将在后面完善这个功能。

在以前的项目中，还有一个问题就是密码没有经过加密，所有人只要查看配置文件就能获取所有账户的密码，现在我们需要避免这种安全隐患，将创建用户时设置的密码加密成 MD5 密文。

验证码是在最后被输入的，但它其实是第一个被核对的。仅当验证码正确时，才会执行针对用户名和密码的检查和处理。这种做法很合理，因为如果面对的是恶意脚本，程序就不会因为尚不明确的验证码核对结果而去做无用功了。

最后，我们需要考虑这样一种情况：某用户想创建一个账户，所以跳转到了新建账户的界面，但很快他又改变了主意，这时我们必须使他能够返回登录界面。

8.7.2　输入字符时遮盖内容

对密码进行遮盖处理在注册和登录界面中已经是非常普通乃至自然的设计了。遮盖的目的自然是防止输入密码时被人窥探。如果想要实现输入字符时遮盖内容的功能，则需要用到 sys 模块、msvcrt 模块（Windows 平台）或 termios 模块（Linux/UNIX 平台）。这里以 msvcrt 模块为例。

msvcrt.getch(keypress)： msvcrt.getch()函数用于捕获键盘输入。与 input()函数不同，此函数不接收字符，而是接收一个按键事件，并根据映射表将对应的键盘码转换为对应的字符。

模块的功能实现如下：

```
# ./sinput.py
import msvcrt
def sinput(prompt):                          # 参数是类似于 input(str)函数的提示信息
    # msvcrt.getch()函数会推迟 print()函数的打印结果，为了正确显示，设置 flush=True
```

```
print(prompt,end="",flush=True)
chars = []
while True:
    newChar = msvcrt.getch()                    # 接收一个按键事件
    if ord(newChar) == 13:                       # Enter 键的 ASCII 码是 13，可打印空行，并退出
        print()
        break
    elif ord(newChar) == 8:                      # Backspace 键的 ASCII 码是 8
        if chars:                                # 如果存在已输入的字符
            del chars[-1]                        # 删除最后一个字符
            print("\b",end="",flush=True)        # 使光标回退一格
            print( " ",end="",flush=True)        # 打印一个空格，覆盖被删除的字符
            print("\b",end="",flush=True)        # 打印空格后，光标需要重新回退
    else:
        chars.append(newChar.decode())           # 键盘输入的数据是 bytes，需要解码成字符串
        print("*",end="",flush=True)             # 打印一个*号，遮盖对应的字符
return "".join(chars)
```

请注意，msvcrt 模块提供的部分功能是基于控制台的，包括 msvcrt.getch()函数，在 IDE 中运行它们可能是无效的，应该在 cmd 命令提示符窗口中运行。

8.7.3　信息加密：hashlib 模块

hashlib 模块可以提供基于散列算法的加密处理功能，也可以提供多个不同的加密算法接口，如 SHA1、SHA224、SHA256、SHA384、SHA512、MD5 等。这里只介绍其中几个常用的函数。

hashlib.md5()： 创建一个基于 MD5 算法的哈希对象，并将其作为返回值。

hash.update(string)： 以字符串为参数更新哈希对象，且字符串以密文的形式追加。如果同一个哈希对象重复调用该方法，即 m.update(a); m.update(b)，则等价于 m.update(a+b)。

hash.digest()： 将密文按二进制数返回。

hash.hexdigest()： 将密文按十六进制数返回。

在使用散列算法加密之后，即使存储用户名和密码的配置文件或数据库被泄露了，其他人也无法看出密码是什么，因为这种加密处理是无法反解的。那么问题来了，程序如何判断用户是否输对了密码呢？将用户输入的密码也进行一次 MD5 加密，如果加密后的信息与上述密文是同一个密文，就表示密码正确。

攻击者也可能会通过某些工具生成大量的 MD5 密文来暴力破解密码，这种行为称为撞库攻击。目前没有很好的方法可以防止撞库攻击。但通过增加密码的复杂度和长度，撞库攻击的难度将会呈现指数增长趋势，仍然可以显著提高密码的安全性。

encrypt 模块的实现如下：

```
def passwdCrypt(passwd_input):
    import hashlib
    encrypted = hashlib.md5()
    encrypted.update(passwd_input.encode('utf-8'))
    return encrypted.hexdigest()
```

8.7.4 创建新账户的实现

在实现创建新账户这一功能时，诸如用户名长度限制等细节应该被注意到，这些细节在我们早期编写同类程序时并未进行严格要求。

输入并检查验证码→输入用户名→用户名长度检查→用户名重复性检查→输入密码→密码长度检查→重复输入密码→密码前后一致性检查→将用户信息写入文件，在上述流程中的任何一步发生错误，只需要重新开始当前步骤，而不需要回到整个程序的开头。这就需要我们设计多重嵌套的条件语句来实现。模块代码如下：

```
user_inf.txt
# ./newusr.py
from encrypt import encryption
from sinput import sinput
from captcha import genecaptcha
def addusr():
    print("现在为您创建新账户，在任意步骤下您都可以按<Q>取消创建，返回登录界面。")
    while 1:
        name = input("输入用户名：")
        if name == 'q' or name == 'Q':              # 按 Q 取消
            print('您取消了创建账户。')
            return
        if not name.isalnum():                      # 检查字符串是否由数字和字母组成
            print("用户名必须由字母或数字构成，请重试。")
            continue
        if len(name) < 4 or len(name) > 20:         # 检查字符串长度
            print("用户名的长度必须是 4-20 位。")
            continue
        user_inf = open("./user_inf.txt", "a+")     # 使用 a+以避免文件不存在而产生异常
        user_inf.seek(0)
        users = user_inf.readlines()
        user_inf.close()
        for i in range(len(users)):
            if name in users[i]:                    # 判断输入的用户名是否在文件中，并逐行查找
                t = users[i].split(' ')             # 一旦找到，就分割该行
                if name == t[0]:                    # 检查输入的名称是否完全匹配
                    print("账户已经存在！")
                    break                           # 跳出 for 循环，回到外层的 while 循环
        else:         # 如果找完所有行都没有匹配的名字，则说明账户不存在，允许继续创建
            while 1:
                pw = sinput("输入您的密码：")
                if pw == 'q' or pw == 'Q':
                    print('您取消了创建账户。')
                    return
                if " " in pw:
                    print("密码不能包含空格，请重试。")
                    continue
                if len(pw) < 6 or len(pw) > 30:
                    print("密码长度必须是 6-30 位。")
                    continue
                pwRepeat = sinput("请确认密码：")
                if pwRepeat == 'q' or pwRepeat == 'Q':
                    print('您取消了创建账户。')
```

```
            return
        if  pw  !=  pwRepeat:
            print("两次密码不一致，请重试。")
            continue
    while  1:
        captcha_text  =  genecaptcha()
        capt  =  input("请输入验证码  [  {}  ]:  ".format(captcha_text))
        if  capt  ==  'q'  or  capt  ==  'Q':
            print('您取消了创建账户。')
            return
        elif  capt.upper()  !=  captcha_text:
            print("验证码错误，请重试。")
            continue
        else:                              #  如果所有条件都满足
            pw  =  encryption(pw)          #  把密码加密成密文
            f  =  open('user_inf.txt',  'a')   #  打开配置文件
            f.write(name+"  "+pw+"  0  0\n")  #  写入相关信息
            f.close()
            print('账户{}创建成功。'.format(name))
            return
```

8.8　任务 8　模块：密码核对和锁定检测（实现）

8.8.1　功能设计

下面编写模块文件 match.py，主要用于提供以下功能。

（1）检查密码是否正确。

（2）统计密码错误次数。

（3）对于超过规定的错误次数，能够自行对违规账户进行锁定。

（4）对于锁定时间超过一天的账户，能够自动解除锁定。

其中，锁定功能对于账户安全是非常重要的。账户可能会受到采用密码词典或其他暴力破解方式的在线自动登录攻击，当发生此类事件时，为了保护该账户的安全可将此账户进行锁定，以便在一定时间内不能再次使用此账户，从而挫败连续的猜解尝试。在一定程度上，账户锁定机制可以增加系统和账户的安全性。几乎所有设计良好的系统都实现了账户锁定功能。

对于很多网银系统来说，账户被锁定的阈值是连续（24 小时内）输错 4 次密码，也就是说，当用户第一次输错之后，他还会有 3 次输入密码的机会。而账户锁定的典型期限是 24 小时。我们也按照这个标准来设计账户锁定模块。

一旦实现了上述功能，对于用户登录系统主程序的实现就会变得非常简单。

8.8.2　功能实现

由于配置文件中存储的密码已经被加密成密文，并且哈希算法不可逆推，因此只能先把用户登录时输入的密码也加密成密文，再进行核对。

在某账户被锁定时，需要拒绝其登录。但是，对于刚刚被锁定和之前已经被锁定的这两

种情况，给出的提示信息也应当是不同的。模块代码如下：

```
# ./match.py
import time
from encrypt import encryption
def match(name, pw):                    # 参数是用户登录时输入的用户名和密码
    pw = encryption(pw)                 # 把用户输入的密码加密成密文，并将其与配置文件中的密文核对
    f = open("user_inf.txt", 'a+')      # 如果文件不存在，就创建文件
    f.seek(0)                           # 将文件指针置为 0
    users = f.readlines()
    f.close()
    for i in range(len(users)):
        if name in users[i]:            # 判断输入的用户名是否在文件中，并逐行查找
            t = users[i].split(' ')     # 一旦找到，就分割该行，并再次检查输入的名称是否完全匹配
            if time.time() - float(t[3]) > 86400 and t[3] != 0:  # 若密码错误记录超过 1 天
                t[2] = '0'                          # 清空密码错误记录
                t[3] = '0\n'                        # 清空最近一次密码错误的时间
                users[i] = " ".join(t)              # 重新拼接成字符串，并更新配置文件
                f = open("user_inf.txt", "w")
                f.writelines(users)
                f.close()
            t[2] = int(t[2])            # 提取当前用户的密码错误记录，并将其转换成数字
            if t[0] == name and t[2] >= 4:  # 如果用户名匹配，并且密码错误次数超过 4 次
                print("账户已被锁定。")      # 提示"账户已被锁定。"
                return False
            elif t[0] == name and t[1] != pw and t[2] < 4:  # 如果密码错误，但错误次数不足 4 次
                t[2] += 1                           # 错误记录+1
                if t[2] >= 4:                       # 判断错误记录+1 之后是否达到 4 次
                    print("密码错误次数超过规定，账户被锁定。")
                else:
                    print("密码错误，您还有{}次机会。".format(4-t[2]))
                t[3] = str(time.time())+'\n'        # 更新最近一次密码错误的时间戳
                t[2] = str(t[2])                    # 更新密码错误次数，更新的内容将被写入文件中
                users[i] = " ".join(t)
                f = open("user_inf.txt", "w")
                f.writelines(users)
                f.close()
                return False
            elif t[0] == name and t[1] == pw and t[2] < 4:  # 用户名匹配且密码正确
                print("欢迎登录！")
                return True
        else:
            print("用户不存在。")
            return False
```

8.9 任务9 用户登录系统主程序（实现）

主程序，也就是直接被执行的.py 源代码文件。我们已经通过其他模块实现了几乎所有的功能，现在只需要将它们集成在一起即可。

8.9.1　用户登录过程中的关键步骤

整合工作相对简单，但也容易犯错，请回顾我们的设计。

在图 8-2 的基础上进一步细化程序流程，可以分解出更多的步骤：程序启动→是否已有账户（登录/创建新账户）→输入用户名、密码和验证码→检查验证码的正确性→检查账户是否不存在→检查账户是否已被锁定→检查用户名和密码→提交检查结果→登录成功。

与创建新账户不同，在登录的流程中，用户依次输入用户名、密码和验证码，然后启动检查过程，此时任何错误都会导致回到初始状态。另一个细节是，虽然验证码是最后输入的，但它是第一个被检查的信息。这意味着仅当验证码正确时，才会执行针对用户名和密码的检查和处理。

8.9.2　主程序的实现

与新建用户的模块相同，主程序也位于一个死循环中，等待用户的指令。只有发生两个事件才能够跳出循环，分别是用户登录成功、用户主动退出程序。

用户登录成功的外在表现也是退出程序，但本质上它只是结束了当前函数，并返回了一个 True。如果这个用户登录界面被其他程序集成使用，则这个返回值可以用于传递消息。代码如下：

```python
from newuser import addusr
from sinput import sinput
from captcha import genecaptcha
from match import match
def login():
    while 1:
        user_inf = open("./user_inf.txt", "a+")        # 使用 a+以避免文件不存在而产生异常
        user_inf.seek(0)
        items = user_inf.readlines()                    # 读取所有行并放入列表中，以方便逐行查询
        name = input("请输入您的用户名，按<A>创建新账户，按<Q>退出: ")
        if name == 'a' or name == 'A':
            addusr()
            continue
        if name == 'q' or name == 'Q':
            return False
        passwd = sinput("请输入您的密码: ")
        while 1:
            captcha_text = genecaptcha()
            capt = input("请输入验证码 [ {} ], 按<Q>返回: ".format(captcha_text))
            if capt == 'q' or capt == 'Q':
                print("您选择了返回。")
                break                              # 退出到外层循环
            elif capt.upper() != captcha_text:
                print("验证码错误，请重试。")
                continue
            else:
                trigger = match(name, passwd)       # 将输入的名字和密码传递给 match()函数
                if trigger:
                    return True
                else:
```

```
                              break
login()                                                  # login()调用执行
```

至此，一个比较完整的用户账户登录界面就实现了。就像那些上线多年仍需要不断修补的程序一样，我们可以思考这个程序还有哪些缺陷或瑕疵，并尝试着完善它。

8.10　任务 10　程序打包和部署

当我们编写好程序的源代码时，就需要将它部署到相应的应用场景中。部署类型有以下两种。用户可以把程序作为可用的包，然后以源代码或二进制数的方式发布；也可以生成二进制可执行文件，使程序可以独立运行。

8.10.1　使用 Distutils 打包

Distutils 可以用来在 Python 环境中构建和安装额外的模块。Distutils 既是一个模块，也是一个包，其中包含了很多子模块。其中，distutils.core 子模块可以用来为 Python 模块创建 setup.py 文件。创建发布程序或模块的步骤如下：

（1）将各代码文件（顶层文件、模块等）组织到模块容器（目录）中。

（2）准备一个 README.TXT 文件（可选）。

（3）在容器中创建 setup.py 文件。

（4）在命令行中使用 setup.py sdist 命令。

下面演示 distutils.core.setup 的用法。在 8.5～8.9 节中，我们编写了用户账户登录的程序，该程序由多个模块构成，现在我们需要将这些模块打包。首先定位到源代码所在的目录下，然后新建一个 Python 源代码文件，并将其命名为 setup.py，编辑内容如下：

```
from distutils.core import setup
setup(
    name = 'usersystem',                                              # 包名
    author = 'Lili',                                                  # 作者
    author_email = '16490355@qq.com',                                # 作者邮箱
    url = 'http://www.cqcet.edu.cn',                                  # 模块或程序的主页
    description = 'A simple system allow user create accounts and login...',  # 简短描述
    long_description ='xxxxx..........',                              # 详细描述
    download_url = 'http://xxxxx.xxxx.xxx',                           # 包的下载位置

    # 下面是包中的内容列表，如果有子包，则其名称要补全
    py_modules = ['admin','captcha','encrypt','lock','login','match','newuser','sinput'],
    )
```

setup 的许多参数都是可以省略的，在编辑好后，在命令行下执行如下命令：

```
python setup.py sdist
```

还可以使用 format 参数指定某种类型的打包格式：

```
--fomart=zip          # 可以是 gztar、bztar、ztar、tar 等格式
```

Distutils 还允许用户直接发布二进制格式的包，也就是说，包可以是 Windows 下的 exe

安装程序、Linux 下的 rpm 安装包等格式。下面仍然使用上面的例子，对同一个 setup.py 文件使用如下命令：

```
python setup.py bdist    # 将 sdist 改为 bdist，即 binary
```

同样地，我们可以使用 format 参数指定某种类型的二进制格式：

```
--fomart=wininst         # wininst 是 Windows 上的 exe 格式的自解压 zip 包
```

根据平台的不同，format 参数还可以是 rpm（Linux）、pkgtool（Solaris）、msi（Microsoft Installer，要求 Windows 环境）。

除了上面介绍的语法，python setup.py bdist --format 还可以通过另一种形式来使用：

```
python setup.py bdist_winist
python setup.py bdist_msi
python setup.py bdist_rpm
```

最后，setup.py 文件中有丰富的帮助信息可以使用。用于查看帮助信息的命令如下：

```
python setup --help
python setup --help-commands              # 获取所有可以使用的命令
python setup COMMAND --help               # 获取特定命令的帮助
python setup COMMAND --help-formats       # 获取特定命令支持的格式
```

8.10.2　使用 PyInstaller 创建可执行文件

PyInstaller 是一个可以将 Python 源代码直接创建为 exe 可执行文件的工具，与你想象的可能不同，它会把 Python 解释器和用户自己的脚本打包成一个可执行的文件，这与编译成真正的机器码完全是两回事，所以千万不要想当然地认为打包成一个可执行文件会提高运行效率，相反可能会降低运行效率。好处就是，在运行者的机器上不用安装 Python 和脚本依赖的库。

在 Linux 中，它主要使用的是 binutil 工具包里面的 ldd 和 objdump 命令。在 PyInstaller 中输入指定的脚本，它会首先分析脚本所依赖的其他脚本，然后查找、复制并把所有相关的脚本收集起来，包括 Python 解释器，最后把这些文件放在一个目录下，或者打包到一个可执行文件中。可以直接发布输出的整个文件夹中的文件，或者生成可执行文件。我们只需要告诉用户，我们的应用是自我包含的，不需要安装其他包或某个版本的 Python，就可以直接运行。需要注意的是，使用 PyInstaller 打包的执行文件，只能在和打包机器系统同样的环境下运行。也就是说，该文件不具备可移植性，若需要在不同系统上运行，就必须针对该平台进行打包。

PyInstaller 并不是标准库的一部分，需要用户自行安装。它的官网地址如下：

```
http://www.pyinstaller.org/downloads.html
```

用户可以通过官网地址下载源代码，也可以直接使用 pip 安装。在安装好之后，PyInstaller 会有一个同名的可执行文件位于 Python\Scripts 目录下（Windows）或者位于 Python/bin/ 目录下（Linux）。PyInstaller 的基本语法如下：

```
pyinstaller [options] script [script ...] | specfile
```

最简单的用法当然是不带任何参数了，例如：

```
pyinstaller  your_script.py
```

当然，首先我们要使命令行的当前位置位于 Python 源代码文件所在的目录下。在运行这个命令之后，我们会看到当前目录下新增加了两个目录：build 和 dist。dist 目录下面的文件就是可以发布的可执行文件，并且 dist 目录下面有很多文件，包括各种动态库文件、py 文件、可执行文件。有时这样比较麻烦，需要打包 dist 目录下面的所有内容后才能发布，一旦丢掉一个，动态库就无法运行了，好在 PyInstaller 支持单文件模式，例如：

```
pyinstaller -F  your_script.py
```

下面介绍一下 PyInstaller 的其他常用参数。

指定依赖的包的路径：如果 Python 源代码文件所依赖的包并不在当前目录下，也不在 sys.path 所列举的目录下，则需要使用-p 参数指定它们的确切位置。例如：

```
pyinstaller -p  D:\your_Package\    your_script.py
```

禁用控制台界面：如果用户想要打包的是一个纯图形界面的程序，则可以使用-w 参数禁用控制台界面。毕竟，大多数图形界面程序都是没有控制台窗口相伴的。例如：

```
pyinstaller -w  your_script.py
```

指定图标文件：用户可以使用-i 参数给 exe 可执行文件选择一个图标，例如：

```
pyinstaller -i  D:\icofile.ico    your_script.py
```

还有一点需要注意，在通过可执行文件运行程序时，一旦程序结束，命令提示符窗口就会自动退出。如果用户的程序发生异常，命令提示符窗口也会立即关闭，导致用户甚至来不及查看到底是什么类型的异常。当发生这样的情况时，用户需要重新执行源代码，以查看错误提示。

8.11　小结

本项目的内容较多，除了模块的使用和管理，还介绍了标准库中常用的包和模块，给出了通过模块来组织一个完整程序的案例——用户账户登录系统，最后介绍了如何把现有的模块和包进行打包和部署，以及如何生成可执行文件。

- 模块的定义和导入
- 模块文件和关键变量
- 模块的别名
- 反射
- 包、搜索路径、环境变量
- 名称空间
- 模块的查询
- 标准库常用模块

- 模块化程序设计——用户账户登录系统
- 程序打包和部署

8.12 习题

1．导入语句"import moduleName"和"from moduleName import *"有什么不同？

2．创建一个 importAs()函数，这个函数可以把一个模块导入你的名称空间，但会使用你指定的别名，而不是原始名称。也就是说，使用你自己的方式，在一个函数中实现 import moduleName as newName 的效果。

3．将本项目的用户账户登录系统打包成二进制的可执行文件，并使其独立运行。

项目9

异常处理

程序发生错误是一种常态，其原因有很多，如程序员的粗心、分析和设计的缺陷、对问题的错误描述、协作开发时的沟通不足、新功能测试等。同时，当前程序庞大的规模也使得错误难以避免。一旦发生错误，程序就会终止运行，它的用户体验也就被毁掉了。为了提高程序的健壮性，人们需要采用一种能够在程序中处理错误的手段，而不是粗暴地终止程序。Python 提供了强大的异常处理机制，能够让程序自行纠正可能存在的错误。下面将介绍异常及处理异常的各种方法。

9.1 任务 1 了解什么是异常

当程序发生错误时，Python 解释器就会提示当前指令已经无法继续执行了，这时就出现了异常。异常是因为程序出现了错误而在正常控制流以外采取的行为。这个行为又分为两个阶段：首先是引起异常发生的错误阶段；然后是检测（和可能采取的措施）阶段。

异常和错误

9.1.1 异常和错误

异常和错误紧密相关，但并不是所有的错误都会导致异常。程序的错误通常可以被分为3 类：语法错误、运行错误、逻辑错误。

语法错误：这类错误是在编程过程中输入了不符合语法的代码导致的，包括表达式不完整、缺少必要的符号、错误的关键字、错误的缩进等。在程序进行解释或编译时，解释器或编译器会对程序中的语法错误进行诊断。这类错误必须被纠正，否则程序无法执行。

运行错误：这类错误是在程序运行过程中出现的，例如，除数为 0、序列下标越界、文件无法打开、缺乏磁盘读写权限等。

逻辑错误：这类错误是在程序运行后没有得到设计者预期的结果时出现的，例如，使用了不正确的变量、指令次序错误、算法考虑不周全、循环条件不正确等。

在以上 3 类错误中，只有运行错误才会导致异常，另两类错误和异常无关。

9.1.2　为什么要使用异常处理机制

当发生错误时，解释器会为用户回溯相关信息，包括错误发生的位置及名称。例如，当我们尝试使用 0 作为除数时，会发生错误并收到解释器的提示：

```
>>> 2/0
Traceback (most recent call last):                # 解释器回溯错误，给出相关信息
   File "<stdin>", line 1, in <module>
ZeroDivisionError: integer division or modulo by zero
```

在这里，ZeroDivisionError 就是异常的名称。需要注意的是，并不是每个错误都是致命的，发生错误的程序不应该被"一刀切"。引入一些处理机制可以忽略某些错误，并跳过这些错误继续执行后面的代码。例如，用户可以使用条件语句来纠正除数为 0 的错误：

```
a=int(input('Enter a dividend:'))
b=int(input('Enter a divisor:'))
if b!=0:
    print('%s / %s = %s' % (a,b, a/b))
else:
    print("The divisor can't be 0!")
```

程序员无法控制用户的某些行为，但可以预防这些行为的发生。这段代码并没有阻止用户输入 0 作为除数，但即使发生了这种情况也没关系，条件语句很好地将除零错误过滤掉了。那么，既然条件语句可以解决问题，为什么还要使用异常处理机制呢？在较大的程序中，使用条件语句处理错误效率较低，而且会使程序难以阅读。举个简单的例子：如果一段代码中有 10 个可能发生的错误，就需要 10 条条件语句；而如果使用异常处理语句 try...except 定义错误处理器，则只需要 1 条语句即可。

9.2　任务 2　掌握异常的检测和处理

当程序因为错误而终止执行时，我们会看到"Traceback"消息，它可以回溯并显示错误的根源，包括错误的名称、原因及发生错误的行号。所有的错误（或者说异常）都有相同的格式，可提供一致的接口供程序员处理。

使用 try...except 语句处理异常

处理多个异常

try...except 语句知识点补充

9.2.1　常见的异常类型

从根本上来说，每个类型的异常都是一个类，并且它们在继承树上源自共同的祖先。下面来看几个典型的异常。

1. NameError：尝试访问未声明的变量

```
>>> a
Traceback (most recent call last):
    File "<stdin>", line 1, in <module>
NameError: name 'a' is not defined
```

当我们访问一个变量时，解释器查询了名称空间，但未能在其中找到该变量的名称，这时就会产生一个 NameError 异常。还有一个与它近似的异常——AttributeError，表示在类中没有对应的名称（类的属性或方法）。

2. IndexError：下标越界

```
>>> l1 = [0,1,1,2,3,5,8,13]
>>> l1[10]
Traceback (most recent call last):
    File "<stdin>", line 1, in <module>
IndexError: list index out of range
```

IndexError 异常表示用户通过索引访问列表中的元素时，超出了序列的范围。

3. KeyError：按值访问不存在的序列元素，访问不存在的字典键

```
>>> l1.remove(4)
Traceback (most recent call last):
    File "<stdin>", line 1, in <module>
KeyError: 4
```

列表方法 remove() 是按照元素的值来处理的，如果列表中没有任何元素等于参数提供值，则会发生 KeyError 异常。在字典中访问不存在的键、在集合中访问不存在的元素，都会引发 KeyError 异常。

4. IOError：I/O 错误

```
>>> f1=open('h:\\random.txt','r+')
Traceback (most recent call last):
    File "<stdin>", line 1, in <module>
IOError: [Errno 13] Permission denied: 'h:\\random.txt'
```

当试图打开一个只读文件时，会发生 I/O 错误，任何 I/O 类的错误都会引发 IOError 异常，如访问不存在的文件或文件夹等。

9.2.2　处理异常

检测异常的主要手段是通过 try 语句来检测。try 语句有 3 种类型：try...except、try...except...finally、try...finally。一个 try 语句中可以有多个 except 子句，但最多只能有一个 finally 子句。此外，与条件语句、循环语句等流程控制语句相同，try 语句中也允许有一个 else 子句，用于定义一个代码块。

在一套 try 语句中，try 负责检测异常，所有在 try 语句中的代码都会被检测。except 子句用于对已经检测到的错误进行处理，如果没有任何错误被检测到，则 except 子句下的代码块不会被执行。finally 子句不能用于处理错误，只能用于定义一些必要的清理工作，如关闭文件、断开服务器连接等。与 except 子句不同，无论 try 语句是否检测到错误，finally 子句下的

代码块都会被执行。

except 子句的一般语法如下：

```
except Exc[, reason]:
```

其中，Exc 是异常的类型，reason 是发生异常的原因，我们稍后对其进行介绍，先看看省略 reason 时的用法。仍然以前面的除 0 错误为例，看看一个最基本的 try...except 语句是如何工作的，代码如下：

```
a=int(input('Enter a dividend:'))
b=int(input('Enter a divisor:'))
try:
    print('%s / %s = %s' % (a,b, a/b))
except ZeroDivisionError:
    print("The divisor can't be 0!")
```

执行结果如下：

```
Enter a dividend: 5
Enter a divisor: 0
The divisor can't be 0!
```

在 try 代码块中，永远不会到达异常发生点后的剩余代码，这些代码也永远不会被执行。所以当定义一个 try...except 语句时，一定要谨慎操作，将可能出错的代码从其他代码中分离出来，以防止它们受到牵连。一旦一个异常被触发，就必须决定控制流下一步到达的位置，因此剩余代码将会被忽略。解释器将搜索异常处理器（即 except 子句中对异常的处理），一旦找到，就开始执行处理器中的代码。

如果没有找到合适的处理器，异常就会被向上移交给调用者处理。在一个嵌套结构的 try...except 语句中，上层调用者会继续查找异常处理器。如果到达顶层时仍然没有找到对应的处理器，就认为这个异常是未处理的，Python 解释器会显示回溯信息，终止程序。

9.2.3 处理多个异常

在上述捕捉除 0 异常的例子中，我们通过 input()函数来接收用户输入，返回一个字符串，然后通过 int()函数把字符串转换成数字，因此字符串必须是数字格式，否则会导致 ValueError 异常。

由此可见，即使是一个很小的功能，想要预防所有的异常也不是一件容易的事。为了完善这个除法小程序，我们可以再给它设置一个异常处理器，并且把带有 input()函数的语句移到 try 语句块内，这样才能检测用户输入数据时发生的异常。

前面说过，一个 try...except 语句允许有多个 except 子句，那么我们可以很容易地想到，可以把多个 except 子句串联起来，每个 except 子句及其下属的代码块会被用作一个特定类型的异常处理器。因此，要处理上面例子中的 ValueError 和 ZeroDivisionError 异常，可以按如下方式来实现：

```
try:
    a=int(input('Enter a dividend:'))
    b=int(input('Enter a divisor:'))
    print('%s / %s = %s' % (a,b, a/b))
```

```
except ValueError:
    print("Please do not contain any other characters, only number are supported.")
except ZeroDivisionError:
    print("The divisor can't be 0!")
```

9.2.4 在单 except 子句中处理多个异常

在 9.2.3 节的例子中，我们使用了多个 except 子句来处理不同的异常，但每一种异常对应一个 except 子句，这大大增加了代码量。有时候，因为内存规定或设计方面的因素，还会要求我们使用一个通用的异常处理器。基于上述原因，我们可以把多个异常放在一个单独的 except 子句中进行处理。

在一般情况下，一个 except 关键字后面连接一个异常类，例如：

```
except Exc1:
```

如果想要一次处理多个异常，则可以把它们放进一个元组中，例如：

```
except (Exc1, Exc2, Exc3, ... ExcN):
```

下面我们尝试将 9.2.3 节中的两个异常集成到一个单独的 except 子句中。除了将不同的异常类放入元组，还应该整合处理它们的语句。例如：

```
try:
    a=int(input('Enter a dividend:'))
    b=int(input('Enter a divisor:'))
    print('%s / %s = %s' % (a,b, a/b))
except (ValueError, ZeroDivisionError):
    print("Please do not contain any other characters, only number are supported, and the divisor can't be
0!")
```

9.2.5 获取发生异常的原因

在上面的代码中，当异常发生时，程序会跳转到异常处理器，打印对应的提示信息，并告诉用户发生了 ValueError（输入了非数字字符）或 ZeroDivisionError 异常，但具体是哪一种异常，用户并不知道。

发生异常的原因可以作为 except 子句的可选参数。当异常被引发后，此参数是作为附加帮助信息传递给异常处理器的。虽然异常原因是可选的，但标准内建异常提供了参数来指示发生异常的原因。如果用户需要，就可以在 except 子句中使用它们。用户可以保留一个变量来保存这个参数，并把它放在 except 子句后，连接在要处理的异常后面。

except 子句的语法可以被扩展如下：

```
except Exc[as reason]:
```

或者

```
except (Exc1, Exc2, Exc3, ... ExcN)[, reason]:
```

在这样的 except 子句中，reason 是一个包含来自导致异常的代码的诊断信息的类实例，它通过一个特殊方法__str__()来提供必要的信息。对于大多数内建异常（从 StandardError 派生的异常），reason 提供了一个元组，其中只包含一个指示错误原因的字符串。虽然异常的名称本身就可以告诉用户一些线索，但这个字符串会提供更具体的信息。对于操作系统或其他环境类型的错误，如 I/O 错误，元组中会把操作系统的错误编号放在错误字符串前。例如，在 Windows 下打开一个不存在的文件，会收到错误代码 Errno 2；以可写方式打开一个只读文件，会收到错误代码 Errno 13。

reason 并不是一个关键字，我们可以用任何合法的标识符来命名它。但由于 reason 总是某种 Error 类的实例，在实际的协作开发中通常被写为 e。例如：

```
a=int(input('Enter a dividend:'))
b=int(input('Enter a divisor:'))
try:
    print('%s / %s = %s' % (a,b, a/b))
except ZeroDivisionError as e:
    print(e)
```

执行结果如下：

```
Enter a dividend:6
Enter a divisor:0
float division by zero
```

9.2.6 捕获所有异常

在 9.2.4 节的代码中，我们已经可以一次性捕获多个异常，然后处理它们。进一步来讲，我们可以在一个 except 子句中捕获所有类型的异常。最简单的做法是，使用一个不带任何参数的空 except 子句，该子句表示捕获任意类型的异常。例如：

```
try:
    ...
except:
    ...
```

虽然这样的代码基本上可以捕获所有类型的异常，但通常不推荐使用。它可能不会像我们所想的那样工作，不会检查发生了什么样的异常，所以不知道如何避免异常的发生。在空 except 子句中，没有指定任何要捕获的异常，所以不会提示我们任何关于可能发生的异常的信息。但它的确能捕获所有异常，这种不一致的行为可能会导致我们忽略重要的异常。在正常情况下，这些异常应该让调用者知道并进行一定的处理。

使用空 except 子句的另一个问题是，我们没有机会保存异常发生的原因。虽然可以通过 sys.exc_info()函数来获取原因,但这样我们就不得不导入 sys 模块,然后执行该函数。在 Python 的未来版本中，很可能不再支持空 except 子句。

那么，推荐使用的方法是什么呢？前文提到过，所有的异常都是类，它们中的大多数都源自共同的祖先类，这个祖先类叫作 Exception。使用 Exception 作为 except 子句的参数，就可以捕获 Exception 派生出的所有类型的异常。例如：

```
try:
    ...
except Exception:
    ...
```

为什么说大多数异常都源自 Exception 呢？因为还有两个与 Exception 平级的异常：SystemExit 和 KeyboardInterupt。SystemExit 表示退出当前 Python 程序，KeyboardInterupt 表示用户在命令行下按下了 "Ctrl+C" (^C)，试图关闭程序。通过 "except Exception" 语句来捕捉异常并不会影响这两种主动退出 Python 程序的行为。如果用户确实需要捕捉所有异常，则可以使用 BaseException，它是 Exception、SystemExit 和 KeyboardInterupt 的共同的祖先类。

try...except 语句的目的是减少程序出错的次数，并保证程序在出错后仍能正常执行。一种常见的错误用法是把一大段代码（甚至整个程序）放入一个 try 代码块中，再使用一个通用的 except 子句过滤掉任何致命的错误。最坏的做法是把大段的代码放入 try...except 代码块中，再使用 pass 子句忽略错误，然而在工程实践中采用这种方式偷懒，可能会导致自己或他人付出惨重代价。

9.2.7　else 子句

类似于 if 条件语句、while 循环语句和 for 循环语句，try 语句也允许用户在其中引入一个 else 子句，且 else 子句在 try 语句中的功能和其他地方没什么不同。如果 try 语句中的代码全部被正常执行，则 else 子句中的代码也会被执行；相反，如果 try 语句发生异常，则 else 子句中的代码会被忽略。例如：

```
try:
    a=int(input('If enter nonnumeric character, exception will occur.'))
except:    # 输入非数字字符会发生异常
    print('Exception has occurred.')
else:
    print("The else suite said aloud 'No exception occurred!'")
```

执行结果（1）如下：

```
If enter nonnumeric character, exception will occur. 20
The else suite said aloud 'No exception occurred!'
```

执行结果（2）如下：

```
If enter nonnumeric character, exception will occur. A
Exception has occurred.
```

这种用法可以用于在测试一个模块时记录日志。根据程序在运行时是否发生异常，用户可以在日志中写入不同的信息。

9.2.8　finally 子句

finally 子句的特性是无论是否发生异常，它所包含的代码块一定会被执行。这种机制主要用于需要释放资源的代码。如果 try 代码块被正确执行，则 finally 代码块会紧随其后被立即执行；如果在 try 代码块中发生异常，则在导致异常的那一行代码之后，将直接跳转到 finally 代码块。

为了说明 finally 子句在 try 语句中的执行顺序，可以编写一个完整组合的 try 语句。该语句不仅具有 except 和 finally 子句，还具有 else 子句，它的语法示例如下：

```
try:
    suite A
except Exc1[... ExcN]:
    suite B
else:
    suite C
finally:
    suite D
```

在这个示例中，A、B、C、D 分别代表不同的代码块。根据是否发生异常，程序的执行顺序可能是 A→C→D（正常）或 A→B→D（异常）。代码块 D 总在最后被执行，且一定会被执行。即使没有设置正确的异常处理器，导致程序终止，也会在程序终止前执行代码块 D。

9.2.9　单独的 try...finally 语句

单独的 try...finally 语句和带有 except 子句的 try 语句不同，它不是用来捕捉异常的。它的主要作用是无论是否发生异常，程序都会有相同的行为。当 try 语句中有异常发生时，程序会从发生异常的代码跳转到 finally 子句。虽然 finally 子句不会处理异常，但也不会丢弃异常，当 finally 代码块执行完毕时，异常会继续向上（外）层代码引发。因此，常见的做法是将 try...finally 语句嵌套到另一个 try 语句中，由后者进行处理。

9.3　任务 3　掌握处理异常的其他方法

除各种不同的 try 语句之外，还有一些其他的异常处理方法。我们可以以人工的方式来引发一个指定类型的异常，也可以自定义一个新的异常类。此外，诸如上下文管理、断言等方法，也为程序员在处理异常时提供了不同选项。

异常的可控性操作　　其他异常相关方法

9.3.1　主动触发异常：raise 语句

前面介绍的异常都是因为解释器发现了错误而引发的，其实程序员也可以主动触发异常。可以说，在 Python 中触发异常最简单的方式就是由程序员主动触发，只需要使用关键字 raise 即可（类似于 C#和 Java 中的关键字 throw）。在 raise 后面连接一个要触发的异常的名称，可以是 Exception 或它的任何子类，一般来说越详细越好。例如：

```
raise ValueError
```

在捕捉到异常后，又想重新引发它（传递异常），则可以使用不带参数的 raise 语句。例如：

```
try:
    try:
        raise IOError                    # 引发异常
    except IOError:
        print('inner exception')
```

```
            raise                          # 将异常抛给外层
    except  IOError:                       # 收到内层抛出的异常
        print('Outter ExceptIO')           # 处理
```

9.3.2 封装内建函数

很多错误往往发生在交互式操作中，这些操作通常会用到内建函数。用户可以通过 try...except 语句处理大多数错误。更好的方法，或者说更高的内聚、更利于功能独立的方法是将我们要使用的包含异常处理的语句封装到一个新的函数中。

例如，open()函数用于打开一个文件。如果用户希望由自己指定要访问的文件，就需要使用 input()函数来接收一个字符串，以指定文件名。当用户提供错误的路径或文件名时，程序会因为 IOError 异常而终止。

我们已经知道如何捕获 IOError 异常，并处理它。现在，我们可以把这些功能和 open()函数放在一起，形成一个安全的 safe_open()函数。例如：

```
def safe_open(filename, mode):
    try:
            f1=open(filename, mode)
    except IOError, e:
            print(e)
    else:
            return  f1
```

有了内建函数的安全版本，我们就可以直接调用它，不需要使用额外的异常处理语句了。

9.3.3 自定义异常

一般来说，标准异常已经可以满足我们的需要，但有时我们还是想要创建自己的异常。例如，我们可能想在特定的现有异常中添加额外的信息。由于异常是类，所以我们只需要从 Exception 或其他更具体的异常继承即可。

例如，在浏览器或其他应用程序客户端使用 HTTP 协议访问一个网络对象时，如果目标 URL 失效，将返回错误代码 HTTP 404。我们可以通过继承 IOError 异常来自定义一个异常，用于处理这个异常。代码如下：

```
class HttpError(IOError):        # 从 IOError 异常继承
    def __init__(self, value):   # 在实例化时需要一个参数
            self.value = value
    def __str__(self):
            return repr(self.value)   # 将 self.value 转换成字符串

try:
        raise HttpError(404)          # 引发异常
except HttpError as e:
    print('Not Found.', e.value)
```

由于自定义异常通常需要从标准异常继承，因此这里对标准异常的继承关系进行一个简单介绍。同时由于所有的标准异常都是内建的，因此它们可以被直接使用。这些异常都是从根异常 BaseException 派生的。图 9-1 所示为这些异常，并以树状结构展示了它们的继承关系。

```
BaseException
    ├───── SystemExit
    ├───── KeyboardInterrupt
    ├───── GeneratorExit
    └───── Exception
              ├───── StopIteration
              ├───── StandardError
              │         ├─────── BufferError
              │         ├─────── ArithmeticError
              │         │           ├───────── FloatingPointError
              │         │           ├───────── OverflowError
              │         │           └───────── ZeroDivisionError
              │         ├─────── AssertionError
              │         ├─────── AttributeError
              │         ├─────── EnvironmentError
              │         │           ├───────── IOError
              │         │           └───────── OSError
              │         │                         ├───────── WindowsError (Windows)
              │         │                         └───────── VMSError (VMS)
              │         ├─────── EOFError
              │         ├─────── ImportError
              │         ├─────── LookupError
              │         │           ├───────── IndexError
              │         │           └───────── KeyError
              │         ├─────── MemoryError
              │         ├─────── NameError
              │         │           └───────── UnboundLocalError
              │         ├─────── ReferenceError
              │         ├─────── RuntimeError
              │         │           └───────── NotImplementedError
              │         ├─────── SyntaxError
              │         │           └───────── IndentationError
              │         │                         └───────── TabError
              │         ├─────── SystemError
              │         ├─────── TypeError
              │         └─────── ValueError
              │                     └───────── UnicodeError
```

图 9-1 异常的继承树

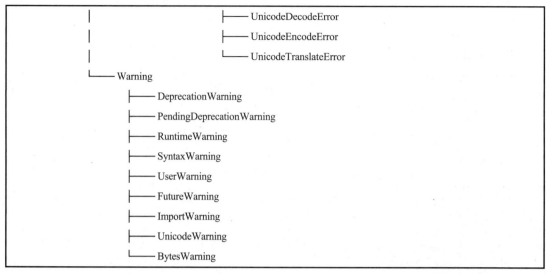

图 9-1　异常的继承树（续）

9.3.4　上下文管理：with 语句

对于一些任务，可能需要事先设置，事后进行清理工作。当我们需要读/写文件时，首先需要使用 open()函数获取一个文件句柄，并将其赋值给一个对象；然后根据需要对文件进行读/写操作；当任务完成后，关闭文件句柄。最简单的做法如下：

```
file = open("/tmp/foo.txt")
data = file.read()              # 假设这就是要做的全部工作
file.close()
```

这里有两个问题：一个是可能忘记关闭文件句柄；另一个是读取文件数据时发生异常，且没有进行任何处理。而前文提到的 finally 子句可以解决上述问题，代码如下：

```
file = open("/tmp/foo.txt")
try:
    data = file.read()          # 假设这就是要做的全部工作
finally:
    file.close()
```

虽然这段代码运行良好，但是太冗长了。如果使用 with 语句，则可以实现更优雅的语法，也可以很好地处理上下文出现的异常。例如：

```
with open("/tmp/foo.txt") as f1:
    data = f1.read()
```

这段代码几乎实现了与前面代码相同的工作：打开文件，进行读/写操作，完成后关闭文件。无论是在这一段代码的开始、中间还是结束时发生异常，都会执行清理的代码，而且文件仍会被自动关闭。

有了 with 语句，似乎一切都会变得更简单。但遗憾的是，with 语句并非对所有对象都适用，只有支持上下文管理协议（Context Management Protocol）的对象才能被 with 语句处理。Python 仍然在成长，未来可能会支持更多类型的对象。但就目前而言，with 只适用于如下对象：

- file。
- decimal.Context。
- thread.LockType。
- threading.Lock。
- threading.RLock。
- threading.Condition。
- threading.Semaphore。
- threading.BoundedSemaphore。

9.3.5　断言：assert 语句

在一个程序没完善之前，我们不知道程序会在哪里出错，与其让它在运行期间崩溃，不如让它在出现错误条件时就崩溃，这时就需要断言，即 assert 语句的帮助。assert 语句用来检查一个条件，如果该条件为真，就不做任何操作；如果该条件为假，则会抛出 AssertionError 异常并且包含错误信息。最简单的 assert 语句如下：

```
>>> assert False
Traceback (most recent call last):
  File "<stdin>", line 1, in <module>
AssertionError
```

它等价于：

```
if False:
    raise AssertionError
```

我们可以把上面两段代码中的 False 换成任何可能产生 bool 值的对象，包括数字（非零即为 True）、各种类型的条件表达式、能返回 bool 值的函数等。AssertionError 异常和其他的异常一样，可以使用 try...except 语句捕捉。

9.3.6　回溯最近发生的异常

sys 模块中的 exc_info() 函数可以向用户提供最近一次异常的相关信息。该函数返回一个包含了 3 个元素的元组，比单纯使用 reason 参数获得的信息更多。一个简单的示例如下：

```
try:
    float('abc123')
except:
    import sys
    exc_tuple = sys.exc_info()
print(exc_tuple)
```

执行结果如下：

```
(<type 'exceptions.ValueError'>, ValueError('could not convert string to float: abc123',), <traceback object at 0x0000000002A42D88>)
```

通过 exc_info() 函数得到的元组所包含的 3 个元素分别是：

exc_type：异常类。

exc_value：异常类的实例。

exc_traceback：追踪对象。

对于前两个元素，我们已经在 try...except 语句和异常参数 reason 中见过了。第三个元素是一个新增的追踪对象，用于提供发生异常的上下文，包含代码的执行帧、发生异常时的行号等信息。

9.4　小结

本项目介绍了 Python 中的异常处理机制，列举了常见的异常种类，除了 try 语句的几种异常处理方法，还介绍了 raise 语句、assert 语句、自定义异常等其他异常处理方法。

- 异常和错误
- 常见的异常类型
- try 语句
- 处理多个异常
- 捕获所有异常
- 获取发生异常的原因
- else 子句
- finally 子句
- raise 语句
- 封装内建函数
- 上下文管理
- 断言

9.5　习题

1．当你使用 try 语句处理异常时，如何根据需要选择合适的异常类？如果你面对的是不熟悉的错误情况，应当如何查询对应的错误？

2．下面这些交互解释器下的 Python 代码段分别会引发什么异常？（参阅图 9-1 给出的内建异常清单。）

代　　码	请在此写下答案
>>> if 3 < 4 then: print('3 is less than 4!')	
>>> aList = ['Hello', 'World!', 'Anyone', 'Home?'] >>> print('the last string in aList is:', aList[len(aList)])	
>>> x	
>>> x = 4 % 0	
>>> import math >>> i = math.sqrt(−1)	

3．在项目 8 中的用户账户登录系统中，我们使用一个文本文件来记录用户–密码对列表。为了防止因文件不存在所导致的程序异常，即使只为了读取数据，无须写入数据，我们也使用了 a+模式打开文件。现在你已经了解了如何捕获异常，请改写程序，如果只需要读取，就使用 r 模式，并使用 try...except 语句来防止因文件不存在所导致的程序异常。

4．封装以下内建函数，在发生异常时返回 None。

float(arg)：考虑两种错误，参数是一个带有非数字字符的字符串，或者参数是一个其他不受支持的类型。

input(string)：同样考虑两种错误，用户输入了 EOF（在 UNIX 下是因为按下了"Ctrl+ D"，在 Windows 命令行下是因为按下了"Ctrl+Z"）或者通过键盘中断事件退出了程序（一般是因为按下了"Ctrl+C"）。

项目 10

图形用户界面编程

从本项目开始，我们将会为程序引入图形用户界面（Graphical User Interface，GUI）。虽然 Python 默认的 GUI 模块是 Tkinter，但是还有许多优秀的面向 GUI 开发的第三方包，用户可以根据不同的应用环境选择不同的工具。我们选择介绍其中的 wxPython，经过本项目的学习，读者将初步掌握图形用户界面的程序的设计和开发。

10.1 任务 1 了解 Python GUI 编程的基本概念

图形用户界面是指采用图形方式显示的程序操作界面，允许用户使用鼠标等定位设备操作屏幕上的图标或菜单，以选择命令、调用文件、启动程序或执行其他日常任务。与基于字符的命令行（CLI）界面相比，GUI 更美观、简洁、易于使用。用户也更倾向于选择具有良好 GUI 的应用程序，因为它更容易上手，

wxPython 简介、安装和帮助获取

显著降低了软件的使用门槛，节省了学习时间。正因如此，自从 Macintosh 和 Windows 普及以来，图形用户界面几乎成了应用程序的必备要素。

10.1.1 常用的 Python GUI 工具介绍

目前，适用于 Python 的 GUI 开发工具有很多，其中大多数是以模块或包的形式被加载使用的，下面分别介绍它们。

1. Tkinter

Tkinter 是 Python 的默认 GUI 模块，由标准库提供。Tkinter 适用于 Windows 和 Linux/UNIX，编写的 GUI 界面具有本地化的显示风格。Tkinter 使用简单，开发速度很快，适用于小型应用程序的开发。Python 在 Windows 下自带的 IDLE 就是使用 Tkinter 编写的。

2. wxPython

wxPython 是 Python 对跨平台的 GUI 工具集 wxWidgets 的封装，作为 Python 的一个扩展模块实现，目前的版本是 wxPython 4.0。wxPython 允许 Python 程序员很方便地创建完整的、功能健全的 GUI 用户界面。它采用 C++实现并在各种平台上被广泛使用，最大的优点是在每个平台上都使用原生 GUI，所以用户的程序将和所有其他桌面程序有相同的外观和用户体验。本书使用 wxPython 作为 GUI 开发工具。

3. PyQt5

严格来说，PyQt 属于第三方框架而不是模块/包，其功能非常强大，包含超过 620 个类、6000 个方法和函数。使用 PyQt 能够开发出非常漂亮的图形用户界面，并且可以运行在所有的主流操作系统中。PyQt5 采用双重许可模式，开发者可以在 GPL 和社区授权之间选择。目前，PyQt 最新的版本是 PyQt5。

4. PyGTK

PyGTK 是采用 C 语言开发的，具有跨平台的 GUI 库，是 GNOME 桌面系统和 GIMP 图像编辑器的开发工具箱。许多 GNOME 下的著名应用程序的 GUI 都是使用 PyGTK 实现的，如 BitTorrent、GIMP 和 gedit 都有可选的实现。PyGTK 是自由软件，所以用户可以几乎没有任何限制地使用、修改、分发、研究它，它是基于 LGPL 协议发布的。

10.1.2　wxPython 的安装

wxPython 是第三方包，因此用户需要自己下载并安装。用户可以访问 wxPython 的网站：

```
https://www.wxpython.org/pages/
```

或者访问如下网站：

```
https://pypi.python.org/pypi/wxPython
```

本书推荐使用 pip 进行在线安装，如果需要下载 whl 格式的离线安装包，则需要同时安装 numpy、six、Pillow 这几个依赖包。

在安装完成后，用户就可以在 Python 中导入 wxPython 了，使用的模块名不是完整的 wxPython，而是 wx。

10.1.3　关于帮助

对于 wxPython 这样的大型第三方包来说，学会使用帮助和查询文档是极其重要的。本书只能给出一般示例，很多内容需要读者自行探索。

获取帮助有几种方法，可以使用 dir()函数枚举所有的可用方法，然后通过 help()函数查看具体方法的使用说明。例如，获取所有以"EVT_"开头的对象，代码如下：

```
>>> import wx
>>> wxList=dir(wx)              # 将 wx 中的所有属性放入列表中
>>> EVT_List=[]                 # 创建一个空列表备用
>>> for item in wxList:         # 遍历 wxList 列表
```

```
...        if item.startswith('EVT_'):          # 如果当前条目以 "EVT_" 开头
...            EVT_List.append(item)            # 追加条目到新列表中（也可以直接打印这个条目）
```

用户可以使用类似的方法获取其他任何自己想要的信息，如一个窗口组件的所有可用的方法。很多 IDE 提供了强大的代码提示功能，会给用户提供一个可用方法提示列表，不过，它通常不会列举私有方法。

用户还可以查询官方文档。通过访问如下网址，用户可以查询 wxPython 核心和 wx.lib 文件，以及其他想要获取的信息：

https://docs.wxpython.org/

10.1.4　GUI 程序设计的一般流程

GUI 程序是基于事件驱动的，我们可以将它理解为一个客户端/服务器（C/S）架构。GUI 程序所呈现的图形用户界面就是客户端，但真正实现程序核心功能的是底层代码，和界面没有直接关系。

开发一个 GUI 程序，有 5 个基本的步骤。

（1）无论用于 GUI 程序开发的包是什么，都将它们导入。

（2）创建一个顶层窗口对象。

（3）在这个窗口对象中创建其他的 GUI 对象（及功能）。

（4）将这些 GUI 对象和底层的程序代码连接。

（5）进入主事件循环。

第一步无须探讨。

第二步是为 GUI 程序提供一个框架。就像盖房子必须有一个地基一样，作画必须有一张画布。在 GUI 程序开发过程中，通常将框架视作容器。最初建立的框架是根框架，也称为顶层窗口对象，它是唯一的。

第三步是为框架添加组件。顶层窗口对象包含所有的其他组件。这些组件可以是容器或其他任何窗口元素——菜单、文本框、按钮、选择控件等。组件既可以是独立的，也可以被当作一个容器。如果一个组件包含其他组件，该组件就会被当作一个容器，并且是这些组件的父组件。反过来，如果一个组件被包含在其他组件中，它就会被当作子组件。需要注意的是，这里的父子概念和面向对象中类的继承/派生那种父子概念是不同的。

第四步是为各个组件添加功能。我们可以预先设计好所有的组件，再统一为它们添加实际功能，也可以交替执行第三步和第四步，逐步实现不同的组件的功能。通常组件会有一些相应的行为，如按钮被按下或者文本框被写入。这种形式的用户行为被称为事件，而 GUI 程序对事件采取的响应动作被称为回调。

用户操作包括按下（或释放）按钮、移动鼠标、按 Enter 键等，所有的这些操作从系统角度来看都被当作事件。GUI 程序正是由伴随其始末的整套事件体系所驱动的。这个过程被称为事件驱动处理。例如，停留在 GUI 程序某个位置的鼠标指针移动到了其他位置，则必定有某个事件造成了它的移动。

最后一步是进入主事件循环，这也是典型的 C/S 架构的行为。程序会永久等待用户的动作，并做出响应。

10.2 任务 2 掌握 GUI 框架的设计

GUI 程序设计并不复杂，即使程序功能繁多，我们也可以由简入繁，先在框架中放置少量的组件，并测试它们的行为，再向其中添加更多的对象。

创建框架

指定 ID 号、位置和尺寸相关类

窗口面板及框架的样式设置

10.2.1 使用 wx.Frame 创建框架

wxPython 是纯粹的面向对象的开发工具，要求用户熟悉的第一个类是 wx.Frame。该类是所有框架的父类。在定义 wx.Frame 的子类时，必须在子类的构造函数中调用父类的构造函数，即 wx.Frame.__init__(parent, id, title, pos, size, style, name)。该函数规定使用关键字参数，要求用户在传入参数时使用对应的名称。部分参数具有默认值，如果不需要特别指定，则可以省略。下面分别介绍这些参数。

parent： 框架的父窗口，即包含当前对象的窗口。对于顶层窗口，parent 值必须被设置为 None。在多文档界面下，子窗口被限制为只能在父窗口中移动和缩放。当父窗口被销毁时，子窗口也随之被销毁。

id： 每个组件都有一个 ID 号，它的作用是在对象和对应的处理事件函数之间建立唯一的关联，因此在一个单独的框架内，ID 号必须是唯一的。

title： 窗口的标题，没有默认值，因此必须传递此参数，要求数据类型为字符串。

pos： 指定了对象（其左上角）在父窗口中的位置。它要求提供一个 wx.Point 对象（包含 x、y 坐标信息）或包含两个整数的元组。(0,0)通常代表对象位于父窗口（或桌面）的左上角。此参数的默认值为 wx.DefaultPosition，即(-1, -1)，表示让系统来决定其位置。

size： 指定对象在窗口中的尺寸。如果对象是可调整大小的，则 size 代表的是初始尺寸。它同样要求提供 一个 wx.Size 对象（包含了 x、y 坐标信息）或一个包含了两个整数的元组，默认值为 wx.DefaultSize，即(-1, -1)，表示让系统来决定其尺寸。

style： 指定窗口类型，有默认值，可以省略参数传递。具体包括哪些有意义的 style 参数将在稍后详细介绍。

name： 框架的名称，被指定后可以用来查找框架，可以被省略。

这些参数也被定义为位置参数。一般而言，其定义的参数列表如下：

```
methondName(sclf, *args, **kw)
```

如果不写参数名即可直接传值，则它们是可变参数，必须位于左侧；如果写了参数名，则它们是关键字参数，必须位于右侧。如果一个方法的左侧参数都未省略，则这些参数可以只填写值，无须写成"参数名=值"的格式。

下面来看一个简单的例子——图形用户界面下的"Hello World!"，代码如下：

```
import wx
class MyFrame(wx.Frame):
    def __init__(self):
        wx.Frame.__init__(self, parent=None, title='Hello World!',size=(300,100))

app=wx.App()
f1=MyFrame()
f1.Show()
app.MainLoop()
```

这个程序生成了一个空白的窗口，标题为"Hello World!"，窗口宽度为 300 像素、高度为 100 像素。程序的生命周期由 wx.App 来管理，这将在后面介绍。

10.2.2　理解应用程序对象的生命周期

任何 wxPython 应用程序都需要一个应用程序对象。这个应用程序对象必须是 wx.App 类或其子类的一个实例。wx.App 类定义了一些属性，它们的作用域是全局的。在通常情况下，如果系统中只有一个框架，则没有必要去创建一个 wx.App 子类。

应用程序对象的主要任务是管理幕后的主事件循环，即运行上面例子中的 app.MainLoop()函数。主事件循环是 wxPython 应用程序的动力。只有启动主事件循环才能使应用程序对象工作。如果没有应用程序对象，则 wxPython 应用程序将不能运行。

wxPython 应用程序对象的生命周期开始于应用程序实例被创建时，并结束最后一个应用程序窗口被关闭时，但是没有必要把这个过程与 wxPython 应用程序所在的 Python 脚本的开始和结束相对应。Python 脚本可以在创建 wxPython 应用程序之前做一些动作，并且可以在退出 wxPython 应用程序的 app.MainLoop()函数后做一些清理工作。然而，所有的 wxPython 动作必须在应用程序对象的生命周期中执行，这意味着主框架对象在 wx.App 对象被创建之前不能被创建。

10.2.3　如何管理 wxPython 对象的 ID 号

有 3 种方法可以用于指定 wxPython 对象的 ID 号。

（1）明确地指定一个正整数作为 ID 号。在使用这种方法时，需要格外谨慎。在 wxPython 应用程序中，许多整数被当作一些预定义的 ID 号，有特定的含义。例如，5100 对应的是 wx.ID_OK，表示对话框中 OK 按钮的 ID 号；5101 对应的是 wx.ID_CANCEL，表示对话框中 Cancel 按钮的 ID 号。因此，用户不仅需要确保在一个框架内没有重复的 ID 号，还要避免和预定义的 ID 号重名。

（2）可以指定 ID 号为-1（全局常量 wx.ID_ANY 的值），使 wxPython 生成一个新的 ID 号。这也是 id 参数的默认值。如果选择此方案，则可以不传递 id 参数的实参。

（3）可以使用 wx.NewId()函数生成新的 ID 号，将它返回的 ID 号赋值给一个变量，然后使用这个变量作为 id 参数。

如果需要查询 ID 号，则可以使用 frame.GetId()函数。

10.2.4 wx.Point 和 wx.Size

在 10.2.1 节中提到了 wx.Frame 框架的 pos 和 size 参数可以通过两个特殊的 wx 类来指定值，即 wx.Piont 和 wx.Size。这两个类保存了两个整数作为 x、y 坐标，用于为 pos 和 size 参数赋值。与二元组不同的是，它们重载了四则运算对应的运算符，可以通过加、减、乘、除运算直接得到新的坐标（元组的加法只能起到连接作用）。

如果需要使用浮点数作为坐标，则可以使用 wx.RealPoint，其用法和 wx.Point 相同。wx.Size 的用法也和 wx.Point 相同，只是使用 width 和 height 参数代替了 x、y 坐标。

10.2.5 创建窗口面板

接下来要介绍的是 wx.Panel，一般称为窗口面板，或者称为子窗口，它是其他对象的容器，可以被视作顶层窗口中的画布。在大多数情况下，我们将创建一个与顶层窗口大小相同的 wx.Panel 实例，以容纳框架上的所有内容。这样做可以让设置的窗口内容与其他部分（如工具栏和状态栏）分开。使用 Tab 按钮，可以遍历单个 wx.Panel 中的元素。在 wxPython 应用程序中，用户只需在子窗口被创建时指定父窗口，这个子窗口就被隐式地增加到父对象中了。例如：

```
1   import wx
2   class MyFrame(wx.Frame):
3       def __init__(self):
4           wx.Frame.__init__(self, parent=None, title='Window no.2', size=(300,200))
5           panel=wx.Panel(self)
6
7   app=wx.App()   # 以下几行是决定应用程序生命周期的代码，在后续示例中可能会被省略
8   f1=MyFrame()
9   f1.Show()
10  app.MainLoop()
```

这段程序只比前面的 Hello World!示例程序多了第 5 行代码。在这个示例中，wx.Button 被创建时使用了明确的位置和尺寸，而 wx.Panel 没有。如果只有一个子窗口的框架被创建，则这个子窗口会自动调整尺寸以填满该框架的客户区域。这个自动调整的尺寸将覆盖关于这个子窗口的任何位置和尺寸信息，即使已经指定了关于子窗口的信息，也将会被忽略。这个自动调整的尺寸仅适用于框架内或对话框内只有唯一元素的情况。

显式地指定所有子窗口的位置和尺寸是十分乏味的。更重要的是，当用户调整窗口大小时，这会导致子窗口的位置和大小不能进行相应调整。为了解决这两个问题，wxPython 使用了名称为 sizers 的对象来管理子窗口的复杂布局，后面会对其进行介绍。

10.2.6 wx.Frame 的样式设置

每个窗口组件都要求具有一个样式参数，也就是前面提到的构造函数中的 style 参数。这里只介绍 wx.Frame 的样式，其中的一些也适用于其他组件。一些组件还支持 SetStyle()方法，可以在组件被创建后更改它们的样式。

wx.Frame 的常用样式如下所述。

wx.DEFAULT_FRAME_STYLE：默认样式，包含以下几种样式的集合，即 wx.CAPTION、wx.CLOSE_BOX、wx.MAXIMIZE_BOX、wx.MINIMIZE_BOX、wx.RESIZE_BORDER 和 wx.SYSTEM_MENU。

wx.CAPTION：在框架上增加一个标题栏，显示该框架的标题属性。

wx.FRAME_ON_TOP：置顶窗口。

wx.CLOSE_BOX：在窗口右上角显示关闭按钮。

wx.MAXIMIZE_BOX / wx.MINIMIZE_BOX：在窗口右上角显示最大/最小化按钮。

wx.RESIZE_BORDER：允许改变框架的边框尺寸。

wx.SYSTEM_MENU：在窗口左上角显示快捷菜单。

wx.FRAME_SHAPED：使用这个样式创建的框架可以用 SetShape() 方法创建一个非矩形的窗口。

wx.FRAME_TOOL_WINDOW：给框架设置一个比正常情况下小的标题栏，使框架看起来像一个工具框窗口。在 Windows 下，使用这个样式创建的框架不会出现在任务栏上。

wx.FRAME_EX_CONTEXTHELP：是否有联机帮助按钮。

wx.FRAME_FLOAT_ON_PARENT：是否在它的父窗口中置顶显示。

在传递参数时，可以组合多种样式。用户可以通过类似于加减法的方式来增加或删除某个样式。增加样式使用或运算符"|"，删除样式使用脱字符"^"。示例如下：

```
style=wx.DEFAULT_FRAME_STYLE | wx.FRAME_EX_CONTEXTHELP              # 类似于加操作
style=wx.DEFAULT_FRAME_STYLE ^ (wx.MAXIMIZE_BOX | wx.MINIMIZE_BOX)  # 类似于减操作
```

在上面的第二个示例中，将产生一个右上角没有最大化、最小化按钮的窗口。图 10-1 展示了默认样式（左）和定制的样式（右）。

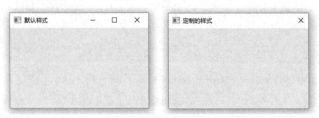

图 10-1　默认样式和定制的样式

10.3　任务 3　掌握基本组件的使用

准备好了框架，相当于准备好了画布，而组件才是作品的核心内容。限于篇幅，本书只介绍常用和常见的组件，用户可以使用它们完成大部分任务。

静态文本框及文本样式设置　　　　　　　　图片和文本框　　　　　　　　按钮、焦点和事件驱动

10.3.1　静态文本框

静态文本框用于在窗口中显示文本信息，因此有时也被称为文本标签，是一种不能被选择、不能被编辑的文本对象。静态文本框通过 wx.StaticText 类来创建，其构造函数的参数有 parent、id、label、pos、size、style、name。其中大多数参数可参照 10.2.1 节中介绍的用法，这里仅对 style 参数的取值进行介绍，因为不同的组件可用的 style 参数是不同的。

静态文本框可选的 style 值如下所述。

wx.ALIGN_CENTER：文本在静态文本框中居中显示。

wx.ALIGN_LEFT / wx.ALIGN_RIGHT：文本在静态文本框中左/右对齐，左对齐是默认样式。

wx.ST_NO_AUTORESIZE：如果使用了这个样式，则在文本被改变之后，静态文本框对象不会自动调整尺寸。用户应当结合使用一个居中或右对齐的控件来保持对齐。

在单行文本的情况下，没有必要特别设置文本的对齐方式，如果需要居中显示或右对齐，则通过 pos 参数来设置文本的位置将更方便，其中的差别不太明显。但是，对于多行文本来说，对齐方式就具有显而易见的效果了。

下面，将 Hello World!示例程序稍做修改，添加少许代码以创建并显示静态文本框，代码如下：

```
1    import wx
2    class MyFrame(wx.Frame):
3       def __init__(self, super):
4           wx.Frame.__init__(self,parent=super,title='Hello World!',size=(300,200))
5           panel=wx.Panel(self)
6           T1=wx.StaticText(parent=panel,
7               label='I am a Static Text.\nI can't be edited by user.\nif you do not like, close the window.',
8               pos=(50,90),wx.ALIGN_RIGHT)
```

第 5 行代码创建了一个窗口面板 panel，正如我们在 10.2.5 节中所做的那样。第 6 行代码生成了一个静态文本框，它的父对象正是这个 panel（即它位于 panel 中）。label 参数的内容决定了文本共有 3 行，文本控件的左上角位于距离 panel 的左上角偏左 50 像素、偏下 90 像素的位置，文本的 style 参数设置为右对齐。窗口效果如图 10-2（a）所示。

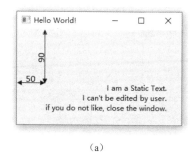

（a）

（b）

图 10-2　设置静态对话框的效果

以下两个方法用于设置字体颜色和背景色：

wx.StaticText.SetForegroundColour(str)：指定一个颜色作为前景色（即字体色）。
wx.StaticText.SetBackgroundColour(str)：指定一个颜色作为背景色。

将以下内容放到前面代码的第 8 行代码之后：

```
9        T1.SetForegroundColour('white')      # 两级缩进，和第 6 行代码对齐
10       T1.SetBackgroundColour('grey')
```

运行程序，可以看到设置字体之后的效果，如图 10-2（b）所示。

10.3.2 文本样式设置

有时我们希望组件中的文字可以显示出丰富多彩的效果，这时就需要设置字体。很多组件都有自己的 SetFont(Font) 方法用于设置字体，但它的参数必须是一个字体对象，即 wx.Font 类的实例。wx.Font 的构造函数如下：

```
wx.Font(pointSize, family, style, weight, underline, faceName, encoding)
```

下面分别介绍它的参数。

pointSize：用于指定字体的尺寸，以磅为单位，要求是一个整数。

family：用于快速指定一个字体而无须知道该字体的实际名称。字体的准确选择依赖于系统和具体可用的字体。用户所得到的精确的字体将依赖于用户的系统。字体类别如下：

- **wx.DECORATIVE**：一个正式的、老的英文样式字体。
- **wx.DEFAULT**：系统默认字体。
- **wx.MODERN**：一个单间隔（等宽的字符间距）字体。
- **wx.ROMAN**：serif 字体，通常类似于 Times New Roman。
- **wx.SCRIPT**：手写体或草写体。
- **wx.SWISS**：sans-serif 字体，通常类似于 Helvetica 或 Arial。

style：用于指定字体是否倾斜，它的值有 wx.NORMAL、wx.SLANT、wx.ITALIC 三种，wx.NORMAL 表示不倾斜，wx.SLANT 和 wx.ITALIC 都表示倾斜。

weight：用于指定字体是否加粗，它的值有 wx.NORMAL、wx.LIGHT、wx.BOLD 三种，wx.NORMAL 和 wx.LIGHT 都表示不加粗，wx.BOLD 表示加粗。

underline：仅在 Windows 系统下有效，如果取值为 True，则加上下画线。

faceName：用于指定字体名。

encoding：允许用户在几个编码中选择一个，编码不是 Unicode 编码，只是用于 wxPython 的不同的 8 位编码。在大多数情况下，可以使用默认编码。

下面给出一个设置字体样式的示例：

```
import wx
class MyFrame(wx.Frame):
    def __init__(self, super):
        wx.Frame.__init__(self, parent=super, title='Hello World!',size=(400,200))
        panel=wx.Panel(self)
        T1=wx.StaticText(parent=panel, label="I am a Static Text.\nI can't be edited by user.",
                    pos=(20,20), style=wx.ALIGN_RIGHT)                        # 两行，右对齐
        T2=wx.StaticText(parent=panel, label="If you do not like,\nclose the window.",pos=(20,90))
        Font1 = wx.Font(18,wx.DEFAULT, wx.ITALIC, wx.NORMAL)                  # 18 磅倾斜字体
        # 14 磅加粗带下画线字体
        Font2 = wx.Font(14,wx.DEFAULT, wx.NORMAL, wx.BOLD, underline=True)
```

```
T1.SetFont(Font1)                 # 为静态文本框 1 设置字体为 Font1
T2.SetFont(Font2)                 # 为静态文本框 2 设置字体为 Font2
```

```
# 最后是应用程序生命周期的相关代码，请参照前文示例，后面的例题不会再提示
```

窗口效果如图 10-3 所示。

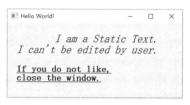

图 10-3　设置字体样式的窗口效果

10.3.3　图片显示

如果想要在窗口中显示图片，可以使用 wx.StaticBitmap 类，即图片域。首先利用 wx.Bitmap 类创建一个图片对象，其参数指定了图片文件的路径和名称。wx.Bitmap 类支持主流的图片格式，如 BMP、PNG、JPG、GIF 等。需要注意的是，如果图片包含透明通道，就会收到丢失透明度信息的警告提示。在实例化之后，可以将这个对象当作 wx.StaticBitmap 构造函数的参数。

如果在创建控件后需要更换图片，则可以使用对象的 SetBitmap() 方法更换图片。需要说明的是，wx.StaticBitmap 对象没有自动适配图片大小的接口，需要通过程序来增大或缩小图片到合适的尺寸，然后通过 SetBitmap() 方法显示图片。

下面的代码显示了如何在窗口中显示一个图片：

```
import wx
class MyFrame(wx.Frame):
    def __init__(self, super):
        wx.Frame.__init__(self, parent=super, title='滑稽',size=(240,200))
        panel=wx.Panel(self)
        bmp1=wx.Bitmap("E:\\_Python\\gui\\huaji.bmp", wx.BITMAP_TYPE_ANY)
        I1=wx.StaticBitmap(parent=panel, bitmap=bmp1, pos=(65,35), style=0)
# 下略
```

程序运行效果如图 10 4 所示。

图 10-4　显示图片

10.3.4　文本框

交互式程序的一个重要特征就是接收用户输入的信息，以此判断用户的意图，并据此做出正确的响应。在命令行控制台下，我们已经对类似于 input() 函数的交互方式非常熟悉了，

在 GUI 程序中类似的功能可以通过文本框（也称为文本域）来实现。用于实现文本框的类是 wx.TextCtrl。文本框允许进行单行和多行文本输入，还可以被用作密码输入框。wx.TextCtrl 类的构造函数格式如下：

```
wx.TextCtrl(parent, id, value, pos, size, style, validator, name)
```

我们已经熟悉了其中的大多数参数，它们的用法和前面介绍的组件类似。value 表示文本框中文本内容的初始值，可以留空。validator 用于限制只能输入特定的数据。style 有以下选项。

wx.TE_CENTER：文本居中显示。

wx.TE_LEFT/wx.TE_RIGHT：文本左/右对齐。

wx.TE_NOHIDESEL：文本始终高亮显示，只支持 Windows 平台。

wx.TE_PASSWORD：不显示输入的文本，以星号或●代替。

wx.TE_MULTILINE：多行文本，按 Enter 键时换行。

wx.TE_PROCESS_ENTER：当用户按 Enter 键时，会触发一个事件。

wx.TE_TE_READONLY：只读模式，用户不能更改文本。

这些选项也可以通过"|"或"^"进行任意组合、搭配。

下面来看一个账户和密码输入框的简单例子，这里仅给出构造函数，代码如下：

```
import wx
class MyFrame(wx.Frame):
    def __init__(self, super):
        wx.Frame.__init__(self, parent=super, title="用户登录", size=(275,160))
        panel=wx.Panel(self)                                          # 创建面板
        userText=wx.StaticText(panel,label='用户名:',pos=(15,12))      # 文本标签 1
        # 文本框 1，宽度为 125 像素，高度为自动
        basicText=wx.TextCtrl(panel,pos=(115,10),size=(125,-1))
        passwdText=wx.StaticText(panel,label='密码:',pos=(15,47))      # 文本标签 2
        # 文本框 2，宽度为 125 像素，高度为自动，样式为 wx.TE_PASSWORD（输入遮盖）
        pwdText=wx.TextCtrl(panel,pos=(115,45),size=(125,-1),style=wx.TE_PASSWORD)
# 下略
```

效果如图 10-5 所示。

图 10-5　密码遮盖效果

10.3.5　按钮和事件驱动

使用 wx.Button 类或 wx.lib.buttons.GenButton 类可以创建按钮。对于使用 wx.Button 类创建的按钮对象，根据操作系统平台的不同，其呈现的外观会略有不同。而使用 wx.lib.buttons.GenButton 类创建的按钮是通用按钮，可在所有支持它的平台上呈现出相同的

外观。但 GenButton 没有被包含在 wx 包中，我们需要通过 wx.lib.buttons 子包来导入它。这里只介绍 wx.Button 类的用法，与已经介绍过的其他组件一样，我们只需要使用构造函数生成它即可。示例如下：

```
wx.Button(parent=panel, label='Cancel', pos=(50,50))
```

上述代码表示在距离父对象左上角(50, 50)的位置创建了一个显示字样为"Cancel"的按钮。

对于可控对象而言，仅创建出来是不够的。以按钮为例，如果不绑定事件驱动函数，则用户按下按钮不会产生任何结果。窗口对象提供了 self.Bind()方法来执行这个任务，格式如下：

```
self.Bind(self, event, handler, source)
```

其中，event 是一个事件类型常量，handler 是一个事件驱动函数。如果在同一个窗体中，存在着能够产生相同事件类型的多个对象，则可以使用 source 指明事件源。事件驱动不是按钮专用的，它适用于许多不同的窗口组件对象。在 wx 中有非常多的事件类型常量，我们可以通过 dir()函数、for 循环和字符串方法来枚举它们，以便查找。

可用的事件常量有 200 多个，不过我们通过它们的命名基本上就能够得知其用途。我们需要根据不同的窗口组件选择不同的事件类型常量。如果在操作组件时未能产生预期的结果，则应当检查事件类型是否适用于当前组件。

事件驱动函数通常由程序员来实现，但 wxPython 规定该函数必须由两个参数构成：第一个是 self；第二个是 event，即发生的事件。self.Bind()方法在绑定事件驱动函数和窗口组件时会自动提供 event。

由于事件驱动函数不允许定义其他参数，因此用户不能通过参数来传递要处理的数据。在项目 7 中提到过，类似于 self.name 格式的名称在实例内部是共享的，因此用户可以在事件驱动函数中直接访问它们。

下面我们通过图形用户界面来求阶乘。界面中需要提供两个文本框：第一个文本框用于指定要阶乘的正整数 n；另一个文本框用于返回结果。两个文本框各自需要一个静态文本框作为标签。另外，需要提供两个按钮，用于"计算"和"退出"。程序实现如下：

```
import wx
class MyFrame(wx.Frame):
    def __init__(self):
        # 样式为默认的且禁止调整窗口尺寸
        wx.Frame.__init__(self, parent=None, title="阶乘计算器",size=(340,180),
                            style=wx.DEFAULT_FRAME_STYLE^wx.RESIZE_BORDER)
        panel=wx.Panel(self)
        wx.StaticText(panel, label="输入 n: ", pos=(10,10))
        self.inputN=wx.TextCtrl(panel, value='0', pos=(150,10),size=(150,-1),
                            style=wx.TE_PROCESS_ENTER) # n 的初始值为0，按 Enter 键时发生事件
        wx.StaticText(panel, label="1 累乘到 n 的结果为: ",pos=(10,50))
        # 阶乘的结果显示在第二个文本框中，设置为只读
        self.outProduct=wx.TextCtrl(panel, pos=(150,50),size=(150,-1),style=wx.TE_READONLY)
        # 创建"计算"按钮对象
        self.btnProduct=wx.Button(parent=panel, label="计算", pos=(170,100),size=(50,30))
        # 创建"关闭"按钮对象
        self.btnClose=wx.Button(parent=panel, label="关闭", pos=(250,100),size=(50,30))
```

```
                    # 绑定对象和事件：当文本框 self.inputN 发生用户按 Enter 键事件时，调用 self.f 函数
                    self.Bind(wx.EVT_TEXT_ENTER, self.f, self.inputN)
                    # 绑定对象和事件：当按钮 self.btnProduct 发生用户单击/按下事件时，调用 self.f 函数
                    self.Bind(wx.EVT_BUTTON, self.f, self.btnProduct)
                    # 绑定对象和事件：当按钮 self.btnClose 发生用户单击/按下事件时，调用 self.f 函数
                    self.Bind(wx.EVT_BUTTON, self.OnCloseMe, self.btnClose)

            def f(self, event):                     # 事件驱动函数：求 n 的阶乘，event 是绑定窗口对象的接口
                n=self.inputN.GetValue()            # 获取文本框对象 self.inputN 的值（用户输入的 n）
                n=int(n)
                i=1 ; s=1
                if n < 2:                           # 如果 n=0 或 n=1，则结果为 1
                    pass
                else:
                        while  i<=n:                # 循环计算 i×(i+1)，直到 i=n
                            s=s*i
                            i+=1
                self.outProduct.SetValue(str(s))    # 调用文本框对象的 SetValue()方法传递计算结果

            def OnCloseMe(self, event):             # 事件驱动函数：销毁窗口对象（退出程序）
                self.Destroy()
# 下略
```

这段代码将会生成一个窗口，如图 10-6 所示。

图 10-6　计算阶乘的窗口

当用户在"输入 n"文本框中按 Enter 键时，会和单击"计算"按钮产生相同的结果。程序会计算阶乘的结果，并以只读的方式显示在第二个文本框中。类似于按钮、下拉列表、菜单等可控组件不仅接受鼠标单击，还接受键盘控制。用户可以通过 Tab 键和 Shift + Tab 组合键来选择焦点，当按钮成为焦点时，通过空格键或 Enter 键均可以按下它。大多数可控组件都提供了 Focus()方法，用于设置焦点。

10.3.6　验证器

验证器用于约束文本框的输入行为。例如，在阶乘计算器中，我们希望用户只能输入数字，虽然我们可以通过分支语句来检查用户输入的信息，但只能在输入完成之后进行处理。如果想在一开始就禁止用户输入某些字符，就必须使用验证器。

验证器是 wx.Validator 类，不能被直接使用，需要以它作为父类来创建一个自定义的验证器类。验证器提供了以下几个方法。

__init__()：构造方法，一般需要在其中绑定事件驱动函数。

Clone()：返回验证器的一个副本。

GetWindow()：返回验证器关联的窗口控件（如文本框）。

IsSilent()：查看是否在输入错误时通过响铃报警。

SetWindow()：设置一个关联的窗口控件。

SuppressBellOnError()：设置是否在输入错误时通过响铃报警。

TransferFromWindow()：从窗体对象获取数据。

TransferToWindow()：向窗体对象发送数据。

Validate()：用于验证关联窗口中的值。

如果我们只需要实现输入约束，不需要接收警告或提示信息，则只需要实现__init__()和Clone()这两个方法即可。下面的示例演示了只允许输入数字的情况：

```
class MyValidator(wx.Validator):
    def __init__(self):
        wx.Validator.__init__(self)
        self.ValidInput = list("0123456789")        # 允许的数据集以列表提供
        self.Bind(wx.EVT_CHAR, self.OnCharChange)    # 绑定

    def OnCharChange(self,event):                    # 事件驱动函数
        k = event.GetKeyCode()                       # 获取用户的键盘输入信息
        if k == 8:                                    # Backspace 键的 ASCII 码是 8
            event.Skip()      # 告诉 app.MainLoop()函数继续处理这个消息，而不是在当前处理完就中断
            return
        char = chr(k)
        if char in self.ValidInput:
            event.Skip()
            return True
        return False

    def Clone(self):
        return MyValidator()
```

验证器类是独立于 Frame 类的，应该被定义在 Frame 类体之外。我们可以在 Frame 类中对验证器进行实例化，然后传给文本框对象的 validator 参数，例如，阶乘计算器中用于输入 n 的对话框，请按如下代码修改：

```
self.inputN=wx.TextCtrl(panel, value='0', pos=(150,10),size=(150,-1),
                        validator=MyValidator(), style=wx.TE_PROCESS_ENTER)
```

这样我们就只能在这个文本框中输入数字了。

10.4 任务 4 掌握对话框的使用

对话框是一种由事件驱动的弹出式临时窗口。wxPython 提供了一套丰富的预定义对话框，常见的有消息对话框、文本输入对话框、文件选择器对话框、字体选择器对话框、色彩选择器对话框、单选对话框、进度条对话框、打印对话框等，这些对话框有共同的父类——空白对话框。空白对话框类似于一个 Frame，一切内容都需要程序员自己添加。限于篇幅，本书只是选择性地介绍了几个常用的对话框。

对话框（1）　　对话框（2）

10.4.1　消息对话框

消息对话框是一个简单的文本提示框，是由 wx.MessageDialog 类创建的，其构造函数的格式如下：

```
wx.MessageDialog(parent, message, caption, style, pos)
```

其中，message 是消息对话框中的字符串（提示信息），caption 是消息对话框中的标题栏上显示的内容。style 的常用取值如下所述。

wx.OK：提供一个"OK"或"确定"按钮。

wx.CANCEL：提供"Cancel"或"取消"按钮。

wx.YES_NO：提供一对"是（Y）"和"否（N）"按钮。

wx.YES_DEFAULT：默认的样式，相当于 wx.OK。

wx.STAY_ON_TOP：窗口置顶显示，仅限于 Windows 平台。

在默认情况下，在提示文本前显示的是一个带"i"的蓝色圆形图标。以下样式可以使用其他图标。

wx.ICON_EXCLAMATION：在提示文本前显示带"!"的黄色三角形图标，通常用于警告。

wx.ICON_ERROR：在提示文本前显示带"×"的红色圆形图标，通常用于提示错误。

wx.ICON_QUESTION：在提示文本前显示带"?"的气球形图标，通常用于强调问题。

所有 wx.ICON_XXXXX 类型的样式都取决于系统是否有对应的图标支持。

所有的消息对话框类都有一个 ShowModal()方法，类似于 wx.Frame.Show()方法，区别在于当用户调用一个 ShowModal()方法时，在显示对话框之后，程序不会继续执行，而是会等待下一个事件的发生。也就是说，在此对话框关闭之前，应用程序中的其他窗体对象不能响应用户事件。wx.MessageDialog 对象自身的返回值是以下常量之一：wx.ID_YES、wx.ID_NO、wx.ID_OK、wx.ID_CANCEL，它们分别对应其字面意思所代表的事件。例如，用户在对话框中单击"确定"按钮，则返回值为 wx.ID_OK。通过这些返回值，就可以让条件语句判断用户单击了哪个按钮。代码如下：

```
...
How = wx.MessageDialog(self,message='是/否？',caption='是/否？',style=wx.YES_NO)
result = How.ShowModal()
if result == wx.ID_YES:              # 如果用户单击了"是"按钮
    condition  suite
```

下面的示例展示了退出程序时提供"确定/取消"按钮的对话框，代码如下：

```
1     import wx
2     class MyFrame(wx.Frame):
3         def __init__(self, super):
4             wx.Frame.__init__(self, super, title="顶层窗口", size=(340, 180))
5             panel = wx.Panel(self)
6             wx.StaticText(parent=panel, label="请按关闭退出", pos=(30, 30))
7             self.btnClose=wx.Button(panel,label="关闭",pos=(250,100),size=(50,30))
8             # 绑定对象和事件：当单击"self.btnClose"按钮时，调用 self.OnCloseMe 函数
9             self.Bind(wx.EVT_BUTTON, self.OnCloseMe, self.btnClose)
10            def OnCloseMe(self, event):
```

```
11          dlg = wx.MessageDialog(self, message="您确定要退出程序吗?", caption="确认退出",
12                       style=wx.CANCEL)        # 创建一个消息对话框对象
13          result = dlg.ShowModal()              # 调用消息对话框对象的 ShowModal()方法
14          if result==wx.ID_OK:                  # 如果返回 wx.ID_OK，则关闭顶层窗口，程序结束
15              self.Destroy()
16          elif result==wx.ID_CANCEL:    # 如果返回 wx.ID_CANCEL，则关闭对话框，回到顶层窗口
17              dlg.Destroy()
18  # 下略
```

效果如图 10-7 所示。

图 10-7　消息对话框效果

10.4.2　文本输入对话框

文本输入对话框类似于文本框和消息对话框的组合，需要使用的类是 wx.TextEntryDialog，其构造函数的格式如下：

wx.TextEntryDialog(parent, message, caption, value, style, pos)

经过对比，其参数和 wx.MessageDialog 类的参数并没有太大的差别，只是多了一项 value，它用于为文本输入框设定一个初始的默认值。下面的程序展示了文本输入对话框的创建方法，代码如下：

```
...              # 前 9 行代码和前面的消息对话框相同，略
10      def OnCloseMe(self, event):
11          dlg=wx.TextEntryDialog(self,message="为了数据安全，请输入退出程序的原因。\n"
12              "我们会将它写入日志。",caption="确认退出",value="硬件维护", style=wx.OK|wx.CANCEL)
13          result = dlg.ShowModal()
14          if result==wx.ID_OK:
15              response = dlg.GetValue() # 获取用户输入的内容
16              self.Destroy()
17          elif result==wx.ID CANCEL:
18              dlg.Destroy()
```

效果如图 10-8 所示。

图 10-8　文本输入对话框效果

10.4.3　文件选择器对话框

文件选择器对话框通过 wx.FileDialog 类来创建。它允许用户从操作系统能访问的文件位置选择一个或多个文件。wx.FileDialog 类支持通配符，可以让用户选择相应的文件。它的构造函数格式如下：

FileDialog(parent, message, defaultDir, defaultFile, wildcard, style, pos)

其中，message 表示文件选择器对话框的标题；defaultDir 表示初始的文件夹，如果被省略，则默认为当前程序的主.py 文件所在的目录；defaultFile 表示默认情况下要打开的文件名，即在文件选择器对话框的文件名文本框中出现的初始值；wildcard 表示匹配通配符；style 决定了文件选择器对话框的类型。style 的常用取值如下所述。

wx.FD_OPEN：单个文件选择对话框。

wx.FD_SAVE：文件保存对话框。

wx.FD_OVERWRITE_PROMPT：只对 wx.FD_SAVE 样式有效，当覆盖文件时，会弹出提醒对话框以警告用户。

wx.FD_MULTIPLE：只对 wx.FD_OPEN 样式有效，支持选择多个文件。

wx.FD_CHANGE_DIR：改变当前工作目录为用户选择的文件夹。

下面实现一个文本浏览器，打开一个文本文件，让它显示在多行文本框中，代码如下：

```python
import wx
class MyFrame(wx.Frame):
    def __init__(self, super):
        wx.Frame.__init__(self, super, title="文本浏览器", size=(400, 300))
        panel = wx.Panel(self)
         # 多行文本框对象
        self.txtctl=wx.TextCtrl(panel,pos=(5,5),size=(375,210),style=wx.TE_MULTILINE)
        self.btnOpen=wx.Button(panel,label="打开",pos=(140, 220))      # "打开" 按钮
        self.Bind(wx.EVT_BUTTON, self.OpenFile, self.btnOpen)        # 绑定事件函数到按钮中

    def OpenFile(self, event):              # 下面一行代码用于创建一个用于打开文件的文件选择器对话框
        dlg = wx.FileDialog(self, message="打开一个文件", style=wx.FD_OPEN)
        result = dlg.ShowModal()        # 发生在文件选择器对话框中的事件动作
        if result == wx.ID_OK:          # 如果用户在对话框中单击 "确定" 按钮
            # 返回用户在对话框中选择的文件路径和文件名，并赋值给 self.FileName
            self.FileName = dlg.GetDirectory()+"\\"+dlg.GetFilename()
            f1 = open(self.FileName,'r+')      # 在后台打开该文件
            words = f1.read()                # 读取文件内容
            self.txtctl.SetValue(words)      # 将文件内容填写到对话框中
            f1.close()

app = wx.App() # 应用程序生命周期开始，后面 3 行参照前文示例，此处略
```

在上述程序中，通过 wx.FileDialog 类的 GetDirectory()方法获取了用户在对话框中所浏览的目录；通过 GetFilename()方法获取了用户指定的文件名。该程序的运行效果如图 10-9 所示。

图 10-9　用于打开文件的文件选择器对话框效果

10.5　任务 5　掌握菜单栏、工具栏和状态栏

在很长一段时间里，大多数 GUI 程序都有一个功能完善的窗口，包括具有各种菜单的菜单栏、提供快捷按钮的工具栏，以及显示某些状态信息的状态栏。目前，许多程序在 GUI 程序设计时使用了工作空间这一概念，将之前在菜单栏和工具栏中提供的按钮放在了类似于选项卡的面板中。但是，wxPython 仍然可以帮助我们实现传统的菜单栏和工具栏。

菜单栏、工具栏和状态栏

10.5.1　菜单栏

创建菜单栏的类是 wx.MenuBar。在一个窗口中只能有一个菜单栏，菜单栏可以容纳若干个菜单。

创建菜单的类是 wx.Menu。一个菜单可以包含若干个菜单项（即可被执行的选项）或子菜单。菜单需要被明确地添加到菜单栏中，用户可以使用 wx.MenuBar.Append()方法完成这项工作。同理，菜单也有自己的 wx.Menu.Append()方法，用于添加命令或子菜单。

10.5.2　工具栏

与菜单栏不同，工具栏不是通过专有的类进行实例化的，而是由顶层窗口对象调用其自身的 self.CreateToolBar()方法创建的。它将成为顶层窗口对象的一个成员对象，该对象自身具有一个 ToolBar.CreateTool()方法，用于创建工具，之后可以使用 ToolBar.AddTool()方法将创建好的工具命令添加到工具栏中。用户也可以直接使用 ToolBar.AddTool()方法添加一个不存在的工具，它支持在添加时创建。如果已经创建了工具，则 ToolBar.AddTool()的参数为现有工具对象；否则需要完整（冗长）的参数格式。关于这些参数，稍后在代码注释中会进行详细介绍。

在完成工具栏的布局后，还需要使用它自身的 Realize()方法使其在窗口上可见。

10.5.3　状态栏

状态栏和工具栏类似，由父对象窗口调用自身的 self.CreateStatusBar()方法来创建。通过事件绑定，使状态栏上显示对应的辅助信息。

某些方法，如 ToolBar.AddTool()方法，提供了 3 种重载类型，用户提供的参数必须在名称（及值的类型）上精确匹配其中一种。它不像其他 wxPython 函数那样可以随意省略参数。用户可以通过 help(MethodName)函数查看帮助信息，其中提供了参数的关键字。

与其他组件相同，菜单栏、工具栏和状态栏都需要通过相关的事件函数来驱动它们。关于菜单栏、工具栏和状态栏的综合运用，请参考下一小节。

10.5.4　子任务：编写一个文本编辑器

我们所能接触到的平台基本上都有文本编辑器。有些文本编辑器是基础的文本工具，有些文本编辑器则提供了非常强大的扩展功能，可以作为 IDE 使用。一般来说，用户不需要自己编写文本编辑器，因为有现成的可供使用。不过，在本项目的当前进度下，编写一个文本编辑器是非常好的综合练习。

我们需要实现的是最简单的功能。用户可以在窗口中打开文本或支持以文本显示的文件，浏览或编辑它们。用户可以随时保存文件，在关闭文件或退出程序时，程序会检查文件是否已被更改，如果已被更改，则程序应当提示用户是否保存文件。代码如下：

```
import wx
class Frame2(wx.Frame):
    def __init__(self, super):
        self.caption = "文本编辑器"
        self.wc = "文本文件 (*.txt)|*.txt|Python 文件 (*.py)|*.py|All files (*.*)|*.*"    # 允许的文件类型
        wx.Frame.__init__(self, parent=super, title=self.caption)                    # 顶层窗口默认样式
        # 多行文本框，由于没有依赖面板，因此默认尺寸可以自动填满窗口
        self.txtctl = wx.TextCtrl(self,style=wx.TE_MULTILINE)
        self.status = self.CreateStatusBar()                # 创建状态栏
        self.FileName = None                                # 在未打开文件之前文件名为空

        # 工具栏部分
        self.tb = self.CreateToolBar()                      # 创建工具栏名称为 tb
        bmpNew = wx.Bitmap(".\\img\\new.jpg")               # 创建一个位图对象（新建）
        bmpNewd = wx.Bitmap(".\\img\\newd.jpg")             # 创建一个位图对象（新建-禁用）
        self.tb.AddTool(toolId=101, label='New', bitmap=bmpNew, bmpDisabled=bmpNewd,
                kind=wx.ITEM_NORMAL, shortHelp=u'新建', longHelp=u'创建一个新文件',
                clientData=None)                            # 为工具栏添加"新建"按钮
        bmpOpen = wx.Bitmap(".\\img\\open.jpg")             # 创建一个位图对象（打开）
        bmpOpend = wx.Bitmap(".\\img\\opend.jpg")           # 创建一个位图对象（打开-禁用）
        self.tb.AddTool(toolId=102, label='Open', bitmap=bmpOpen, bmpDisabled=bmpOpend,
                kind=wx.ITEM_NORMAL, shortHelp=u'打开', longHelp=u'打开一个现有的文件',
                clientData=None)                            # 为工具栏添加"打开"按钮
        bmpSave = wx.Bitmap(".\\img\\save.jpg")             # 创建一个位图对象（保存）
        bmpSaved = wx.Bitmap(".\\img\\saved.jpg")           # 创建一个位图对象（保存-禁用）
        self.tb.AddTool(toolId=103, label='Save', bitmap=bmpSave, bmpDisabled=bmpSaved,
                kind=wx.ITEM_NORMAL, shortHelp=u'保存', longHelp=u'保存当前文件',
                clientData=None)                            # 为工具栏添加"保存"按钮
```

```
self.tb.AddSeparator()                                      # 工具栏分隔符
bmpCut = wx.Bitmap(".\\img\\cut.jpg")                       # 创建一个位图对象（剪切）
bmpCutd = wx.Bitmap(".\\img\\cutd.jpg")                     # 创建一个位图对象（剪切-禁用）
self.tb.AddTool(toolId=104, label='Cut', bitmap=bmpCut, bmpDisabled=bmpCutd,
            kind=wx.ITEM_NORMAL, shortHelp=u'剪切', longHelp=u'剪切当前选择范围',
            clientData=None)                                # 为工具栏添加"剪切"按钮

bmpCopy = wx.Bitmap(".\\img\\copy.jpg")                     # 创建一个位图对象（复制）
bmpCopyd = wx.Bitmap(".\\img\\copyd.jpg")                   # 创建一个位图对象（复制-禁用）
self.tb.AddTool(toolId=105, label='Copy', bitmap=bmpCopy, bmpDisabled=bmpCopyd,
            kind=wx.ITEM_NORMAL, shortHelp=u'复制', longHelp=u'复制当前选择范围',
            clientData=None)                                # 为工具栏添加"复制"按钮

bmpPaste = wx.Bitmap(".\\img\\paste.jpg")                   # 创建一个位图对象（粘贴）
bmpPasted = wx.Bitmap(".\\img\\pasted.jpg")                 # 创建一个位图对象（粘贴-禁用）
self.tb.AddTool(toolId=106, label='Paste', bitmap=bmpPaste, bmpDisabled=bmpPasted,
            kind=wx.ITEM_NORMAL, shortHelp=u'粘贴', longHelp=u'粘贴到当前位置',
            clientData=None)                                # 为工具栏添加"粘贴"按钮

self.tb.AddSeparator()
bmpUndo = wx.Bitmap(".\\img\\undo.jpg")                     # 创建一个位图对象（撤销）
bmpUndod = wx.Bitmap(".\\img\\undod.jpg")                   # 创建一个位图对象（撤销-禁用）
self.tb.AddTool(toolId=131, label='Undo', bitmap=bmpUndo, bmpDisabled=bmpUndod,
            kind=wx.ITEM_NORMAL, shortHelp=u'撤销', longHelp=u'撤销上次操作',
            clientData=None)                                # 为工具栏添加"撤销"按钮

bmpRedo = wx.Bitmap(".\\img\\redo.jpg")                     # 创建一个位图对象（重做）
bmpRedod = wx.Bitmap(".\\img\\redod.jpg")                   # 创建一个位图对象（重做-禁用）
self.tb.AddTool(toolId=132, label='Redo', bitmap=bmpRedo, bmpDisabled=bmpRedod,
            kind=wx.ITEM_NORMAL, shortHelp=u'重做', longHelp=u'恢复上次撤销',
            clientData=None)                                # 为工具栏添加"重做"按钮
self.tb.Realize()                                           # 将工具栏显示出来

# 菜单栏部分
self.menuBar = wx.MenuBar()
self.menuFile = wx.Menu()                                   # 创建文件菜单
self.menuFile.Append(201, "新建(&N)", "新建一个文件")        # 在文件菜单中添加菜单项
self.menuFile.Append(202, "打开(&O) ...", "打开一个文件")
self.menuFile.Append(203, "保存(&S)", "保存文件")
self.menuFile.Append(204, "另存为(&A) ...", "将文件另存为")
self.menuFile.AppendSeparator()
self.menuFile.Append(205, "关闭(&C)", "关闭文件")
self.menuFile.Append(206, "退出(&X)", "退出程序")
self.menuEdit = wx.Menu()                                   # 创建编辑菜单
self.menuEdit.Append(301, "撤销(&U)", "撤销上次操作")        # 在编辑菜单中添加菜单项
self.menuEdit.Append(302, "重做剪切(&T)", "剪切所选内容")
self.menuEdit.Append(305, "复制(&C)", "复制所选内容")
self.menuEdit.Append(306, "粘贴(&P)", "粘贴到当前位置")
self.menuBar.Append(self.menuFile, "文件(&F)")              # 添加菜单到菜单栏
self.menuBar.Append(self.menuEdit, "编辑(&F)")
self.SetMenuBar(self.menuBar)                               # 显示菜单栏

# 事件绑定部分
self.Bind(wx.EVT_TOOL, self.NewCheck, id=101)              # 绑定工具栏按钮"新建"到事件驱动函数
```

```python
        self.Bind(wx.EVT_MENU, self.NewCheck, id=201)       # 绑定菜单项 "新建" 到事件驱动函数
        self.Bind(wx.EVT_TOOL, self.OpenCheck, id=102)      # 绑定工具栏按钮 "打开" 到事件驱动函数
        self.Bind(wx.EVT_MENU, self.OpenCheck, id=202)      # 绑定菜单项 "打开" 到事件驱动函数
        self.Bind(wx.EVT_TOOL, self.SaveFile, id=103)       # 绑定工具栏按钮 "保存" 到事件驱动函数
        self.Bind(wx.EVT_MENU, self.SaveFile, id=203)       # 绑定菜单项 "保存" 到事件驱动函数
        self.Bind(wx.EVT_MENU, self.CloseFile, id=205)      # 绑定菜单项 "关闭" 到事件驱动函数
        self.Bind(wx.EVT_MENU, self.Exit, id=206)           # 绑定菜单项 "退出" 到事件驱动函数
        self.Bind(wx.EVT_CLOSE, self.Exit)                  # 绑定窗口关闭按钮到事件驱动函数
        self.Bind(wx.EVT_TEXT, self.OnEditing, self.txtctl) # 绑定文本框输入事件到事件驱动函数
        self.Bind(wx.EVT_TOOL, self.OnUndo, id=131)         # 绑定工具栏按钮 "撤销" 到事件驱动函数
        self.Bind(wx.EVT_MENU, self.OnUndo, id=301)         # 绑定菜单项 "撤销" 到事件驱动函数
        self.Bind(wx.EVT_TOOL, self.OnRedo, id=132)         # 绑定工具栏按钮 "重做" 到事件驱动函数
        self.Bind(wx.EVT_MENU, self.OnRedo, id=302)         # 绑定菜单项 "重做" 到事件驱动函数
        self.Bind(wx.EVT_TOOL, self.OnCut, id=104)          # 绑定工具栏按钮 "剪切" 到事件驱动函数
        self.Bind(wx.EVT_MENU, self.OnCut, id=304)          # 绑定菜单项 "剪切" 到事件驱动函数
        self.Bind(wx.EVT_TOOL, self.OnCopy, id=105)         # 绑定工具栏按钮 "复制" 到事件驱动函数
        self.Bind(wx.EVT_MENU, self.OnCopy, id=305)         # 绑定菜单项 "复制" 到事件驱动函数
        self.Bind(wx.EVT_TOOL, self.OnPaste, id=106)        # 绑定工具栏按钮 "粘贴" 到事件驱动函数
        self.Bind(wx.EVT_MENU, self.OnPaste, id=306)        # 绑定菜单项 "粘贴" 到事件驱动函数

        self.DisableItem(wx.EVT_IDLE)                       # 程序刚启动时禁用

    def DisableItem(self, event):                           # 当没有文件被打开时，禁用这些内容
        self.txtctl.Disable()                               # 设置文本框为禁用（新建或打开文件时解禁）
        self.menuFile.Enable(203, False)
        self.menuFile.Enable(204, False)
        self.menuFile.Enable(205, False)
        self.menuEdit.Enable(301, False)
        self.menuEdit.Enable(302, False)
        self.menuEdit.Enable(304, False)
        self.menuEdit.Enable(305, False)
        self.menuEdit.Enable(306, False)
        self.tb.EnableTool(104, False)
        self.tb.EnableTool(103, False)
        self.tb.EnableTool(105, False)
        self.tb.EnableTool(106, False)
        self.tb.EnableTool(131, False)
        self.tb.EnableTool(132, False)

    def EnableItem(self, event):                            # 当新建或打开文件时，启用以下对象
        self.txtctl.Enable()                                # 设置文本框为禁用（新建或打开文件时解禁）
        self.menuFile.Enable(203, True)
        self.menuFile.Enable(204, True)
        self.menuFile.Enable(205, True)
        self.menuEdit.Enable(301, True)
        self.menuEdit.Enable(302, True)
        self.menuEdit.Enable(304, True)
        self.menuEdit.Enable(305, True)
        self.menuEdit.Enable(306, True)
        self.tb.EnableTool(104, True)
        self.tb.EnableTool(103, True)
        self.tb.EnableTool(105, True)
        self.tb.EnableTool(106, True)
        self.tb.EnableTool(131, True)
```

```python
        self.tb.EnableTool(132, True)

    def OnEditing(self, event):            # 文本框输入事件
        self.EditingInfomation = "正在编辑"
        if self.FileName != None:          # 如果用户正在编辑现有的文件, 则状态栏显示"正在编辑此文件"
            self.status.SetStatusText(self.EditingInfomation + self.FileName)
        else:                              # 如果用户正在编辑未命名的新文件, 则状态栏显示"正在编辑一个新文件"
            self.status.SetStatusText(self.EditingInfomation + "一个新文件")


    def NewCheck(self, event):
        if self.txtctl.IsModified() == False:
            self.NewFile(event)
        else:
                WhetherSave = wx.MessageDialog(self, message='文件已经被更改, 是否保存? ',
                                            caption='是否保存更改? ', style=wx.YES_NO | wx.CANCEL)
                result = WhetherSave.ShowModal()      # 获取用户选择的结果
                if result == wx.ID_YES:               # 如果用户单击"是"按钮
                    IfSave = self.SaveFile(result)    # 调用保存文件的函数, 完成后会回到新建文件的指令流
                    if IfSave == wx.ID_CANCEL:
                        return False
                # 如果用户单击"否"按钮, 则什么也不做, 程序会回到新建文件的指令流
                elif result == wx.ID_NO:
                    pass
                else:
                    return False                      # 如果用户单击"取消"按钮, 则提前返回, 文件不会被新建
                self.NewFile(event)


    def NewFile(self, event):              # 当新建文件时, 文本框变为可用
        self.txtctl.Clear()
        self.EnableItem(event)
        self.SetTitle("新建文本文件 - " + self.caption)


    def OpenCheck(self, event):            # 在打开另一个文件时检查是否需要保存当前文件
        if self.txtctl.IsModified() == False:    # 如果文本框内容未被修改
            self.OpenFile(event)                 # 调用打开文件的函数
        else:  # 否则通过对话框提示文件已被更改及是否保存。对话框会提供"是""否""取消"选项
            WhetherSave = wx.MessageDialog(self, message='文件已经被更改, 是否保存? ',
                                        caption='是否保存更改? ', style=wx.YES_NO | wx.CANCEL)
            result = WhetherSave.ShowModal()      # 获取用户选择的结果
            if result == wx.ID_YES:               # 如果用户单击"是"按钮
                IfSave = self.SaveFile(result)    # 调用保存文件的函数, 完成后会回到打开文件的指令流
                if IfSave == wx.ID_CANCEL:
                    return False
            # 如果用户单击"否"按钮, 则什么也不做, 程序会回到打开文件的指令流
            elif result == wx.ID_NO:
                pass
            else:
                return False                      # 如果用户单击"取消"按钮, 则提前返回, 文件不会被打开
            self.OpenFile(event)                  # 调用打开文件的函数


    def OpenFile(self, event):             # 打开文件事件函数
        # 文件选择器对话框, 类型为打开文件
        dlg = wx.FileDialog(self, message="打开一个文件", wildcard=self.wc, style=wx.FD_OPEN)
        result = dlg.ShowModal()           # 获取用户操作结果
```

```
        if result == wx.ID_OK:                                          # 如果用户单击"确定"按钮
            self.FileName = dlg.GetDirectory() + "\\" + dlg.GetFilename()   # 文件名及绝对路径
            try:
                fl = open(self.FileName, 'r+')      # 打开用户指定的文件
            except IOError:                          # 如果发生 I/O 错误
                # 通过对话框提示用户：文件是只读模式或被占用
                err = wx.MessageDialog(self, message='文件只读或被占用，打开失败。',
                        caption='文件打开失败。', style=wx.OK | wx.ICON_EXCLAMATION)
                result2 = err.ShowModal()           # 获取用户在对话框中的操作
                if result2 == wx.ID_OK:             # 如果用户单击"OK"按钮
                    return False                     # 跳出 try...except 代码块
            else:                                    # 如果打开文件正常
                words = fl.read()                    # 读取文件信息
                self.EnableItem(event)
                self.txtctl.SetValue(words)              # 将文件内容放进文本框
                self.SetTitle(self.FileName + ' - ' + self.caption)    # 设置标题栏
                fl.close()  # 关闭文件
        else:
            return False


    def SaveFile(self, event):                       # 保存文件事件函数
        if self.FileName == None:                    # 如果当前窗口中的内容不属于一个已打开的文件
            if self.txtctl.IsModified() == False:    # 如果当前窗口中的内容未被更改
                return False                          # 则不需要保存
            else:
                return self.SaveAsFile(event)        # 如果当前窗口中的内容已被更改，则调用另存为函数
        else:                                         # 如果当前窗口中的内容属于一个已打开的文件
            try:
                fl=open(self.FileName,'w')            # 通过最近访问文件的文件名来打开文件
            except IOError:     # 如果因为只读、源文件被删除、源文件被其他程序使用等无法打开文件
                return self.SaveAsFile(event)        # 则改为调用另存为函数
            else:
                fl.write(self.txtctl.GetValue())     # 如果文件打开成功，则将文本框内的内容写入文件
                fl.close()
                self.status.SetStatusText("文件已保存。") # 状态栏显示"文件已保存。"
                self.txtctl.SetModified(False)           # 设置文件是否修改的状态为"未修改"


    def SaveAsFile(self, event):
        # 另存为的文件选择器对话框，带有覆盖提示功能
        dlg = wx.FileDialog(self, message="将文件保存为", wildcard=self.wc,
                    style=wx.FD_SAVE | wx.FD_OVERWRITE_PROMPT)
        result = dlg.ShowModal()                                 # 获取用户操作
        if result == wx.ID_OK:                                   # 如果用户单击"确定"按钮
            response = dlg.GetDirectory() + "\\" + dlg.GetFilename()    # 获取用户指定的路径和文件名
            try:
                fl = open(response, 'w')                        # 在后台打开指定文件
            except IOError:  # 如果因为只读、源文件被删除、源文件被其他程序使用等无法打开文件
                # 通过对话框提示用户：文件是只读模式或被占用
                err = wx.MessageDialog(self, message='文件只读或被占用，打开失败。',
                        caption='文件打开失败。', style=wx.OK | wx.ICON_EXCLAMATION)
                result2 = err.ShowModal()           # 获取用户在对话框中的操作
                if result2 == wx.ID_OK:             # 如果用户单击"OK"按钮
                    self.SaveAsFile(result2)        # 重新调用另存为函数
                else:
```

```
                    f1.write(self.txtctl.GetValue())  # 将文本框中的内容写入文件
                    f1.close()
                    self.status.SetStatusText("文件已保存")
                    self.txtctl.SetModified(False)  # 设置文件是否修改的状态为"未修改"
                    self.SetTitle(response + ' - ' + self.caption)
                    self.FileName = None
            else:
                return result

    def OnUndo(self, event):                    # 撤销的事件函数
        self.txtctl.Undo()                      # 文本框对象自行撤销一个用户动作
        print(self.txtctl.Undo)
        print(help(self.txtctl.Undo))

    def OnRedo(self, event):                    # 重做的事件函数
        self.txtctl.Redo()                      # 文本框对象自行重做一个用户动作

    def OnCut(self, event):                     # 剪切的事件函数
        self.txtctl.Cut()                       # 文本框对象自带剪切功能

    def OnCopy(self, event):                    # 复制的事件函数
        self.txtctl.Copy()                      # 文本框对象自带复制功能

    def OnPaste(self, event):                   # 粘贴的事件函数
        self.txtctl.Paste()                     # 文本框对象自带粘贴功能

    def CloseFile(self, event):                 # 关闭文件的事件函数
        if self.txtctl.IsModified() == True:    # 如果文本框已被修改（文件已被修改）
            # 消息对话框，询问是否保存文件
            WhetherSave = wx.MessageDialog(self, message='文件已经被更改，是否保存？',
                                caption='是否保存更改？',style=wx.YES_NO | wx.CANCEL)
            result = WhetherSave.ShowModal()    # 获取用户动作
            if result == wx.ID_YES:             # 如果用户单击"是"按钮
                IfSave = self.SaveFile(result)  # 调用保存文件的函数
                if IfSave == wx.ID_CANCEL:
                    return False
            # 如果用户单击"否"按钮，则什么也不做，程序会回到打开文件的指令流
            elif result == wx.ID_NO:
                pass
            else:
                return False                    # 如果用户单击"取消"按钮，则提前返回，文件不会被打开
        self.FileName = None                    # 将最近使用文件名重新设置为空
        self.txtctl.Clear()                     # 将文本框清空
        self.DisableItem(event)
        self.status.SetStatusText("")           # 将状态栏提示信息清空
        self.SetTitle(self.caption)

    def Exit(self, event):                      # 退出程序的事件函数
        if self.txtctl.IsModified() == True:    # 如果文本框已被修改（文件已被修改）
            # 消息对话框，询问是否保存文件
            WhetherSave = wx.MessageDialog(self, message='文件已经被更改，是否保存？',
                                caption='是否保存更改？', style=wx.YES_NO|wx.CANCEL)
            result = WhetherSave.ShowModal()
            if result == wx.ID_YES:             # 如果用户单击"是"按钮
```

```
                self.SaveFile(result)          # 则调用保存文件的函数，并在调用完毕后退出程序
            elif result == wx.ID_NO:           # 如果用户单击"否"按钮
                pass                           # 则不保存文件，直接退出
            else:                              # 如果用户单击"取消"按钮
                return False                   # 则既不保存，也不退出程序
        self.Destroy()                         # 程序结束


app = wx.App()
frame = Frame2(None)
frame.Show(True)
app.MainLoop()
```

至此，一个功能简单的文本编辑器就完成了，如图 10-10 所示。目前，该文本编辑器还有两个不足之处：一个是虽然有中文界面，但并不支持打开含有中文的文件；另一个是文本框对象自带的撤销和重做功能只支持单次更改（与 Windows 自带的记事本相同），无法实现多次撤销和重做功能。读者可以尝试解决这两个问题，或者在其他方面继续完善程序。

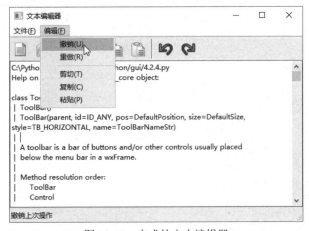

图 10-10　完成的文本编辑器

10.6　任务 6　了解选择器类组件的使用

到目前为止，我们已经了解了许多常用的基本组件，但还有一些组件仅在某些特定情景下使用，而且绝大多数程序都存在这种"特定情景"，因此这些组件仍然是非常有用的。这些组件大多数和选择有关，包括单选按钮、复选框、列表框等。

单选按钮和复选框

列表框、下拉框和组合框

树形控件

10.6.1　单选按钮

单选按钮用于向用户提供两种或两种以上的选项，以便用户选择其中一个。用户不能选中多个单选按钮，一旦用户选择了新的选项，其之前选择的选项就会被取消。

创建一组单选按钮的方法有两种：一种是使用 wx.RadioButton 类，它的每个实例代表一个单选按钮；另一种是使用 wx.RadioBox 类，它能通过单一的对象来配置一组完整的单选按钮，这些按钮被显示在一个矩形中。如果用户选择使用 wx.RadioButton 类，则需要谨慎考虑它们的位置、间距等参数，而使用 wx.RadioBox 类则比较方便。这里只介绍 wx.RadioBox 类的使用，wx.RadioButton 类则由读者自行研究。wx.RadioBox 类的构造函数如下：

```
wx.RadioBox(self, parent, id, label, pos, size, choices, majorDimension, style, validator, name)
```

其中，比较重要的参数是 choices、majorDimension 和 style。

choices：接收字符串列表。字符串列表中的每个元素对应一个单选按钮，因此这个列表决定了单选按钮的数目和名称。

majorDimension：表示所有单选按钮排列的行数或列数，而具体是行数还是列数取决于 style。

style：接收 wx.RA_SPECIFY_COLS 或 wx.RA_SPECIFY_ROWS，用于决定按行布置或按列布置。

示例如下：

```
import wx
class MyFrame(wx.Frame):
    def __init__(self, super):
        wx.Frame.__init__(self, parent=super, title="单选按钮示例")
        panel=wx.Panel(self)
        self.modes = ["深度学习", "科学计算", "计算机图形学"] # 创建一个字符串列表
        # choices 决定单选按钮数量及名称；majorDimension 和 style 共同决定行、列布局
        self.rbox = wx.RadioBox(panel, -1, '专业选修课', pos=(10, 10), size=(200,200), choices=self.modes,
                    majorDimension=1, style=wx.RA_SPECIFY_COLS)
        self.Bind(wx.EVT_RADIOBOX, self.OnSelect, self.rbox)    # 绑定事件和对象

    def OnSelect(self, event):                            # 事件驱动函数
        dlg=wx.MessageDialog(self,"您选择了",caption="确认选择",style=wx OK)
        dlg.SetMessage(u"您选择了"+self.modes[s1])                  # 该序号是此单选按钮名称在列表中的索引
        dlg.ShowModal()

        dlg = wx.MessageDialog(self, "您选择了", caption="确认选择", style=wx.OK)
        s1=self.rbox.GetSelection()                        # 获取选中的单选按钮序号
        dlg.SetMessage("您选择了"+self.rbox.GetString(s1))          # 按序号获取单选按钮的标签
        dlg.ShowModal()
# 下略
```

在上述程序中，用户选中一个单选按钮，然后弹出提示对话框，如图 10-11 所示。

图 10-11　单选按钮示例

10.6.2　复选框

复选框是一个带有文本标签的开关按钮。复选框通常以成组的方式显示，但是每个复选框的开关状态是相互独立的。当用户有一个或多个需要明确开关状态的选项时，可以使用复选框。复选框通过 wx.CheckBox 类来实现，其构造函数如下：

```
wx.CheckBox(self, parent, id, label, pos, size, style, validator, name)
```

wx.CheckBox 类专用的事件是 EVT_CHECKBOX。在下面的示例中，我们没有使用 EVT_CHECKBOX 事件，而是通过一个按钮来触发事件，代码如下：

```
import wx
class MyFrame(wx.Frame):
    def __init__(self, super):
        wx.Frame.__init__(self, parent=super, title="复选框示例")
        panel=wx.Panel(self)
        wx.StaticText(panel,-1,u'请选择你的专业选修课：',(20,10))
        self.c1=wx.CheckBox(panel,-1,'深度学习',pos=(30,40),style=0)
        self.c2=wx.CheckBox(panel, -1, '计算机图形学', pos=(130, 40), style=0)
        self.btn=wx.Button(parent=panel,label="确定",pos=(140, 80),size=(50,30))
        self.Bind(wx.EVT_BUTTON, self.OnOk, self.btn)

    def OnOk(self, event):
        dlg = wx.MessageDialog(self, "您选择了", caption="确认选择", style=wx.OK)
        s1 = self.c1.GetLabel() if self.c1.GetValue() else ""
        s2 = self.c2.GetLabel() if self.c2.GetValue() else ""
        dlg.SetMessage("您选择了:\n" + s1 + "\n" + s2)
        dlg.ShowModal()
# 下略
```

在上述程序中，我们通过 wx.CheckBox.GetValue()函数的返回值（True/False）来获知复选框是否被勾选；如果该复选框被勾选了，则通过 wx.CheckBox.GetLabel()函数来获取复选框的标签文本。程序执行结果如图 10-12 所示。

图 10-12　复选框示例

10.6.3　列表框

列表框是提供选项给用户选择的另一种机制。选项被放置在一个矩形的窗口中，用户可以在该窗口中选择一个或多个选项。列表框比单选按钮占据的空间少，当选项的数目较少时，列表框是一个比较好的选择。然而，如果用户必须将列表框的滚动条拉动较长的距离才能看到所有的选项，则列表框的效用就有所下降了。列表框的构造函数如下：

ListBox(parent, id, pos, size, choices, style, validator, name)

与 wx.RadioBox 类相似，列表框对象也依靠 choices 获取的字符串列表来设置所有的可选项。列表框支持的样式有多种，其用处如下所述。

wx.LB_SINGLE：只支持单选。

wx.LB_MULTIPLE：可支持多选，且选项可以是不连续的。

wx.LB_EXTENDED：可以通过 Shift 或 Ctrl 键来选择连续的多个选项。

wx.LB_HSCROLL：如果列表框中的条目内容太长，则创建一个水平滚动条，但只支持 Windows 系统。

wx.LB_ALWAYS_SB：总是显示垂直滚动条。

wx.LB_NEEDED_SB：仅在需要时创建垂直滚动条。

wx.LB_NO_SB：不创建垂直滚动条。

wx.LB_SORT：列表框中的条目按字母表顺序排序。

当列表框中的条目被选择时，会触发 EVT_LISTBOX 事件；当列表框中的条目被双击时，会触发 EVT_DCLICK 事件。

还有 3 种与列表框类似的组件，下面分别对它们进行简单介绍。

（1）列表复选框。

我们可以使用 wx.CheckListBox 类实现复选框与列表框的组合形式。列表框和列表复选框的对比如图 10-13 所示。wx.CheckListBox 类的构造函数和大多数方法与 wx.ListBox 类的相同。

（2）下拉式单选框。

下拉式单选框类似于菜单，是一种仅当下拉按钮被单击时才显示选项的选择机制。下拉式单选框是显示所选元素的最简洁的方法，当屏幕空间有限时，它是最有用的。下拉式单选框通过 wx.Choice 类来实现，其使用方法也基本与 wx.ListBox 类相同。不过，wx.Choice 类没有专属的特殊样式。

（3）组合框。

我们还可以将文本框与列表合并在一起，这种窗口组件称为组合框，其本质上是一个下拉式单选框和文本框的组合。下拉式单选框和组合框的对比如图 10-14 所示。

图 10-13　列表框和列表复选框的对比

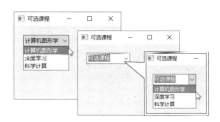

图 10-14　下拉式单选框和组合框的对比

组合框通过 wx.ComboBox 类来创建，其构造函数如下：

```
ComboBox(parent, id, value, pos, size, choices, style, validator, name)
```

与列表框、列表复选框、下拉式单选框不同的是，组合框的构造函数有 value 参数，用于在文本框中显示初始值。当用户选择一个条目后，文本框的内容会变为用户所选条目的名称，用户也可以直接在文本框中编辑信息。

10.6.4　树形控件

树形控件是一种树状结构的窗口组件，适合用来存放、显示具有层次结构的条目。我们可以使用 wx.TreeCtrl 类来创建树形控件，其构造函数和其他组件没有太大差别。在 wx.TreeCtrl 类被创建后，只是将它作为一个容器，需要先调用它的 wx.TreeCtrl.AddRoot()方法来添加一个根节点。根节点是唯一的。然后，需要调用 wx.TreeCtrl.AppendItem()方法添加叶子节点。下面这段代码创建了一个具有 5 个节点的树形控件，但没有添加事件：

```
import wx
class MyFrame(wx.Frame):
    def __init__(self):
        wx.Frame.__init__(self, None, -1, '可选课程', size=(250, 250))
        panel = wx.Panel(self, -1)
        tree1 = wx.TreeCtrl(panel, -1, (20, 20), (160, 160))       # 树的容器
        rootNode=tree1.AddRoot("所有选修课")                        # 根节点
        lv21Node=tree1.AppendItem(rootNode,"专业选修课")            # Lv2 节点 1
        lv31Node=tree1.AppendItem(lv21Node,"深度学习")             # 将 Lv3 节点 1 添加到 Lv2 节点 1
        lv32Node=tree1.AppendItem(lv21Node,"科学计算")             # 将 Lv3 节点 2 添加到 Lv2 节点 1
        lv22Node=tree1.AppendItem(rootNode,"公共选修课")            # Lv2 节点 2
        lv34Node=tree1.AppendItem(lv22Node,"现代艺术赏析")          # 将 Lv3 节点 2 添加到 Lv2 节点 2
# 下略
```

效果如图 10-15 所示。

如果需要像复选框那样在每个条目节点之前显示一个可勾选的方框，则需要使用 wx.lib.agw.CustomTreeCtrl 类，示例（仅构造函数部分）如下：

```
...
class MyFrame(wx.Frame):
    def __init__(self):
        wx.Frame.__init__(self, None, -1, '可选课程', size=(250, 250))
        panel = wx.Panel(self, -1)
        tree1 = CT.CustomTreeCtrl(panel, -1, (20, 20), (160, 160))
        rootNode = tree1.AddRoot("所有选修课",ct_type=1)
        lv21Node = tree1.AppendItem(rootNode, "专业选修课",ct_type=0)
        lv31Node = tree1.AppendItem(lv21Node, "深度学习",ct_type=1)
        lv32Node = tree1.AppendItem(lv21Node, "科学计算",ct_type=1)
        lv22Node = tree1.AppendItem(rootNode, "公共选修课",ct_type=1)
        lv34Node = tree1.AppendItem(lv22Node, "现代艺术赏析",ct_type=1)
    # 下略
```

效果如图 10-16 所示。

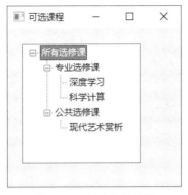

图 10-15 树形控件效果

图 10-16 具有复选功能的树形控件

需要注意的是，每个节点的最后一个参数 ct_type 都允许有 3 种类型，分别是普通（0）、复选框（1）和单选按钮（2）。

10.7 任务 7 了解其他窗口组件

选项卡和静态框

窗口滚动条、进度条

滑块和微调控制器

10.7.1 选项卡

选项卡又称为标签页，用于在同一个窗口中排列多个页面，以区分不同选项和功能。例如，在浏览器中，可以同时打开多个网页，分别由不同的选项卡来显示。对于图形用户界面程序来说，每个选项卡可以是一个单独的窗口面板。

选项卡由两种元素构成，首先，我们需要使用一个容器来容纳不同的标签页，这种容器对象在 wxPython 中通过 wx.Notebook 类来实现，其原型如下：

wx.Notebook(self, parent, id, pos, size, style, name)

parent 通常用于指定一个外层容器。有了 Notebook 容器之后，再把 wx.Panel 对象添加到容器中，使一个标签页对应一个 wx.Panel 对象。最后，在 wx.Panel 对象中添加其他窗口控件。添加方法是 AddPage(self, page, text, select=False, imageId=None)，其中 page 是要添加的 wx.Panel 对象，text 是选项卡的标题名称。

10.7.2 静态框

静态框是窗口中的一块区域，通常根据面板中内容的不同分为几个静态框，用于分别放置对应的控件。静态框使用的类是 wx.StaticBox，其原型如下：

```
wx.StaticBox(self, parent, id, labe, pos, size, style, name)
```

静态框是静态对象，其所有的参数都可以省略。下面的代码创建了选项卡，然后在选项卡中创建了静态框，在静态框中又创建了文本标签：

```
def __init__(self):
    wx.Frame.__init__(self, None, -1, "选项卡和静态框",
            size=(300, 260), style = wx.DEFAULT_FRAME_STYLE ^ (wx.MINIMIZE_BOX |
            wx.MAXIMIZE_BOX | wx.RESIZE_BORDER))
    panel = wx.Panel(self)
    nb = wx.Notebook(panel,-1,pos=(7,7),size=(270,210))
    t1 = wx.Panel(nb)
    t2 = wx.Panel(nb)
    t3 = wx.Panel(nb)
    sb1 = wx.StaticBox(t1, -1, "静态框 1", pos=(10, 15), size=(230, 70))
    sb2 = wx.StaticBox(t1, -1, "静态框 2", pos=(10, 100), size=(230, 70))
    st1 = wx.StaticText(sb1, -1, "Hello Galaxy!", (15,25))
    st2 = wx.StaticText(sb2, -1, "Hello Andromeda!", (15, 25))
    nb.AddPage(t1, "地球")
    nb.AddPage(t2, "火星")
    nb.AddPage(t3, "木星")
```

上述代码没有绑定事件驱动函数，仅包含界面部分，效果如图 10-17 所示。

图 10-17　选项卡和静态框效果

10.7.3　滚动条

滚动条用于在显示内容超出窗口范围时翻页。滚动条由滚动滑块和滚动箭头组成，可以使用鼠标滚轮、键盘控制，也可以使用鼠标拖动功能进行控制。用户可以通过 wx.ScrolledWindow 类来创建带有滚动条的窗口，其构造函数和其他组件并无太大差别，这里只对其样式进行简单介绍。

wx.HSCROLL：作为水平滚动条。

wx.VSCROLL：作为垂直滚动条。

wx.ALWAYS_SHOW_SB：始终显示滚动条，而不是仅当内容超出窗口范围时显示。

下面这个例子显示了如何在树形控件中创建滚动条。首先创建滚动条窗口，如果顶层窗口 Frame 中没有其他子窗口，则滚动条窗口 wx.ScrolledWindow 可以代替 Panel 成为主要显示区域。代码如下：

```
import wx
class MyFrame(wx.Frame):
    def __init__(self, super):
        wx.Frame.__init__(self, parent=super, title='滚动条示例', size=(240, 200),
                style=wx.DEFAULT_FRAME_STYLE^wx.RESIZE_BORDER)     # 顶层窗口采用固定边框
        sb=wx.ScrolledWindow(self, -1, pos=(0, 0), size=(234,170), style=wx.HSCROLL | wx.VSCROLL |
                wx.ALWAYS_SHOW_SB)                    # 使用横向和纵向两个维度的滚动条，始终显示
        bmp = wx.Bitmap("E:\\_Python\\gui\\img\\huaji.png", wx.BITMAP_TYPE_ANY)
        self.I1=wx.StaticBitmap(sb,bitmap=bmp,pos=(65,50),style=0)
        self.I2=wx.StaticBitmap(sb,bitmap=bmp,pos=(65,160),style=0)    # 将所有其他内容放入滚动条窗口
        sb.SetScrollbars(2, 2, 250, 100)
# 下略
```

需要注意的是，最后使用的 sb.SetScrollbars()方法的参数元组如下：

(ppuX, ppuY, noUnitsX, noUnitsY, xPos=0, yPos=0, noRefresh=False)

第一对参数（ppuX/Y）分别表示在横向和纵向滚动条上，每单击一次移动按钮所能移动的距离，即 X 和 Y 方向上的跨距。

第二对参数（noUnitsX/Y）表示在滚动条窗口中，含当前显示区域的整个空间有多少个跨距。不过，在实际的操作中，用户单击滚动按钮的次数达不到跨距总数，就能抵达空间尽头，这是因为窗口本身也包含了若干个跨距。

第三对参数（xPos 和 yPos）用于设置滚动条的当前位置。

图 10-18　滚动条

noRefresh 参数如果为 True ，则可以在调用 sb.SetScrollbars()方法引起的滚动后，阻止窗口自动刷新。

上述代码的执行结果如图 10-18 所示。

10.7.4　滑块

滑块是一个窗口部件，它允许用户在该控件的尺度内拖动指示器以选择一个数值。在 wxPython 中，该控件类是 wx.Slider，它包括了滑块当前值的只读文本显示，其构造函数如下：

wx.Slider(parent,id,value,minValue,maxValue,pos,size,style,validator,name)

其中，value 是滑块的初始值，而 minValue 和 maxValue 是滑块两端的阈值。滑块的可用样式有以下几种。

wx.SL_AUTOTICKS：如果被设置为这个样式，则滑块将显示刻度。刻度间的间隔通过 SetTickFreq()方法来控制。

wx.SL_HORIZONTAL/wx.SL_VERTICAL：水平/垂直滑块。默认为水平滑块。

wx.SL_LABELS：如果被设置为这个样式，则滑块将显示两端的值和当前值。有些平台可能不会显示当前值。

wx.SL_LEFT/wx.SL_RIGHT：用于垂直滑块，刻度位于滑块的左边/右边。

wx.SL_TOP：用于水平滑块，刻度位于滑块的上部。

下面的方法可以用于滑块运行过程中的设置。

GetLineSize()：获取每按一下方向键，滑块增加或减少的值。

SetLineSize(lineSize)：设置每按一下方向键，滑块增加或减少的值。

GetPageSize()：获取每按一下 PageUp 或 PageDown 键，滑块增加或减少的值。

SetPageSize(pageSize)：设置每按一下 PageUp 或 PageDown 键，滑块增加或减少的值。

GetValue()/SetValue(value)：设置滑块的值。

下面这段代码展示了创建一个简单的滑块：

```
...
class MyFrame(wx.Frame):
    def __init__(self, super):
        wx.Frame.__init__(self, super, u'滑块示例', size=(240, 200))
        panel = wx.Panel(self)
        s1 = wx.Slider(panel,id=-1,value=5,minValue=0,maxValue=10,pos=(10,10),size=(200,30), style=wx.SL
_AUTOTICKS|wx.SL_LABELS)
    # 下略
```

效果如图 10-19 所示。

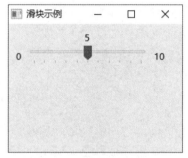

图 10-19　滑块示例效果

10.7.5　微调控制器

微调控制器是文本控件和一对箭头按钮的组合，用于调整数字值，并且在用户要求一个最小限度的屏幕空间时，它是代替滑块的最好选择。在微调控制器中，可以通过箭头按钮或者在文本控件中输入来设置值。对于键入的非数字的文本，虽然控件会显示它，但是最后也将被忽略。我们可以通过 wx.SpinCtrl 类来创建微调控制器，它的构造函数如下：

```
wx.SpinCtrl(self, parent, id, value, pos, size, style, min, max, initial, name)
```

其中，value 是微调控制器的初始文本，但不作为值；min 和 max 分别是允许的最小值和最大值，若用户设置了一个超出范围的值，则尽管显示的是用户输入的值，但最终将使用允许的最大或最小值；initial 被用作默认值，但它和 value 有区别。

默认样式是 wx.SP_ARROW_KEYS，它允许用户通过键盘上的上/下箭头键来改变控件的值。wx.SP_WRAP 样式使得控件中的值可以循环改变，也就是说，用户通过箭头键改变控件中的值到最大或最小值时，如果继续按箭头键，则值将变为最小值或最大值，从一个极端更改为另一个极端。

用户也可以捕获 EVT_SPINCTRL 事件，该事件是在控件的值改变时产生的（即使改变是直接由文本输入引起的）。如果改变了文本，将引发一个 EVT_TEXT 事件，就如同使用一个单独的文本控件一样。

下面的代码显示了微调控制器的创建：

```
...
class MyFrame(wx.Frame):
    def __init__(self, super):
        wx.Frame.__init__(self, parent=super, title='滑块示例')
        panel = wx.Panel(self)
        s1 = wx.SpinCtrl(panel,-1,value="", pos=(10,10),style=wx.SP_ARROW_KEYS|
                        wx.SP_WRAP, min=0, max=100, initial=10)
# 下略
```

效果如图 10-20 所示。

图 10-20　微调控制器示例效果

10.7.6　进度条

进度条用于图形化地显示一个数值，并且不允许用户改变它。进度条由 wx.Gauge 类创建，在其构造函数参数中，range 用于设置进度条的最大值，代表标尺的上限，而标尺的下限始终是 0。进度条的样式有以下 3 种。

wx.GA_HORIZONTAL：默认样式，提供了一个水平进度条。

wx.GA_VERTICAL：垂直进度条。

wx.GA_SMOOTH：在进度条变化过程中提供像素级的平滑度。

作为一个只读控件，进度条没有事件。但用户可以使用一些方法设置它的属性。

GetValue()：返回进度条的当前进度。

SetValue(pos)：设置进度条的当前进度。

GetRange()：返回进度条的上限。

SetRange(range)：设置进度条的上限。

SetBezelFace/SetShadowWidth：为进度条中的显示单元格设置 3D 的斜面宽度和阴影宽度，这两个属性在 Windows 10 这种扁平化风格的窗口中无效。

下面的代码显示了进度条的创建和使用，并且利用了其他类型的事件驱动：

```
import wx
class MyFrame(wx.Frame):
    def __init__(self):
        wx.Frame.__init__(self, None, -1, "进度条示例", size=(350, 150))
        panel = wx.Panel(self, -1)
        self.count = 0
        self.gauge = wx.Gauge(panel,-1,range=3000,pos=(10, 10), size= (250, 35))
        self.Bind(wx.EVT_IDLE, self.OnIdle)
```

```
def OnIdle(self, event):
    self.count = self.count + 1          # 每次循环进度条前进 1/3000
    self.gauge.SetValue(self.count)
```

效果如图 10-21 所示。

图 10-21　进度条示例效果

10.8　任务 8　界面管理和设计

布局管理（1）　布局管理（2）

10.8.1　布局管理器

我们一直使用绝对坐标的方式来控制组件的位置，并且指定的大小和位置都以像素为单位，在组件数目非常多的大型窗体中，这并不是一件容易完成的任务。因为这种方法缺乏灵活性，例如，用户调整了窗体大小，但组件的布局不能适应新的尺寸。

wxPython 提供了多种布局管理器，如 wx.BoxSizer、wx.StaticBoxSizer、wx.GridSizer、wx.FlexGridSizer、wx.GridBagSizer。其中最常用的是 wx.BoxSizer，它的构造函数非常简单，唯一的参数 orient 只接收两个值，即 wx.VERTICAL 和 wx.HORIZONTAL，分别表示在设定的范围内按列或按行来排列对象。

一旦完成创建，wx.BoxSizer 就可以使用 wx.BoxSizer.Add()方法来添加其他对象，被添加的子对象根据 wx.BoxSizer 自身的 orient 类型按行或列依次排列。一种 orient 类型的 wx.BoxSizer 可以包含一组另一种 orient 类型的 wx.BoxSizer，后者再包含其他对象。例如，按列组织子对象的 wx.BoxSizer，其中包含的每一个子对象都是一个按行组织子对象的 wx.BoxSizer。我们可以想象一个一维的数组，数组中的每一个元素都是另一个一维数组，这样它们就构成了二维数组。通过这种方式，wx.BoxSizer 可以将子对象按矩阵进行布局。wx.BoxSizer.Add()方法的用法如下：

wx.BoxSizer.Add(component, proportion, flag, border)

component：要添加的子对象。

proportion：值允许为 0～2，其中 0 表示组件保持原大小，不接受缩放；1 和 2 均表示当 flag 为 wx.EXPAND 时，按父对象的 orient 类型规定的方向（纵向或横向）进行一维缩放。值为 1 的对象的比例总是等于值为 2 的对象的比例的二分之一。

flag：有多种值，可以通过或运算符"|"进行合并使用。其中，wx.TOP、wx.BOTTOM、wx.LEFT、wx.RIGHT 和 wx.ALL 分别表示 border 与边框的距离对哪个方向的边框生效。wx.EXPAND 允许 proportion 不为 0 的子对象根据父对象的 orient 类型规定的方向进行一维缩放。wx.ALIGN_LEFT、wx.ALIGN_RIGHT、wx.ALIGN_TOP、wx.ALIGN_BOTTOM、wx.ALIGN_CENTER_VERTICAL、wx.ALIGN_CENTER_HORIZONTAL、wx.ALIGN_CEN

TER 用于调整子对象的对齐方式。

border：调整控件的边框宽度，此参数一般和 flag 配合使用。

另一个较为常用的布局管理器是 wx.FlexGridSizer，它用于快速地进行矩阵类型的布局，其构造函数如下：

```
wx.FlexGridSizer(self, rows, cols, vgap, hgap)
```

其中，rows 和 cols 表示布局的行数和列数，vgap 和 hgap 分别表示组件之间的垂直间距和水平间距。

下面来看一个示例，它展示了在一个单独的 wx.BoxSizer 中嵌套 wx.FlexGridSizer 的方法。因为 wx.FlexGridSizer 没有调整对象与窗体边框的距离，而 wx.BoxSizer 在快速布局方面不如 wx.FlexGridSizer 便捷，因此将两者的优点结合起来是一个很不错的方法。代码如下：

```python
import wx
class Frame3(wx.Frame):
    def __init__(self, super):
        wx.Frame.__init__(self, parent=super,id=31, title="创建新用户",size=(300,300))
        panel=wx.Panel(self)
        userText=wx.StaticText(parent=panel,label='用户名：',pos=(10,10))
        userEnter=wx.TextCtrl(parent=panel,size=(125,-1))
        passwdText=wx.StaticText(parent=panel,label='密　码：')
        pwdEnter=wx.TextCtrl(parent=panel,size=(125,-1),style=wx.TE_PASSWORD)
        self.btnLogin=wx.Button(parent=panel, label="登录", size=(50,30))
        self.btnClose=wx.Button(parent=panel, label="取消", size=(50,30))

        # 创建 wx.BoxSizer，由于只包含一个单独的 wx.FlexGridSizer，因此采用垂直或水平布局均可
        vbox = wx.BoxSizer(wx.VERTICAL)
        # 创建 wx.FlexGridSizer，3 行 2 列，水平间隔 50，垂直间隔 20
        fsizer = sizer = wx.FlexGridSizer(rows=3, cols=2, hgap=50, vgap=20)
        # 将 wx.FlexGridSizer 添加到 wx.BoxSizer 中
        vbox.Add(fsizer,1, flag= wx.EXPAND | wx.ALL,border= 30)
        # 将 6 个子对象添加到 wx.FlexGridSizer 中
        fsizer.AddMany([userText, userEnter, passwdText, pwdEnter, self.btnLogin, self.btnClose])
        panel.SetSizer(vbox)   # 在面板中启用 Sizer
```

通过 Sizer 生成的布局如图 10-22 所示。

图 10-22　通过 Sizer 生成的布局

10.8.2　界面生成工具

与采用绝对坐标设置每一个组件相比，布局管理器带来了很大的便利。但是，还有一种

更加便捷的工具，可以让用户快速地生成复杂、漂亮的界面。

界面生成工具是一种图形化设计软件，可以让用户在设计界面中，使用图形化的方式创建窗体和控件。用户可以通过每个对象的属性栏来设置对应的参数、方法和事件。一旦设计完毕，用户就可以根据这个界面生成对应的代码，然后把代码应用在他的程序中。目前，有许多针对 wxPython 的界面生成工具，如 wxFormBuilder、wxDesigner、wxGlade、BoaConstructor、gui2py。

下面以 wxFormBuilder 为例，简单介绍其使用方法。首先，通过以下链接下载其安装文件，目前它的最新版本号是 3.9.0，应当尽量选择高版本，因为过低的版本可能只支持 C++：

https://github.com/wxFormBuilder/wxFormBuilder/releases

安装过程非常简单，只需要采用默认设置，直接单击一系列"下一步"按钮即可。在安装完成后，运行 wxFormBuilder，其工作界面如图 10-23 所示。

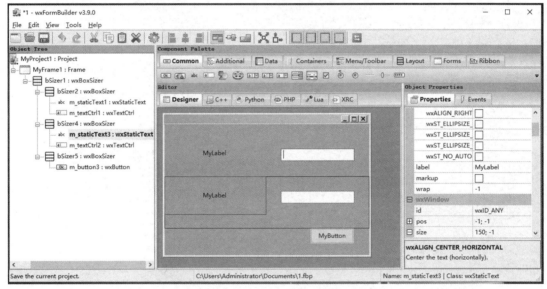

图 10-23　wxFormBuilder 工作界面

该界面中间是设计区，创建窗口控件的工具被分门别类地放在几个选项卡中，用户根据需要单击创建即可。界面左侧的工程窗口列举了当前所创建的对象，以树形列表列出了父子关系。

界面右侧是属性和事件编辑区，当用户选择不同的控件时，界面右侧会显示出不同的设置选项，这些选项大多能和当前对象构造方法中的参数相对应，但更加丰富。用户可以在这里为不同的控件指定事件函数，但函数的功能不会自动实现。

与直接使用代码创建有所区别，在 wxFormBuilder 中必须先在 Frame 中创建 Sizer 对象，再添加其他组件。

当界面设计完成后，按 F8 键即可生成代码，通常建议把该代码作为模块导入后使用。如果用户想要更改设计，就需要重新生成代码，再将该代码作为模块导入后使用，即使该代码被覆盖，也不会影响其他的业务代码。

10.9 小结

本项目介绍了 Python 下著名的 GUI 开发工具 wxPython 的使用，覆盖了图形用户界面的各种常用元素。

- 窗体框架
- 窗口面板
- 窗体样式设置
- 静态文本框及文本样式设置
- 文本框
- 按钮和事件驱动
- 对话框
- 菜单栏、工具栏和状态栏
- 选择器类组件：单选按钮、复选框、列表框、树形控件
- 滚动条
- 滑块
- 微调控制器
- 进度条
- 布局管理器
- 界面生成工具

10.10 习题

1. 请描述 wxPython 窗口对象中子对象和父对象的关系。

2. 创建一个同学录管理程序，使用静态文本框显示姓名，使用文本框显示其他信息，如性别、学号、电话等。

3. 改写习题 2 中的同学录管理程序，使文本框中的信息处于只读模式，只有在提供管理员密码后，才能编辑。

4. 哪些控件可以提供选择功能？

5. 尝试为项目 8 中的用户账户登录系统实现图形用户界面。

项目 11

与数据库交互

由于内存是易失性存储，因此应用程序需要使用持久化存储来保留数据。在小型程序中，可以只通过文件来存储，正如前面的许多示例中演示的那样。然而，文件系统主要用于存放和管理文件，并不是针对数据管理而设计的。在大型程序中，程序员需要采用更合理的方式组织数据，包括减少数据冗余度以节省空间、使用更高效的数据结构以提高查询速度等，因此产生了数据库系统。本项目将介绍如何在 Python 中操作数据库。

11.1　任务 1　了解数据库的概念

数据库是按照数据结构来组织、存储和管理数据的仓库。严格来说，数据库是长期存储在计算机内的、有组织的、可共享的数据集合。数据库中的数据以一定的数据模型组织、描述和存储在一起，具有尽可能小的冗余度、较高的数据独立性和易扩展等特点，可以在一定范围内被多个用户共享。

这种数据集合具有如下特点：尽量不重复；以最优方式为某个特定组织的多种应用服务；其数据结构独立于使用它的应用程序；对数据的增、删、改、查由统一的软件进行管理和控制。从发展历史来看，数据库是数据管理的高级阶段，是由文件管理系统发展而来的。

关系型数据库基本概念

结构化查询语言简介

11.1.1　关系型数据库

数据库通常分为层次型数据库、网络型数据库和关系型数据库 3 种。不同的数据库是按照不同的数据结构来联系和组织的。

关系型数据库是主流数据库结构的主流模型，它借助集合、代数等数学概念和方法来处理数据库中的数据。现实世界中的各种实体及实体之间的各种联系均使用关系模型来表示。

关系模型是一种二维表格模型，因此关系型数据库就是由二维表及其之间的联系组成的一个数据组织。目前，主流的关系型数据库有 Oracle、DB2、PostgreSQL、MySQL、SQLite、Microsoft SQL Server、Microsoft Access 等。关系型数据库的常用关键名词如表 11-1 所示。

表 11-1　关系型数据库的常用关键名词

术　语	含　义
关系	可以理解为一张二维表，每个关系都具有一个关系名，就是通常所说的表名
元组	可以理解为二维表中的一行，在数据库中通常被称为记录
属性	可以理解为二维表中的一列，在数据库中通常被称为字段
域	属性的取值范围，也就是数据库中某一列的取值限制
主键	主键是唯一的。一个数据表中只能包含一个主键。主键可以包含一个或多个字段，不允许为空值，且要求是唯一的
外键	外键用于关联两个表
复合键	复合键（组合键）将多个列作为一个索引键，一般用于复合索引
关系模式	指对关系的描述。其格式为：关系名(属性 1,属性 2, …… ,属性 N)，在数据库中被称为表结构
索引	使用索引可以快速访问数据库表中的特定信息。索引是对数据库表中一列或多列的值进行排序的一种结构。类似于书籍的目录
参照完整性	参照完整性要求关系中不允许引用不存在的实体。与实体完整性相同，参照完整性也是关系模型必须满足的完整性约束条件，目的是保证数据的一致性

关系型数据库主要有以下 3 个优点。

（1）二维表结构是非常贴近逻辑世界的一个概念，关系模型相对于网状、层次等其他模型来说更容易理解。

（2）使用方便，通用的 SQL 语言使得操作关系型数据库非常方便。

（3）易于维护，丰富的完整性（实体完整性、参照完整性和用户定义的完整性）大大降低了数据冗余和数据不一致的概率。

11.1.2　结构化查询语言

结构化查询语言（Structured Query Language，SQL），是一种以数据库查询为目的的特殊语言，用于存取数据以及查询、更新和管理关系型数据库系统，也是数据库脚本文件的扩展名。目前，所有主流的关系型数据库都使用 SQL。

SQL 是高级的非过程化编程语言，允许用户在高层数据结构上工作。它不要求用户指定数据的存放方法，也不要求用户了解具体的数据存放方式。所以，对于具有完全不同底层结构的不同数据库系统来说，可以使用相同的 SQL 作为数据输入与管理的接口。SQL 语句可以嵌套，这使得它具有极大的灵活性和强大的功能。

SQL 基本上独立于数据库本身及用户所使用的机器、网络、操作系统。基于 SQL 的数据库管理系统（DBMS）产品可以运行在从个人机、工作站到基于局域网、小型机和大型机的各种计算机系统上，具有良好的可移植性。

SQL 的语法规范很简单。在绝大多数数据库中，SQL 是大小写不敏感的，而约定俗成的规则是关键字使用大写。很多命令行工具都要求在 SQL 语句的结尾使用一个分号。

下面是一些常用的，并且当前项目可能会用到的 SQL 命令的示例：

```
----数据库操作----
CREATE DATABASE test;          # 创建一个名称为 test 的数据库
GRANT ALL ON test.* to user(s);# 将该数据库的权限赋予具体的用户（或全部用户）
USE test;                      # 选择（更改）要使用的数据库为 test
DROP DATABASE test;            # 删除数据库 test，包括数据库中所有的表及表中的数据，需要谨慎操作
----表操作----
# 用于创建名称为 users 的表，包含一个类型为字符串的列 login 和两个类型为整数的字段 uid 和 prid
CREATE TABLE users (login VARCHAR(8), uid INT, prid INT);
DROP TABLE users;                         # 删除数据库中的一个表和它的所有数据，需要谨慎操作
----记录的增删改查----
INSERT INTO users VALUES('leanna', 311, 1); # 向数据库中添加新的数据行，语句中必须指定要插入的
# 表(user)及该表中各个字段的值（leanna 对应 login 字段，311 和 1 分别对应 uid 和 prid 字段）
DELETE FROM users;                        # 从 users 表中删除所有记录
UPDATE users SET prid=4                    # 从 users 表中修改所有记录的 prid 字段为 4
SELECT column1, column2, ... , columnN FROM users   # 从名称为 users 的表中获取指定字段
SELECT * FROM users                        # 从名称为 users 的表中获取所有字段
----常用子句----
WHERE                                      # 用于设置条件
UPDATE users SET prid=1 WHERE uid=311;     # 将所有 uid 字段为 311 的记录的 prid 字段都修改为 1
DELETE FROM users where prid=2;            # 从 users 表中删除所有 prid 字段为 2 的记录
LIKE                                       # 用于在指定的字段按指定的模式匹配文本内容
SELECT login FROM users WHERE login LIKE '%abc%'; # 查找 login 列中所有包含 abc 字段的记录
# 在查找模式中，"%"表示任意数量的任意字符，下画线表示单一的任意字符，它们可以组合使用
GLOB                                       # 类似于 LIKE，不同的是 GLOB 是大小写敏感的
SELECT login FROM users WHERE login GLOB '*Abc*'; # 查找 login 列中所有包含 Abc 字段的记录
# 在查找模式中，"*"表示任意数量的任意字符，"?"表示单一的任意字符，它们可以组合使用
LIMIT                                      # 用于在 SELECT 中限制返回的记录条数
SELECT * FROM users LIMIT 5                 # 从 users 表中查找记录，但只返回其中的前 5 条
```

这里仅列举了 SQL 语句中常用的一部分，如果需要进一步了解 SQL 语法或其他数据库知识，请参考数据库相关的专业书籍。

11.1.3　Python 数据库 API

在 Python 中连接数据库时，无论是 MySQL、SQL Server、PostgreSQL 还是 SQLite，在使用时都是采用游标的方式，所以我们必须了解 Python DB-API。

Python 所有的数据库接口程序都在一定程度上遵守 DB-API 规范。DB-API 定义了一系列必需的对象和数据库存取方式，以便为各种底层数据库系统和多种多样的数据库接口程序提供一致的访问接口。由于 Python DB-API 为不同的数据库提供了一致的访问接口，因此在不同的数据库之间移植代码成为一件轻松的事情。

Python DB-API 支持的数据库包括 IBM DB2、Firebird（及 Interbase）、Informix、Ingres、MySQL、Oracle、PostgreSQL、SAP DB、Microsoft SQL Server、Microsoft Access、Sybase。

如果想要使用不同的数据库，就需要下载不同的 DB-API 模块，例如，要访问 Oracle 数据库和 MySQL 数据库，就必须下载（及导入）Oracle 和 MySQL 数据库模块。

Python DB-API 的操作流程大致可以分为以下 4 个步骤。

（1）引入 API 模块。

（2）获取与数据库的连接。

（3）执行 SQL 语句和存储过程。

（4）关闭数据库连接。

11.1.4　选择要使用的数据库

Python 支持多种数据库，在开发过程中应该根据实际问题的数据规模、资金预算、维护成本、与 Python 的集成度等因素选择不同的数据库。在常用的数据库中，Oracle 是超大型数据库，Microsoft SQL Server、MySQL、PostgreSQL 是大型数据库，SQLite 和 Access 是小型数据库。

MySQL、PostgreSQL 和 SQLite 都是开源的，其中，MySQL 有收费的（服务支持）商业版本和免费的社区版本，而 PostgreSQL 和 SQLite 完全免费；Oracle 和 Microsoft SQL Server 是商用产品，但都有免费的 Express 版本可供使用。

除了 SQLite，其他数据库都需要服务器端，也就是说，它们都需要单独安装。而 SQLite 已经集成在 Python 中，不需要另行安装。

下面是几个常用的数据库所需要的 Python 模块。

- 如果使用 MySQL，则需要 MySQLdb 模块。
- 如果使用 PostgreSQL，则需要 PyGreSQL 模块。
- 如果使用 SQLite，则需要 sqlite3 模块。
- 如果使用 Microsoft SQL Server，则需要 pymssql 模块。

SQLite 一般在客户端使用，本质上更像一个本地通用的存储组件，作为单个软件的数据库，如嵌入式系统、桌面应用等，它是很完美的。但当涉及并发性能、完整事务性、大数据集等特性时，SQLite 就无法胜任了。因此，综合来看，目前使用最广泛的还是 MySQL。

11.2　任务 2　熟悉在 Python 中操作 SQLite

由于 Python 已经集成了 SQLite，自然也就集成了管理 SQLite 所需要的模块 sqlite3，因此无须下载，直接导入即可使用 SQLite。与其他数据库相比，SQLite 不仅免费，而且具有部署容易、维护简单、与 Python 集成度高等优点。

SQLite 简介　　sqlite3 模块的使用

11.2.1　SQLite 简介

SQLite 是使用 C 语言实现的一款轻量级数据库，实现了自给自足的、无服务器的、零配置的、事务性的 SQL 数据库引擎。SQLite 是开源的，其代码不受版权限制。SQLite 占用的资源空间非常少，在嵌入式设备中，可能只需要几十万字节的内存就够了。

SQLite 不支持外键约束，但支持 ACID 事务（原子性、一致性、隔离性、持久性）。该数据库文件存储在单一磁盘文件中，可以在不同字节顺序的机器间自由共享，每个数据库文件最大可以达到 2TB。SQLite 也足够小，大致为 13 万行 C 语言代码的量级，约 4.43MB。小巧的尺寸和基于本地 I/O 的访问,使得它在大部分普通的数据库操作方面比一些流行的数据库更快。

SQLite 的其他特性包括简单轻松的 API、包含 TCL 绑定、通过 Wrapper 支持其他语言的绑定、独立(没有额外依赖)、完全开源(可以用于任何用途,包括出售它)。SQLite 支持多种开发语言,如 C、C++、PHP、Perl、Java、C#、Python、Ruby 等。

下面列举了一些使用 SQLite 的知名案例。

- Mozilla Firefox 使用了 SQLite 作为数据库。
- Mac 计算机中包含了多个 SQLite 的实例,用于不同的应用。
- 与 Python 相同,PHP 也将 SQLite 作为内置的数据库。
- Skype 客户端软件在内部使用了 SQLite。
- AOL 邮件客户端绑定了 SQLite。
- Solaris 10 在启动过程中需要使用 SQLite。
- McAfee 杀毒软件使用了 SQLite。
- Adobe 的 AIR 使用了 SQLite。
- iOS 使用了 SQLite。
- Android 使用了 SQLite。

11.2.2 SQLite 的安装和配置

SQLite 会随着 Python 一起被安装到用户的计算机上。但是,对于 UNIX/Linux 平台而言,用户可能需要安装 sqlite-devel 这个软件包。就像我们曾介绍过的那样,类似于 easy_install 依赖于 zlib 和 zlib-devel 这两个软件包。如果之前用户已经通过编译源代码的方式安装了 Python,则应当在安装 sqlite-devel 之后重新编译 Python。sqlite-devel 软件包的安装命令如下:

```
[root@localhost ~]# yum install -y sqlite-devel
```

在安装完成后,首先需要清除之前编译的设置,然后重新进行编译。进入 Python 源代码解压的目录,然后使用如下命令:

```
[root@localhost Python-3.7.4]# make clean
[root@localhost Python-3.7.4]# ./configure --prefix=/usr/local/python37
[root@localhost Python-3.7.4]# make && make install
```

在编译完成后,用户可以尝试载入 sqlite3 模块,如果没有报错,则表示已经可以正常使用了。对于 Windows 平台,则没有此问题。

11.2.3 sqlite3 模块的使用

sqlite3 模块用于操作 SQLite,限于篇幅,这里只介绍其最基本的功能。

1. 创建或连接数据库

创建或连接数据库的基本方法是使用 connect()函数,一般用法如下:

```
connection1 = sqlite3.connect(database [,timeout ,other optional arguments])
```

该函数建立了一个到 SQLite 数据库文件 database 的连接。需要注意的是,文件名是一个字符串。如果数据库被成功打开，则返回一个连接对象。当一个数据库被多个连接访问，且其中一个连接修改了数据库时，该 SQLite 数据库会被锁定，直到事务提交为止。timeout 表示连接等待锁定的持续时间，直到发生异常时断开连接为止。timeout 默认为 5.0（5 秒）。

如果给定的数据库名称 filename 不存在，则该调用将新建一个数据库。数据库默认创建在当前目录中，用户也可以指定带有路径的文件名，将它创建在指定的位置。

用户可以通过下面的方法，使数据库运行在内存中而不是磁盘中，从而提升数据库的性能。

```
connection1 = sqlite3.connect(':memory:')
```

连接对象可以进行的主要操作如下：

```
execute(SQL statement)       # 执行 SQL 语句
executemany()                # 重复执行具有多组参数的语句
cursor()                     # 创建游标
commit()                     # 事务提交
rollback()                   # 事务回滚
close()                      # 关闭连接
```

2. 创建游标

游标可以被看作一个查询结果集（可以是零条、一条或由相关的选择语句检索出的多条记录）和结果集中指向特定记录的游标位置组成的一个临时文件，提供了在查询结果集中向前或向后浏览数据、处理结果集中数据的功能。有了游标，用户就可以访问结果集中任意一行数据了。在将游标放置到某行之后，用户就可以在该行或该位置的行块上执行相应操作了。

当创建或连接了一个 SQLite 数据库之后，通过该连接对象自身的 cursor() 方法就可以创建游标了，用户应当将其赋值给一个游标对象，示例语法如下：

```
cur1 = connection1.cursor()
```

游标可以进行的主要操作如下：

```
execute(SQL statement)       # 执行 SQL 语句
executemany()                # 重复执行具有多组参数的语句
fetchall()/fetchmany(n)      # 返回一个列表，其中包含查询结果集中所有的（或指定数目的）
# 尚未取回的行。执行此操作意味着取回它们。如果查询结果集中所有的行都已经被取回，则返回一个元组
# 以元组的方式迭代取回结果集的下一行。如果结果集中所有的行都已被取回，则返回 None
fetchone()
```

游标对象自身也是可迭代对象，用户可以直接使用 for 循环取出结果，代替调用 fetchall()/fetchmany(n) 方法。

3. SQLite 中主要的 SQL 语句

在 SQLite 中常用的语句请参考 11.1.2 节。完整的 SQL 语句以字符串的形式作为参数，被提交给连接对象或游标对象的 execute() 方法来执行。

11.2.4　SQLite 基础应用：用户账户信息

回顾前面的用户账户登录界面示例，之前我们使用文本文件存储用户账户信息，包括用

户名、密文形式的密码、是否处于锁定状态、账户错误产生的时间戳等。为了方便读取信息，这些内容被存储在不同的文件中。但用户属性并非只有名称和密码，在真实案例中它们往往有更多的关键信息，例如，一个信用卡账户需要一系列关键字段来记录其可用额度、账单日、还款日、透支额/余额、积分、信用等级、外汇等信息。实际上，在运行了多年的系统中，业务数据通常是 TB 甚至是 PB 量级的。

现在，我们可以通过数据库编程，将该系统的关键信息从文件迁移到数据库中。我们可以使用一个表来存储用户-密码信息，代替之前的 userpasswd.txt 文件；使用另一个表来存储用户的密码错误记录及时间戳，代替之前的 userlocked.txt 文件。然后利用 SQL 语句查询/修改相应的字段即可。

为了达到这个目的，我们需要在思路上进行一些转换。

- 向文件中写入数据的行为，将由向数据库中添加记录的行为来代替。
- 从文件中读取数据的行为，将由从数据库中查找记录的行为来代替。
- 针对文件中的某一行进行修改的行为，将由从数据库中更新记录的行为来代替。

这样一来，所有涉及文件的代码都需要被改写，包括账户重名检查、新建账户、密码检查、锁定检查等。那么，具体应该怎么做呢？这里给出了一个操作数据库的一般性示例，代码如下：

```python
import sqlite3
username= input('Enter your name: ')
passwd= input('Enter the Password: ')
locked=0
timeStamp=0


db=sqlite3.connect('users')          # 创建或连接一个数据库
cur=db.cursor()                      # 创建一个游标对象
# 创建一个表（如果表不存在），包含两列数据
# 其中 name 为主要字段，不允许为空值，且在整个列中必须具有唯一的值
cur.execute('''create table if not exists userpasswd(
            name text  PRIMARY KEY  not NULL  UNIQUE ,
            passwd text)''')
# 创建第 2 个表，包含名字、密码错误次数、时间戳 3 个字段
self.cur.execute('''create table if not exists userlocked (
            name text  PRIMARY KEY  not NULL  UNIQUE,
            passwdError integer,
            timeStamp integer)''')
```

测试代码如下：

```python
# 执行 SQL 语句，在表中选择性地（针对名字、密码）插入一条记录（前提是其他字段允许空值）
cur.execute("insert into userList (name, passwd) values('Caesar', '12345678')")
# 执行 SQL 语句，在表中完整地插入一条记录
cur.execute("insert into userList values('Alexander','12345678',0,0)")
# 执行 SQL 语句，使用 Python 变量进行传值，在表中完整地插入一条记录。注意格式化参数的使用
cur.execute("insert into userList values('%s', '%s', %d, %d)" % (username, passwd, locked, timeStamp))
# 执行 SQL 语句，修改 Caesar 用户的锁定状态为真，即该账户被锁定
cur.execute("update userList set locked=1 where name='Caesar'")
# 执行 SQL 语句，选择性地读取 name、locked 两列数据
temp=cur.execute("select name,locked from userList")
for row in temp.fetchall():                                # 遍历读取结果
```

```
        print(row)                                    # 打印读取的每一行
        if row[1]==1:                                 # 如果锁定值为真
            print("Account %s has been locked." % row[0])  # 显示对应的账户被锁定
db.commit()                                           # 事务提交（数据库更改被写入磁盘中）
db.colse()                                            # 关闭数据库
```

执行结果如下：

```
Enter your name: Napoleon
Enter the Password: 12345678
('Caesar', 1)
Account Caesar has been locked.
('Alexander', 0)
('Napoleon', 0)
```

现在，假设我们需要彻底改写整个程序，应该如何做呢？

首先我们仍然需要分解问题，对于第一步，我们可以设计好如何创建新账户。这里给出了一个流程图，如图 11-1 所示，请按照此思路写出代码。

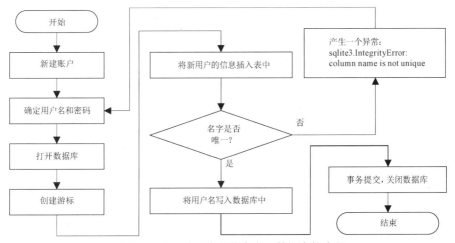

图 11-1 将新建账户的信息存入数据库的流程

11.3 任务 3 熟悉在 Python 中操作 MySQL

SQLite 是本地嵌入式数据库，适用于客户端存储一些数据，或者并发量不高的服务器处理一些本地数据。但 SQLite 不能提供远程服务（除非用户给它包装一个服务器），多进程读/写同一个文件时也有一些限制。此外，SQLite 不具备很多数据库必备的特性，如完整事务性、大数据集。基于这些原因，在更多的应用场景，我们需要"正统"的数据库方案。由于 MySQL 的广泛应用，并且 Python 对它的支持非常完善，因此，我们将在接下来的部分介绍 MySQL。

MySQL 简介

MySQL 的获取和安装

MySQL 驱动简介

案例：员工信息系统

批量执行 SQL 语句

导入海量数据

11.3.1　MySQL 简介

MySQL 由瑞典 MySQL AB 公司开发，目前属于 Oracle 旗下产品。MySQL 是流行的关系型数据库管理系统之一，它采用了双授权政策，分为社区版和企业版。由于其体积小、速度快、总体拥有成本低，尤其是开放源代码这一特点，一般中小型网站的开发人员都会选择使用 MySQL 作为网站数据库。MySQL 和 Linux、Apache HTTP 服务器及 PHP/Perl/Python 共同构成了一个强大的 Web 应用程序平台，即著名的"LAMP"组合。从网站的流量上来看，70%以上的访问流量是 LAMP 提供的，LAMP 是非常强大的网站解决方案，而作为其中一员的 MySQL 更是功不可没。

从规模上来看，MySQL 属于大型数据库，每个数据库最多可以创建大约 20 亿个表，最大连接数可达 16 384；在 MySQL 中可以选用多种数据库引擎，其中常用的是 InnoDB 和 MyISAM。由于 InnoDB 支持数据库事务，因此被当作 MySQL 的默认引擎。

下面列举了 MySQL 的一些主要的优点和特性。

- 支持 AIX、FreeBSD、HP-UX、Linux、macOS、Novell Netware、OpenBSD、OS/2 Wrap、Solaris、Windows 等多种操作系统。
- 为多种编程语言提供了 API。这些编程语言包括 C、C++、Python、Java、Perl、PHP、Eiffel、Ruby、.NET 和 Tcl 等。
- 支持多线程，可以充分利用 CPU 资源。
- 优化的 SQL 查询算法，有效地提高了查询速度。
- 既能够作为一个单独的应用程序应用在客户端/服务器架构的网络环境中，也能够作为一个库而嵌入其他的软件中。
- 提供多语言支持，常见的编码如中文的 GB2312、BIG5，日文的 Shift_JIS 等都可以被用作数据表名和数据列名。
- 提供 TCP/IP、ODBC 和 JDBC 等多种数据库连接途径。
- 提供用于管理、检查、优化数据库操作的管理工具。
- 支持大型的数据库。可以处理拥有上千万条记录的大型数据库。
- 支持多种存储引擎。
- MySQL 是开源的，并且可以定制，采用了 GPL 协议，用户可以通过修改源代码来开发自己的 MySQL 系统。
- 在线 DDL/更改功能，数据架构支持动态应用程序和开发人员的灵活性。
- 复制全局事务标识，可支持自我修复式集群。
- 复制无崩溃从机，可提高可用性。
- 复制多线程从机，可提高性能。
- 原生 JSON 支持。

- 支持多源复制。
- 支持 GIS（地理信息系统）的空间扩展。

11.3.2　MySQL 获取和安装

MySQL 支持多种主流操作系统，如果用户是以学习为目的的，则在 Windows 下安装比较方便，但是在实际的业务中，绝大多数还是运行在 Linux 平台上的。在 Linux 下可以通过多种方法安装 MySQL，以 RHEL/CentOS 为例，用户可以在 MySQL 的官网上下载编译好的二进制格式的 RPM 包后进行安装，也可以下载 MySQL 的源代码自行编译安装。当然，最简单的方式就是使用 YUM 工具。限于篇幅，本书在此不对编译安装进行过多介绍。作为学习和练习，建议用户使用 RPM 包或 YUM 工具安装方式。对于生产环境中的真实项目，如果要求源代码安装，请参考 MySQL 相关书籍或相关文档。

获取 MySQL 的官方网址如下：

```
https://www.mysql.com/downloads/
```

需要注意的是，MySQL 的版本号有些奇怪，5.7 之后直接跳到了 8.0，因此为了方便理解，可以认为 8.0 就是 5.8。在企业版和社区版之间，建议用户选择社区版（MySQL Community Edition）。如果使用 RPM 包安装 MySQL，则必需的软件包有 4 个，这里按照依赖关系列举出来，分别是 mysql-common、mysql-libs、mysql-client 和 mysql-server，同时必须按照上述顺序安装。

由于很多 Linux 发行版自带了 MySQL 的某些组件，因此建议用户在安装前先查询是否存在 MySQL 早期版本的残留文件。如果存在，则需要先将其删除。用户可以使用如下命令：

```
[root@host]# rpm -qa | grep mysql                      # 查询是否有 MySQL 早期版本
[root@host]# rpm -e --nodeps <mysql-members-name>      # 强制删除查询到的 MySQL 组件
```

如果用户通过其他方式（如 YUM 工具）安装 MySQL，也应当先进行这样的处理。接下来按照前面提到的依赖顺序，分别安装 4 个必需的软件包。需要注意对应的版本文件名，示例如下：

```
[root@host]# rpm –ivh mysql-community-common-5.7.19-1.el6.x86_64.rpm
[root@host]# rpm -ivh mysql-community-libs-5.7.19-1.el6.x86_64.rpm
[root@host]# rpm -ivh mysql-community-client-5.7.19-1.el6.x86_64.rpm
[root@host]# rpm -ivh mysql-community-server-5.7.19-1.el6.x86_64.rpm
```

在安装正常结束后，即可启动 MySQL 服务器（守护进程），代码如下：

```
[root@host]# service mysqld start        # 启动 MySQL 服务器，首次启动时会进行初始化配置
[root@host]# chkconfig mysqld on         # 设置为每次引导时自动启动
```

MySQL 默认的特权账户是 root，其初始密码为空。用户可以使用下述方法为其创建一个密码，然后在服务器本地登录 MySQL，代码如下：

```
[root@host]# mysqladmin -u root password "new_password"      # 创建新密码
[root@host]# mysql -u root -p                    # 登录 MySQL
Enter password:                                  # 在 Shell 中输入密码不会显示星号（*）或其他任何信息
```

至此，便可以正常使用 MySQL 了。

对于 Windows 平台上 MySQL 的安装过程，本书不再进行介绍，如果读者有此需求，请自行尝试安装。

11.3.3　MySQL 编码设置

在 Windows 中安装 MySQL 时可以选择编码，通常建议选择 UTF-8，以便正确地处理中文。而在 Linux/UNIX 中则需要编辑 MySQL 的配置文件，在配置文件中把数据库默认的编码全部修改为 UTF-8。MySQL 的配置文件默认为/etc/my.cnf 或/etc/mysql/my.cnf。将以下内容添加到配置文件中，注意不要和原有的字段重复：

```
[client]
default-character-set = utf8

[mysqld]
default-storage-engine = INNODB
character-set-server = utf8
collation-server = utf8_general_ci
```

在重启 MySQL 后，可以通过 MySQL 客户端的命令行检查编码，代码如下：

```
[root@host]# mysql -u root -p          # 登录 MySQL
Enter password:
mysql> show variables like '%char%';   # 显示以下内容
```

Variable_name	Value
character_set_client	utf8
character_set_connection	utf8
character_set_database	utf8
character_set_filesystem	binary
character_set_results	utf8
character_set_server	utf8
character_set_system	utf8
character_sets_dir	/usr/share/mysql/charsets/

如果查询到上面的结果，就表示编码设置正确。

11.3.4　MySQL 常见问题

在使用 MySQL 时，可能因为服务器配置、网络设置、权限、版本差异等产生一些错误，下面列举几个常见的错误，并给出经验证可行的解决办法。读者可以先跳过这部分，当遇到这些问题时再回来查看。

1. MySQL Client 本地登录失败

当使用 MySQL Client 本地登录时，如果出现如下错误：

```
error: 'Access denied for user 'root'@'host' (using password: NO)'
```

请尝试如下操作：

```
[root@host]# service mysqld stop                          # 停止 MySQL 服务器守护进程
[root@host]# mysqld_safe --user=mysql --skip-grant-tables --skip-networking &
# --skip-grant-tables 表示不启动 grant-tables（授权表），跳过权限控制
# --skip-networking 表示跳过 TCP/IP 协议，只在本机访问（这是可选的）
```

接下来，保持开启 mysqld_safe，新建一个终端或会话，在其中运行 MySQL，此时可以直接登录 MySQL 服务器，代码如下：

```
[root@host]# mysql                                        # 直接登录
mysql> USE mysql                                          # 选择 MySQL 数据库
mysql> SELECT host, user, authentication_string from user; # 在之前的版本中，密码列的名称是 password
# 但是在 5.7 版本中改为了 authentication_string
mysql> UPDATE user set authentication_string=PASSWORD('new_password') where user='root' and host= 'lo
calhost';                                                 # 重设密码
mysql> FLUSH privileges;                                  # 刷新 MySQL 的系统权限相关表
mysql> quit
```

现在可以重新以 root 的身份登录了。不过，由于仅在数据库中修改了密码记录，因此在执行 SQL 语句时还可能被拒绝，用户可能会看到如下错误提示：

```
ERROR 1820 (HY000): You must reset your password using ALTER USER statement before executing this
statement.
```

此时，可以通过执行如下命令重复一次用户所修改的密码：

```
mysql> SET PASSWORD = PASSWORD('united');
```

2. 错误 10060/10061

有一些因素会导致远程连接 MySQL 数据库失败，产生"Error: 2003: Can't connect to MySQL server on 'ip_address:3306' (10060)"错误（或 10061）。由于我们使用 Python 远程操作 MySQL，因此很可能遇到这样的问题。通常有以下几方面的因素导致这种错误。

（1）socket 设置。

在 mysql.connector.connect()方法中增加参数"unix_socket='/var/lib/mysql/mysql.sock'"，即 /etc/my.cnf 中配置项"socket"对应的值。

（2）防火墙设置。

防火墙是否阻止了 MySQL 的进程，是否屏蔽了 MySQL 的 3306 端口。

（3）MySQL 的账户设置。

MySQL 默认不允许 root 账户进行远程登录，可以尝试使用如下方法更改授权：

```
[root@host]# mysql -u root -p                             # 登录 MySQL
mysql> GRANT ALL PRIVILEGES ON *.* TO 'root'@'%' IDENTIFIED BY 'mypassword' WITH GRANT
OPTION;                                                   # 任何远程主机都可以访问数据库
mysql> FLUSH PRIVILEGES;                                  # 需要输入命令使修改生效
mysql> EXIT
```

也可以通过修改表来实现，方法如下：

```
mysql -u root -p
mysql> use mysql;
mysql> update user set host = '%' where user = 'root';
mysql> FLUSH PRIVILEGES;
```

（4）可能在配置文件中绑定了本机地址。

检查 MySQL 的配置文件/etc/my.cnf，如果其中存在下列条目：

```
bind-address = 127.0.0.1
```

则将其改为：

```
bind-address = 0.0.0.0
```

在尝试上面这些方法之后，用户可能需要重新启动 mysqld 守护进程。

11.3.5　Python 中的 MySQL 驱动

由于 MySQL 服务器独立运行，并通过网络对外服务，因此在 Python 中需要有相关的模块作为 MySQL 驱动，用于连接 MySQL 服务器。PEP 249（Python 增强建议书 249）规定了 Python 的数据库 API。MySQL 主要有以下几种 API 实现。

1．MySQLdb

MySQLdb 是 Andy Dustman 开发的、使用 C 语言实现的驱动，有多年的历史。但是它最高只能支持 Python 2.7，不支持 Python 3 的任何版本。

2．mysqlclient

mysqlclient 是 MySQLdb 的一个支持 Python 3 的分支，因此它的使用方法与 MySQLdb 是完全相同的，可以代替 MySQLdb。mysqlclient 目前是 MySQL 在 Django（著名的 Web 开发框架）下的推荐选择。mysqlclient 和 MySQLdb 都是使用 C 语言实现的，因此需要先安装 Microsoft Visual C++ Compiler for Python。

3．PyMySQL

PyMySQL 是一个开源项目。PyMySQL 基本上兼容 mysqlclient 和 MySQLdb，简单来说，对于绝大多数操作，用户在 mysqlclient 和 MySQLdb 中是怎么做的，则在 PyMySQL 中，用户还这么做就可以了。但是，PyMySQL 是使用 Python 实现的，因此比前面两个使用 C 语言实现的驱动要慢一些。

4．mysql-connector/python

mysql-connector/python 是 Oracle 收购 MySQL 之后编写的，可以说是 MySQL 的官方驱动，既有纯 Python 的实现，也有基于 C 语言的实现。在 PyPI 上下载 mysql-connector/python，请注意不要选择跨平台版本，针对单一平台的版本才是使用 C 语言实现的版本。

上述所有的驱动都是线程安全的，并且提供了连接池。由于 MySQLdb 不支持 Python 3，因此不推荐使用。下面将主要介绍 mysql-connector/python 的使用。

11.3.6　mysql-connector/python 的使用

由于具有统一的 API，因此 MySQL 驱动的使用和 SQLite 的驱动大同小异，仍然提供了 connect()、cursor()、execute()等函数，其获取查询结果和提交事务的方法也是一样的。但是，它们仍然有些许差异；作为 MySQL 驱动，mysql-connector/python 和之前流行的

MySQLdb/mysqlclient 在使用上也有一些细微的区别。

（1）MySQL 需要手动创建数据库实例，也就是说不能在 Python 代码中创建。

（2）在 MySQL 驱动中，只有游标对象才有 execute()和 executemany()方法，连接对象没有这两个方法。

（3）执行 execute()和 executemany()方法，会把查询结果暂存在当前游标对象上，但不会返回新的游标对象，返回值是 None。

（4）游标对象不是可迭代的，因此不能通过直接迭代游标对象来获取查询结果，必须通过 fetchone()、fetchmany()或 fetchall()方法来获取。

（5）MySQLdb/mysqlclient 的游标对象有 scroll()方法，类似于文件对象的 seek()方法，可以设置指针位置。但是在 mysql-connector 中没有对应的方法。

下面是一个企业人事档案的简单示例，首先在 MySQL 上创建一个数据库，名字叫作 HR，然后编写如下代码：

```
1   import mysql.connector as mc
2   # 参数依次为数据库服务器地址、账户、密码、数据库实例名称
3   cnn = mc.connect(host='192.168.10.221', user='root', password='mypassword', database='HR')
4   cur = cnn.cursor()                              # 创建游标
5   cur.execute('''create table if not exists employee (          # 在数据库 HR 中创建表 employee
6                   id int UNSIGNED AUTO_INCREMENT, # id，无符号整数，自动增长
7                   name VARCHAR(40) NOT NULL,       # 名字，最多 40 个字符，禁止为空
8                   age INT(4) UNSIGNED,             # 年龄，长度不超过 4 位无符号整数
9                   sex VARCHAR(6),                  # 性别，长度不超过 6 个字符
10                  rk VARCHAR(20),                  # 职级，长度不超过 20 个字符，不允许为空
11                  PRIMARY KEY (id)                 # 指定名为 id 的列为主键
12                 )ENGINE=InnoDB DEFAULT CHARSET=utf8;''') # 指定数据库引擎和编码
13  cur.execute('insert into employee (name, age, sex, rk) values (%s, %s, %s, %s)',
14              ['Bison', '36', 'male', 'Junior'])   # 因为 id 是自增的，因此只插入其他 4 个字段
15  print(cur.rowcount)                              # 受 insert、update、delete 等 SQL 语句影响的行数
16  cnn.commit()                                     # 事务提交
17  cur.close()                                      # 关闭游标
18  cur = cnn.cursor()                               # 重新从数据库对象获取游标
19  cur.execute('select * from employee')            # 执行 SQL 语句
20  values = cur.fetchall()                          # 返回查询结果集
21  print(values)
22  cnn.close()                                      # 关闭数据库连接
```

11.3.7　使用 executemany()方法批量插入数据

每次插入新数据时都需要调用一次 execute()方法，如果数据量特别大，就会比较麻烦。对于海量数据，我们可以写一个超级循环，迭代调用 execute()方法，但这样仍然很耗时。推荐的做法是使用 executemany()方法，它可以让我们一次插入多条数据。

executemany()方法接收两个参数，第一个参数是字符串，其内容为插入数据的 MySQL 语句，携带各个字段的占位符，例如：

```
"insert into userList values(%s, %s, %s, %s, %s)"
```

与前面示例中用到占位符的语句不同，当我们使用 executemany()方法时，所有的占位符的格式均为"%s"，并且无须添加嵌套的引号了。

executemany()方法的第二个参数是一个二维序列，准确来说，它是一个由元组构成的元组（或列表），每个元组是一条数据，包含了与上面提到的占位符数量相等的元素。

现在我们改写 11.3.6 节中的代码，把之前插入数据的代码（第 13、14 行）注释起来，并紧随其后，插入如下代码：

```
execmany = "insert into employee (name, age, sex, rk) values(%s,%s,%s,%s)"
new_employee = [('Ryu', '28', 'male', 'Junior'),
                ('Ken', '26', 'male', 'Junior'),
                ('Guile', '30', 'male', 'Junior'),
                ('ChunLi', '24', 'female', 'Junior')]
cur.executemany(execmany, new_employee)
```

这样，我们就一次性地将列表中的 5 条数据批量插入了表中。需要注意的是，语句中的占位符全部为%s。批量插入数据之后的表内容如图 11-2 所示。

```
mysql> select * from employee;
+----+--------+-----+--------+--------+
| id | name   | age | sex    | rk     |
+----+--------+-----+--------+--------+
|  2 | Bison  |  36 | male   | Junior |
|  3 | Ryu    |  28 | male   | Junior |
|  4 | Ken    |  26 | male   | Junior |
|  5 | Guile  |  30 | male   | Junior |
|  6 | ChunLi |  24 | female | Junior |
+----+--------+-----+--------+--------+
5 rows in set (0.00 sec)
```

图 11-2　批量插入数据之后的表内容

11.3.8　导入海量数据

使用 executemany()方法可以一次性插入多条数据，且效率比使用循环高。如果数据量进一步增大，则 executemany()方法也会无能为力。因此对于海量数据，推荐使用 MySQL 提供的高效导入方法，即 load data infile 语句。该语句可以将数据从一个文本文件中以很高的速度读入一个表中。为了安全，当读取位于服务器上的文本文件时，文件必须处于数据库目录中或可以被所有人读取。另外，为了对服务器上的文件使用 load data infile 语句，用户必须在服务器主机上具有访问该文件的权限。

与其他 MySQL 语句相同，用户可以直接在 MySQL 控制台或客户端执行，也可以在 Python 中使用 execute()方法执行。load data infile 语句的语法规范如下：

```
load data  [low_priority] [local] infile '[path]file_name' [replace | ignore]
into table tbl_name
  [fields
    [terminated by't']
    [OPTIONALLY] enclosed by '']
    [escaped by'\' ]]
  [lines terminated by'n']
  [ignore number lines]
  [(col_name, ...)]
```

这里有很多可选的参数，下面只介绍其中几个常用的。

low_priority：如果指定了此参数，则 MySQL 守护进程将会等到没有其他程序或用户读取这个表时，才会插入数据。

local：如果想要从客户端读取文件，则必须使用此参数。如果省略 local，则文件必须位于服务器上。

replace/ignore：这两个参数用于控制对现有的唯一键记录的重复处理。如果指定 replace，则新行将代替有相同的唯一键的现有行。如果指定 ignore，则跳过有唯一键的现有行的重复行的输入。如果不指定任何一个选项，则当找到重复键时，会出现一个错误，并且文本文件的剩余部分会被忽略。

fields：此参数指定了文件记录中各字段的分隔格式，如果使用到这个关键字，则 MySQL 解析器希望看到至少有下面的一个选项。

- terminated by，以什么字符作为分隔符，默认情况下是 Tab 制表符（\t）。
- enclosed by，描述的是字段的括起字符。
- escaped by，描述的是转义字符，默认的是反斜杠（backslash：\ ）。

lines：指定了每条记录的分隔符默认为 "\n"，即换行符，如果 fields 和 lines 两个字段都被指定了，则 fields 必须在 lines 之前。

假设我们有一个文本文件（new_employee.txt），里面有若干行，每行有姓名、年龄、性别、级别 4 个字段，各字段中间以半角逗号分隔，格式如下：

```
Vega,38,male,Senior
Sagat,36,male,Senior
Balrog,35,male,Senior
Zangief,39,male,Junior
Honda,34,male,Junior
Dhaisim,45,male,Junior
Blanka,29,male,Junior
```

为什么每一行是 4 个字段呢？因为在之前的表中，id 这个字段是自增长的，所以在文本文件中就不提供对应的值了。下面的代码用于将文本文件中的信息导入 MySQL 数据库中：

```
1    import mysql.connector as mc
2    # 参数依次为数据库服务器地址、端口号、账户、密码、数据库实例名称
3    cnn = mc.connect(host='192.168.10.103',port=3306, user='root', password='united917699',
4                  database='hr', allow_local_infile=True)    # 注意最后一个参数，导入文件时是必需的
5    cur = cnn.cursor()                                    # 创建游标
6    cur.execute("load data local infile 'new_employee.txt' "
7                  "replace into table employee fields terminated by ',' (name, age, sex, rk);")
8    cnn.commit()                                          # 事务提交
9    cur.close()                                           # 关闭游标
```

当使用 load data infile 语句时，connect()函数中必须加上参数 "allow_local_infile=True"，因为在较高版本的 mysql.connector 模块中，默认是禁止从文件中导入数据的。

由于 id 是自增长的，因此在第 7 行代码中只写了后面 4 个字段的名称，即对应文件中提供的 4 列数据。在第 7 行代码中 "terminated by" 指定了文件中的分隔符，需要注意的是，引号中只有一个逗号，不含空格。

执行结果由读者自行通过 MySQL 数据库控制台查看。

load data infile 语句一直被认为是 MySQL 很强大的一个数据导入工具，因为它的速度非常快。除上述的语法规则之外，使用 load data infile 语句时还需要注意编码问题。对于字段中的空值，使用 "\N" 表示。

最后列举几个常见问题，当我们通过代码段导入数据发生错误时，可以先尝试在 MySQL

服务器控制台直接执行 load data infile 语句，可能发生以下错误。

常见错误一：

> ERROR 1290 (HY000): The MySQL server is running with the --secure-file-priv option so it cannot execute this statement

这是因为配置文件限制了只能从特定路径导入文件，我们可以在 MySQL 控制台中查看，如图 11-3 所示。

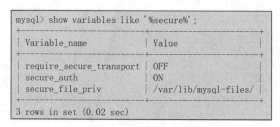

图 11-3　文件路径限制

可以看到，secure_file_priv 的值就是允许导入文件的路径，如果想要从任何位置都能导入文件，则可以将它的值设置为空字符串。但是不能直接在这里进行设置，需要修改配置文件。在配置文件中找到[mysqld]，在其后面添加/修改 secure_file_priv，将它的值设置为空字符串，然后重启 MySQL 服务即可。

常见错误二：

> ERROR 1148 (42000): The used command is not allowed with this MySQL version

这一般是因为从本地导入文件的参数未启用，我们可以在 MySQL 控制台中查看，如图 11-4 所示。

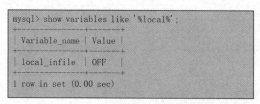

图 11-4　从本地导入文件的限制

临时启用的方法有以下两种。

（1）使用命令"set global local_infile=on"。

（2）在启动 MySQL 控制台时加上参数"--local-infile=1"。

如果用户的 MySQL 是在 Linux 平台上进行编译安装的，则可以在编译之前修改配置，在配置 configure 时加上参数，代码如下：

> ./configure --prefix=/usr/local/mysql --enable-local-infile

然后重新进行编译安装即可。

常见错误三：

> ERROR 2006 (HY000): MySQL server has gone away

这可能是因为导入的文件尺寸太大，超出了 MySQL 允许的值；也可能是因为在规定的时间内没有执行完毕，导致超时。可以通过修改配置文件，设置允许的最大文件尺寸及超时时间。修改/加入如下内容：

```
max_allowed_packet=500MB
wait_timeout=288000
interactive_timeout = 288000
```

11.4　小结

本项目首先介绍了关系型数据库的相关概念、常用的 SQL 语句、Python DB-API 等知识点，然后介绍了 SQLite 数据库在 Python 中的使用，最后介绍了 MySQL 及 MySQL 在 Python 中的驱动 mysqlclient 和 mysql-connector/python 的使用。

- 关系型数据库
- 结构化查询语言
- Python DB-API
- SQLite 数据库和 sqlite3 模块
- MySQL 简介、获取和安装
- MySQL 编码设置
- MySQL 常见问题
- mysqlclient 和 mysql-connector/python 的使用
- 批量插入数据
- 从文件中导入数据

11.5　习题

1. 持久化存储的方案有很多，如使用文本、使用电子表格等，为什么要使用数据库呢？数据库的优势是什么？

2. 请列举几个 Python 支持的数据库。

3. 简单阐述 Python 操作数据库的流程。

4. 改写项目 8 中的用户账户系统，使用 SQLite 数据库代替文本文件存储数据。

5. 使习题 4 中改写完成后的用户账户系统改用 MySQL 数据库，只改写程序本身即可，不用考虑旧数据从 SQLite 迁移到 MySQL 的问题。

项目12

网络编程

网络编程的本质是处理设备之间的数据交换，最主要的工作就是在发送端将信息通过规定好的协议进行封包，在接收端按照规定好的协议对包进行解析，从而提取出对应的信息，以达到通信的目的。网络编程的核心是如何使用套接字进行通信，本项目将介绍相关概念，并介绍如何使用 Python 中的一些模块来创建网络应用。

12.1　任务 1　了解网络编程基本知识

网络层次结构模型

客户端 / 服务器架构、套接字

面向连接与无连接通信

12.1.1　计算机网络层次结构

在系统的设计上使用分层结构是很常见的思路，操作系统、存储设备、应用软件及计算机网络都有各自的分层结构模型。使用分层结构主要有以下 3 个方面的好处。

（1）**各层之间相互独立**：高层不需要知道底层的功能是采用何种硬件技术实现的，它只需要知道通过与底层的接口可以获得所需要的服务即可。

（2）**灵活性好**：各层都可以采用最适当的技术实现其功能，例如，某一层的实现技术发生了变化，用硬件代替了软件，只要这一层的功能与接口保持不变，实现技术的变化就不会对其他各层及整个系统的工作产生影响。

（3）**易于实现和标准化**：由于使用了规范的层次结构来组织网络功能与网络协议，因此我们可以将计算机网络复杂的通信过程划分为有序的连续动作与有序的交互过程，这样有利于将计算机网络复杂的通信过程转换为一系列可以控制和实现的功能模块，使得复杂的计算机网络系统变得易于设计、实现和标准化。

国际标准化组织（ISO）和国际电报电话咨询委员会（CCITT）联合制定了被称为"开放

系统互连（Open System Interconnect，OSI）"的网络层次参考模型。OSI 模型将网络划分为 7 层（见图 12-1），从低到高分别是物理层、数据链路层、网络层、传输层、会话层、表示层、应用层。虽然 OSI 模型很早就被制定出来，具有指导意义，但是七层模型过于复杂，效率也较低。而由于 Internet 主要是围绕着 TCP/IP 协议工作的，因此，后来提出的 TCP/IP 参考模型得到了广泛的应用，并取代 OSI 模型成为事实上的标准。

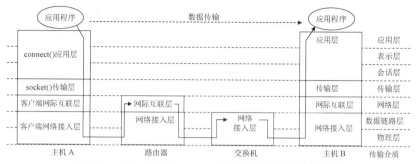

图 12-1　OSI 模型和 TCP/IP 参考模型及数据传输过程

TCP/IP 参考模型分为 4 层（见图 12-1），从低到高分别是网络接入层（对应 OSI 的物理层和数据链路层）、网际互联层、传输层、应用层（对应 OSI 的会话层、表示层和应用层）。图 12-1 表示了数据在计算机网络中传输的过程，其中负责网络转发的路由器工作在网络层或网际互联层，而交换机则工作在网络接入层，当它们转发数据时，都会在各自的层级对数据进行封装，并进行其他处理。

12.1.2　客户端/服务器架构模型

现在的网络应用程序基本上都是基于请求/响应方式的，即一个设备发送请求数据给另一个设备，然后接收该设备的反馈。在网络编程中，发起连接的程序，也就是发送第一次请求的程序，被称作客户端（Client），等待其他程序连接的程序被称作服务器（Server）。客户端程序可以在需要时启动，而服务器为了能够及时响应连接，需要持久运行。以打电话为例，拨打方类似于客户端，接听方必须保持电话畅通，类似于服务器。连接一旦建立，则客户端和服务器之间就可以进行数据传递了，而且两者的身份是平等的。

客户端/服务器（C/S）模型的应用十分广泛，如 FTP 服务、域控制器、共享的打印机、网络游戏、支持局域网互联的单机游戏、腾讯 QQ 等，移动设备上的 App 也可以被看作 C/S 架构的程序。当然，在介绍数据库编程时，我们使用 Python 程序来连接并操作 MySQL，展示了一个典型的 C/S 模型。

虽然 C/S 模型随处可见，但是它不是网络应用程序的唯一类型，B/S（浏览器/服务器）模型就是另一类主流类型。此外，点对点（P2P）模型也非常普遍，在这一类模型中，程序既有客户端功能也有服务器功能，常见的就是 BT、eMule 这类应用了。

12.1.3　套接字

套接字可以被看作在两个程序进行通信连接中的一个端点，是连接应用程序与网络驱动程序的桥梁。套接字在应用程序中创建，并通过绑定与网络驱动程序建立关系。此后，应用程序发送给套接字的数据，由套接字交给网络驱动程序向网络上发送出去。计算机从网络上收到与该套接字绑定 IP 地址和端口号相关的数据后，由网络驱动程序将该数据交给套接字，应用程序便可以从该套接字中提取接收的数据了，网络应用程序就是这样通过套接字进行数据的发送与接收的。

本质上，套接字是网络通信过程中端点的抽象表示，包含进行网络通信必需的 5 种信息：连接使用的协议，本地主机的 IP 地址，本地进程的协议端口，远地主机的 IP 地址，远地进程的协议端口。

套接字协议族，通常被称为套接字家族。套接字家族有很多，但常用的只有两个，分别是用于本地进程间通信（IPC）的 AF_UNIX（在 POSIX1.g 标准中也称为 AF_LOCAL）和用于网络通信的 AF_INET（即 Internet）。AF_INET6 类似于 AF_INET，但是它支持 IPv6 寻址。

Python 只支持 AF_UNIX、AF_NETLINK 和 AF_INET 这 3 个套接字家族，其中 AF_INET 是 Python 网络编程的核心协议，因此后面将主要介绍 AF_INET。

12.1.4　面向连接与无连接通信

无论使用哪种地址家族，包括 AF_INET，套接字的类型只有两种：面向连接与无连接通信。

1.　面向连接通信

在通信之前建立一条逻辑链路（虚电路或流套接字），从而获得顺序的、可靠的、无重复的数据传输，即将所发的信息拆分，使其不多不少地到达目的地，并在目的地的操作系统内核层被重新拼接，然后发送给用户层的应用程序。这有些类似于石油管道运输，只要在源地点和目的地之间铺设一条输送管道，就可以源源不断地将石油输送过去。

面向连接通信的主要协议是传输控制协议（TCP）。那么创建 TCP 套接字就需要指定套接字类型 SOCK_STREAM。STREAM 这一名称表达了它作为流套接字的特点。由于这些套接字使用 IP 协议来查找网络中的主机，因此这样的系统一般被称作 TCP/IP 连接。

面向连接通信的套接字工作流程如图 12-2 所示。

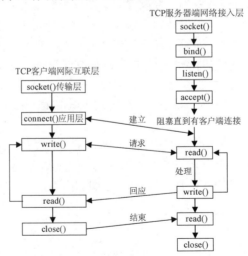

图 12-2　面向连接通信的套接字工作流程

2. 无连接通信

与虚电路相反，无连接通信的套接字使用数据报进行数据传输，因此它无须建立连接就可以进行通信。由于无连接通信缺乏逻辑链路，数据到达的顺序、可靠性、不重复性往往无法保证。数据报会保留数据边界，并完整地发送数据。这有些类似于油罐车，车辆比固定的管道线路更灵活，但必须为每一辆车明确指明目的地。

虽然 TCP 协议能够对数据传输提供更好的保障，但是虚电路的建立也会产生额外开销，而无连接通信则没有这些开销，所以具有更高的传输效率，能够为某些应用场景提供更好的性能（如 DNS、高可用性集群中的心跳信号等）。无连接通信使用的协议主要是用户数据报协议（UDP），在创建 UDP 套接字时需要指定套接字类型为 SOCK_DGRAM（datagram，数据报）。

12.2　任务2　掌握基于套接字的网络编程

现在我们已经了解到了套接字在网络应用程序中的重要地位。无论是基于 C/S 模型的传统程序还是浏览器上的 Web 应用，几乎任何网络程序都会用到套接字。图 12-2 以面向连接的通信方法为例，展示了套接字工作的一般流程。下面将介绍 Python 中的套接字编程。

socket 模块和 socket 对象

创建 TCP 服务器和客户端

创建 UDP 服务器和客户端

12.2.1　socket 模块及 socket 对象

socket 模块被包含在 Python 的标准库中，是 Python 处理套接字的默认工具。套接字对象是 socket.socket，其构造函数可以用来创建对象，语法如下：

```
socket(socket_family, socket_type, protocol=0)
```

socket_family 表示要使用的地址家族，可以是 socket.AF_INET 或 socket.AF_UNIX，默认为 socket.AF_INET；socket_type 用于指定连接的类型，可以是面向连接的 socket.SOCK_STREAM 或无连接的 socket.SOCK_DGRAM，默认为 socket.SOCK_STREAM；protocol 默认为 0，表示使用 IP 协议。

socket 模块中有许多函数可用，表 12-1 列举了一些常用的函数及其作用。

表 12-1　socket 模块中常用的函数及其作用

函　　数	作　　用
socket.bind()	绑定地址到套接字中，参数是一个地址元组，包含字符串形式的 IP 地址和整数形式的端口号
socket.listen()	开始 TCP 监听，参数为整数，表示允许等待的队列长度

函　　数	作　　用
socket.accept()	被动接受 TCP 客户的连接，（阻塞式）等待连接的到来，该函数返回一个套接字对象和一个地址元组
socket.connect()	连接 TCP 服务器，通常用于客户端，参数是地址元组
socket.connect_ex()	connect()函数的扩展版本，出错时返回出错码，而不是抛出异常
socket.recv()	接收 TCP 数据，参数为整数，指定接收消息的缓冲区尺寸（字节），接收的消息返回为字符串
socket.send()	发送 TCP 数据，参数为待发送的字节序列，如果是字符串，则需要编码为 ASCII 或 UTF-8
socket.sendall()	完整发送 TCP 数据，参数为待发送的字节序列，如果是字符串，则需要编码为 ASCII 或 UTF-8
socket.recvfrom()	接收 UDP 数据，返回收到的字节序列和发送方的地址元组
socket.sendto()	发送 UDP 数据，参数是待发送的字节序列和目的地的地址元组
socket.getpeername()	获取远程套接字的名称，包括它的 IP 地址和端口号
socket.getsockname()	获取本地套接字的名称，包括它的 IP 地址和端口号
socket.getsockopt()	返回指定套接字的参数
socket.setsockopt()	设置指定套接字的参数
socket.close()	关闭套接字
socket.setblocking()	设置套接字的阻塞与非阻塞模式
socket.settimeout()	设置阻塞套接字操作的超时时间
socket.gettimeout()	获取阻塞套接字操作的超时时间
socket.fileno()	套接字的文件描述符
socket.makefile()	创建一个与该套接字关联的文件

12.2.2　创建 TCP 服务器

在最简单的情况下，创建一个 TCP 服务器的流程大致如下。

（1）创建套接字。

（2）绑定套接字到本地 IP 地址与端口号以便监听连接。

（3）进入循环等待状态。

（4）接受客户端的连接请求，建立连接。

（5）接收/发送数据。

（6）传输结束后关闭套接字。

只是通过套接字创建一个可通信的服务器，实际上是非常简单的。在实际的开发过程中，我们需要设计软件的功能和逻辑，这往往会遇到一些困难。下面给出一个示例，客户端可以向服务器发送消息，服务器将此消息写入日志文件中，并对此做出简单回应。服务器参考代码如下：

```
# ./tcp_server.py
import socket
sk = socket.socket()
sk.bind(('0.0.0.0',5000))                      # 绑定指定的 IP 地址和端口号
sk.listen(5)                                    # 开始监听
while True:
    conn, remoto_addr = sk.accept()            # 该方法返回一个元组，包含一个 socket 对象和一个远程 IP 地址
    print("%s has connection succesed." % remoto_addr[0])
    while True:
        try:
            data = conn.recv(1024).decode()    # 接收远程计算机发送的信息，缓冲区大小为 1024 字节
            if data == 'Q' or data == 'q':
                print("%s has been disconnected." % remoto_addr[0])
                break    # 如果客户端退出程序，则退出本层循环，继续等待下一个客户端连接请求
            log = open('./log.txt','a+')
            log.write(data+'\n')                                # 将收到的信息写入日志文件中
            log.close()
            conn.send(b"The data has been writed to ./log.txt.")    # 如果不包含中文，则可直接发送字节序列
        except socket.error as e:
            print(e)
            break
    conn.close()
sk.close()
```

在上述示例中，服务器监听所有地址，并在一个死循环中无休止地等待连接请求。一旦接受了来自远程计算机的连接请求，则进入第二层死循环，无休止地等待信息传输。当有信息传入时，判断是否为终止信号，如果是，则表示客户端已经终止运行，退出到外层循环，等待下一个客户端连接请求；反之，则表示传来的是普通数据，由服务器将其写入日志文件中。在代码中，try...except 语句的作用是防止客户端非正常终止影响到服务器。

运行结果见后文。

12.2.3　创建 TCP 客户端

在创建 TCP 客户端时，必须考虑到 TCP 服务器的处理逻辑。客户端运行的第一步仍然是创建套接字，然后通过目标服务器的 IP 地址和端口号向目标服务器发送连接请求。在连接成功后，由用户输入字符串，并通过套接字发送出去，当服务器成功收到数据后，会向客户端发送消息进行反馈。如果用户输入的是"q"或"Q"，则退出客户端。参考代码如下：

```
# ./tcp_client.py
import socket
client = socket.socket()
client.connect(('127.0.0.1',5000))            # 连接到指定的 IP 地址和端口号
while True:
    inp=input("Send data to the Server and write it to logfile. Type <Q> to quit.")
    client.send(inp.encode('utf-8'))           # 客户端输入信息并发送
    if (inp=='q')or(inp=='Q'):                  # 如果用户输入了"q"或"Q"，则退出客户端
        break
    message = client.recv(1024).decode()
    print(message)
client.close()
```

./tcp_server.py 执行结果如下：　　　　./tcp_client.py 执行结果如下：

```
127.0.0.1 has connection succesed.          Send data to the Server and write it to logfile. Type <Q> to quit.
The data has been writed to ./log.txt.      Send to Server:Hello world!
The data has been writed to ./log.txt.      Your data has been writed to the Server.
                                            Send to Server:Python is beautiful.
                                            Your data has been writed to the Server.
                                            Send to Server:
```

./tcp_server.py 执行结果如下：

```
127.0.0.1 has connection succesed.
[WinError 10053] 主机中的软件终止了一个已建立的连接
127.0.0.1 has connection succesed.
127.0.0.1 has been disconnected.
（继续等待）
```

./tcp_client.py 执行结果如下：

```
Send data to the Server and write it to logfile. Type <Q> to quit. AAAAAAAAAAAA
The data has been writed to ./log.txt.
Send data to the Server and write it to logfile. Type <Q> to quit.Traceback (most recent call last):
  File "client.py", line 6, in <module>
    inp=input("Send data to the Server and write it to logfile. Type <Q> to quit.")
KeyboardInterrupt
（键盘中断后重新执行）
Send data to the Server and write it to logfile. Type <Q> to quit. BBBBBBBBBBB
The data has been writed to ./log.txt.
Send data to the Server and write it to logfile. Type <Q> to quit. q
（正常退出）
```

12.2.4　创建 UDP 服务器/客户端

UDP 数据可以在无连接状态下进行传输，不存在 TCP 数据传输时那样的连接过程，客户端和服务器的代码中也分别省去了 socket.listen()和 socket.connect()函数的使用。由于该通信为无连接通信，在发送消息时需要显性地指明目的地的 IP 地址和端口号，因此，我们需要使用 socket.sendto()函数来发送消息，使用 socket.recvfrom()函数来接收消息。

现在，我们重写前面那个 TCP 服务器/客户端的 UDP 版本。服务器代码如下：

```
# ./udp_server.py
import socket
sk = socket.socket(socket.AF_INET, socket.SOCK_DGRAM)
sk.bind(('0.0.0.0',5000))                       # 绑定指定的 IP 地址和端口号
while True:
    while True:
        data, remoto_addr = sk.recvfrom(1024)   # 接收客户端发送的信息，缓冲区为 1024 字节
        data = data.decode()
        if data == 'Q' or data == 'q':
            break  # 如果客户端退出程序，则退出本层循环，继续等待下一个客户端连接请求
        log = open('./log.txt','a+')
        log.write(data+'\n')                     # 将收到的信息写入日志文件中
        message = "The data has been writed to ./log.txt."
        log.close()
```

```
            sk.sendto(message.encode('utf-8'), remoto_addr)
    sk.close()
```

因为该通信是无连接通信，所以当客户端非正常终止时，服务器不会产生异常，也就不需要在代码中使用 try...except 语句来捕获 socket.error 了，也不需要关注客户端是否断开。客户端代码如下：

```
# ./udp_client.py
import socket
client = socket.socket(socket.AF_INET, socket.SOCK_DGRAM)
ip_port = ('127.0.0.1',5000)
client.connect(ip_port)                                # 连接到指定的 IP 地址和端口号
while True:
    inp=input("Send data to the Server and write it to logfile. Type <Q> to quit.")
    client.sendto(inp.encode('utf-8'), ip_port)        # 客户端输入信息并发送
    if (inp=='q')or(inp=='Q'):                          # 如果用户输入了 "q" 或 "Q"，则退出客户端
        break
    message, server_addr = client.recvfrom(1024)
    print(message.decode())
client.close()
```

运行结果与前一个例子相同。

对于 UDP 协议而言，使用无连接通信比使用面向连接通信更加灵活，而且不需要为建立连接而产生额外的开销。但是，无连接通信有丢包的风险，即数据在传输过程中可能会丢失。从传输效率和传输可靠性方面来看，还是面向连接通信更好。

12.3 任务 3 掌握服务器多并发功能的实现

在前面的示例中，服务器可以永久运行。一旦一个客户端退出连接，服务器就可以接受下一个客户端的连接请求。但在同一时刻，只能有一个客户端连接。当服务器需要进行大量请求处理时，请求就会阻塞在队列中，甚至发生请求被丢弃的情况。要使服务器能够支持并发访问，同时处理来自多个客户端的请求，就需要多线程支持。

socketserver 模块及支持多并发的服务器端

用套接字传输文件

12.3.1 socketserver 模块

socketserver 模块是标准库中一个高级的模块，这里说的"高级"不仅是指它能够用于简化网络客户端与服务器的实现，而且是指它依赖于其他几个标准库中的模块。查看 socketserver 模块的源代码，可以发现它自身已经导入了 socket、select、sys、os、errno、threading 等模块。socket、sys、os、errno 这几个模块我们已经比较熟悉了，select 模块主要用于 I/O 多路复用，threading 模块主要用于多线程处理。socketserver 模块中一些可用的类及其描述如表 12-2 所示。

表 12-2　socketserver 模块中一些可用的类及其描述

类	描　　述
BaseServer	包含服务器的核心功能与混合类的钩子功能。这个类仅用于派生，不能直接生成这个类的类对象，可以考虑使用 TCPServer 类和 UDPServer 类
TCPServer	基本的网络同步 TCP 服务器，是 BaseServer 类的一个 TCP 实现
UDPServer	基本的网络同步 UDP 服务器，是 BaseServer 类的一个 UDP 实现
ForkingMixIn	每次用户连接会开启新的进程，仅用于派生。仅在支持 fork()函数的系统平台上有这个类
ThreadingMixIn	每次用户连接会开启新的线程，仅用于派生
ForkingTCPServer	ForkingMixIn 类和 TCPServer 类共同的子类
ForkingUDPServer	ForkingMixIn 类和 UDPServer 类共同的子类
ThreadingTCPServer	ThreadingMixIn 类和 TCPServer 类共同的子类
ThreadingUDPServer	ThreadingMixIn 类和 UDPServer 类共同的子类
BaseRequestHandler	包含处理服务请求的核心功能，仅用于派生，可以考虑使用 StreamRequestHandler 类或 DatagramRequestHandler 类
StreamRequestHandler	TCP 服务器的请求处理类的一个实现
DatagramRequestHandler	UDP 服务器的请求处理类的一个实现

　　使用 socketserver 模块创建服务器的核心内容就是 Server 类的创建，无论用户使用的是表 12-2 中的哪一种 Server 类，都需要以一种特定类型的 Handler 类作为其构造函数的参数，这个构造函数会调用相关方法，给类中的其他方法提供必需的数据。以 TCPServer 类为例，它的构造函数先调用父类 BaseServer 的构造函数，同时重新实现了自己的构造函数，包括生成一个新的 socket 对象、绑定 IP 地址和端口号、开始监听。

　　除了地址和端口元组，Server 类的构造函数还需要使用一个 Handler 类作为参数，该类由 BaseRequestHandler 类派生而来，用户可以通过重写它的 handle()方法来实现不同的逻辑流程，以满足特定需要。

　　Server 类通过 serve_forever()方法来实现阻塞等待，该方法主要调用了 select 模块中的 select()函数来实现并发请求的处理。

12.3.2　创建支持多并发的服务器

　　仍然以远程写入日志文件为例，现在我们改写服务器代码，要求服务器能够接受多个客户端同时连接和传送数据。为了判断数据究竟来自哪个客户端，用户可以通过在 Handler 类中调用 self.client_address 字段来获取客户端地址，然后以"地址：数据"的格式写入日志文件中。

　　在之前的示例中有两层死循环，外层循环用于永久等待下一个客户端连接请求，内层循环用于在单个连接的生命周期内阻塞等待客户端发送的消息。由于 serve_forever()方法本身就提供了阻塞等待的功能，因此我们只需要实现单层循环即可。

　　服务器参考代码如下：

```
#Threading_Server.py
import socketserver
import socket
class MyServer(socketserver.BaseRequestHandler):
    def handle(self):
        conn = self.request
        client_addr = self.client_address[0]
        print("%s has connection succesed." % client_addr)
        while True:
            try:
                data = conn.recv(1024).decode()
                if data == 'q' or data =='Q':
                    print("%s has been disconnected." % client_addr)
                    break
                with open('./log.txt', 'a+') as log:
                    log.write(client_addr + ' writed :' + data + '\n')   # 将收到的信息写入日志文件
                message = ("The data from %s has been writed to ./log.txt." % client_addr)
                print(message)
                conn.send(message.encode('utf-8'))
            except socket.error as e:
                print(e)
                break
        conn.close()

server = socketserver.ThreadingTCPServer(('0.0.0.0',5000),MyServer)
server.serve_forever()
```

客户端的代码无须修改，与 12.2.2 节中的例子保持一致即可，只是如果要用多个计算机来测试，则需要在客户端使用服务器的真实 IP 地址代替本地环回测试 IP 地址 127.0.0.1。多个客户端可以同时或交替发送消息，而最终服务器上的日志文件的记录则取决于每个客户端发送消息的顺序。详细运行结果请读者自行测试。

12.3.3 通过 socketserver 模块传输文件

我们都知道，在计算机底层，一切指令和数据都是以二进制数形式存在的。无论是一段代码还是一张图片、一段音频、一个压缩包，本质上都是由 0 和 1 组成的不同序列。之前我们已经知道如何使用 Python 自身的文件处理功能对文件进行读/写操作，现在我们可以读取一份文件，将其发送到远程计算机，并在另一端接收数据，写入文件。关键在于，使用 open() 函数打开文件句柄时要使用基于二进制的读/写模式。

客户端在成功读取文件后，就需要考虑如何发送数据。因为 socket.recv() 函数的缓冲区默认为 1024 字节，最大为 8196 字节，也就是 8KB。因此，我们一次发送的数据必须小于或等于缓冲区大小，并使用一个临时变量来记录已发送的字节数。在每次发送后，对临时变量的值进行累加，直到该变量的值等于文件大小，这意味着文件已经被完整发送——为此我们需要知道文件大小，这可以通过 os.stat(path).st_size 字段获取。

同理，服务器也需要使用一个临时变量来记录已接收的字节数，并且在每次接收数据后均需要对临时变量的值进行累加，直到文件接收完成。

由于文件是从客户端发往服务器的，因此为了方便理解，下面先编写客户端的代码。参考代码如下：

```
1    # ./file_client.py
2    import socket
3    import os
4    sk = socket.socket()
5    sk.connect(('127.0.0.1', 5000))
6    while True:
7        print("You can enter the File Path that you want to upload,"
8              "it must be an absolute path. Type <Q> to quit.")
9        pathabs = input('Enter: ')                  # 用户必须输入文件的绝对路径及文件名
10       if (pathabs=='q') or (pathabs=='Q'):        # 如果用户输入"q"，则直接通知服务器，并退出程序
11           sk.send(pathabs.encode('ascii'))
12           break
13       if not os.path.exists(pathabs):             # 如果文件不存在
14           print('This file does not exist: ', pathabs, ' \nTry again please.') # 则告诉用户，进入下一轮循环
15           continue
16       path, file_name = os.path.split(pathabs)    # 将路径分割为所在目录和文件名
17       file_size = os.stat(pathabs).st_size        # 返回文件的大小，以字节为单位
18       print('Trying send ',file_name)
19       sk.send(file_name.encode('ascii') + b',' + str(file_size).encode('ascii')) # 发送文件名及文件大小
20       send_size = 0                               # 初始发送 0 字节
21       f = open(pathabs, 'rb', buffering=4096)     # 以二进制读取模式打开，缓冲区大小为 4096 字节
22       point = 0
23       while True:
24           f.seek(point)
25           if file_size < send_size + 4096:        # 如果文件大小小于（已发送大小+4096 字节）
26               data = f.read(file_size - send_size) # 则读取文件（文件大小–已发送字节）
27               sk.send(data)
28               break
29           else:
30               data = f.read(4096)                 # 否则从文件指针处向后读取 4096 字节
31               send_size += 4096                   # 更新已发送文件大小
32               sk.send(data)                       # 发送读取的字节
33               point = f.tell()
34       f.close()
35       print(sk.recv(4096).decode())              # 上传完毕后接收来自服务器的确认信息
36   sk.close()
```

  需要注意的是，套接字在收发消息时会在内存中开辟一块区域作为缓冲区，而文件句柄也有自己的缓冲区。因此，客户端会先从磁盘读取文件中的一个二进制串，将其放进文件句柄的缓冲区，并提交到套接字的缓冲区，再进行发送。

  因为我们设置了全缓冲，并且将文件的缓冲区和套接字的缓冲区设置为相同的大小，均为 4096 字节，所以我们不需要在每次读取数据之后都使用 file.flush()方法清空缓冲区。每次读取 4096 字节并发送，使缓冲区被填满，并自动刷新；下一次再读取 4096 字节，以此类推，直到文件读取和发送结束。

  服务器代码如下：

```
1    #./file_server.py
2    import socketserver
3    import os
4    from socket import error
5    class MyHandler(socketserver.BaseRequestHandler):
6        def handle(self):
```

```
7            base_path = 'D:/temp/'                                # 任何用户上传的文件均位于此目录中
8            conn = self.request                                  # 用户请求产生的套接字对象
9            print("%s has connection succesed." % self.client_address[0])
10           while True:
11               try:
12                   pre_data = conn.recv(4096).decode()
13                   if (pre_data=='q') or (pre_data=='Q'):      # 如果收到 "q"
14                       print("%s has been disconnected." % self.client_address[0])
15                       break                                    # 退出循环，等待下一个客户端连接请求
16                   file_name, file_size = pre_data.split(',')  # 获取文件名、文件大小
17                   recv_size = 0                                # 已经接收的文件大小
18                   file_dir=os.path.join(base_path, file_name) # 将路径和文件名拼接起来
19                   # 创建文件，按二进制写入，缓冲区为 4096 字节
20                   f=open(file_dir,'wb', buffering=4096)
21                   while True:
22                       if int(file_size) > recv_size:          # 如果文件尺寸大于已接收的尺寸
23                           data = conn.recv(4096)               # 接收收据
24                           recv_size += len(data)               # 写入文件
25                           f.write(data)                        # 将数据写入文件句柄的缓冲区
26                       else:
27                           recv_size = 0
28                           break
29                   print('File %s transfer completed and saved to D:/Temp' % file_name)
30                   conn.send(b'Upload successed.')
31                   f.close()
32               except (error, IOError) as e:
33                   print(e)
34                   break
35
36  fileserver = socketserver.ThreadingTCPServer(('127.0.0.1',5000),MyHandler)
37  fileserver.serve_forever()
```

注意第 7 行代码，指定了接收的文件的存放路径，需要事先确保这个目录是存在的，否则会产生 IOError 异常。另外注意第 27 行代码，之所以要将已接收尺寸归零，是为了使客户端可以继续上传文件。运行结果涉及文件的传输结果，请读者自行运行代码进行查看。

谈到文件传输，实际上 Python 标准库中已经包含了用于创建 FTP 应用的 ftplib 模块，限于篇幅，这里不再详细介绍，请读者自行研究。

12.4 小结

本项目首先介绍了网络层次结构、套接字、面向连接与无连接通信等网络编程的基本知识，然后介绍了 Python 中基于套接字的网络编程。

- 计算机网络层次结构
- 客户端/服务器架构
- 套接字
- 面向连接与无连接通信
- socket 模块及其对象
- 创建 TCP 服务器/客户端

- 创建 UDP 服务器/客户端
- socketserver 模块与创建支持多并发的服务器
- 基于套接字的文件传输

12.5 习题

1．在使用套接字编程时，TCP 和 UDP 服务器中的哪一种服务器在接受连接后，会把连接交给不同的套接字以处理与客户的通信？

2．编写一个程序，让客户端能够发送消息使服务器休眠，并且客户端指定休眠多长时间，服务器就休眠多长时间。

3．对于 12.3.3 节的文件传输程序，是否可以使用无连接通信的方式？

多线程和多进程

由于对称多处理技术（包括单芯片多处理器）的发展，现在绝大多数计算机都拥有多个 CPU。如果程序只在单个 CPU 上运行，就无法充分发挥计算机的运算性能。为了避免这种浪费，进一步提高程序的性能，就需要使用多线程或多进程的程序设计方法。本项目将简单介绍进程和线程的概念，并介绍 Python 中与多线程、多进程有关的编程方法。

13.1　任务 1　了解进程和线程的概念

进程和线程都是计算机运行过程中产生的实体，不严谨地说，线程是进程的子集。系统通过管理和调度多个进程或线程，从而实现并发处理。因此，进程和线程必须工作在支持多任务的计算机系统上，即下面提到的多道程序设计系统和对称多处理系统。

并发：多道程序设计、对称多处理

进程和线程基本概念

13.1.1　多道程序设计和对称多处理

多道程序设计是早期的并发处理设计。因为 CPU 的运行速度比 I/O 设备快得多，所以程序为了等待 I/O 操作而使 CPU 闲置的问题在早期的批处理系统中十分突出。假设内存空间可以同时容纳操作系统和多个应用程序，那么当一个程序需要等待 I/O 操作时，CPU 可以转而执行另一个可能并不在等待 I/O 操作的程序。这种方法可以称为多道程序设计（Multiprogramming）或多任务处理（Multitasking），是现代操作系统的主要设计方案。

如图 13-1 所示，在一台单 CPU 的计算机中，当只有一个程序时，程序会因为等待 I/O 操作而阻塞，此时 CPU 处于闲置状态。当多个程序在内存中时，虽然任一时刻仍然只能执行一个程序，但当该程序阻塞时，CPU 可以转而执行另一个非阻塞的程序。除非所有的程序都阻塞，否则 CPU 就不会闲置。

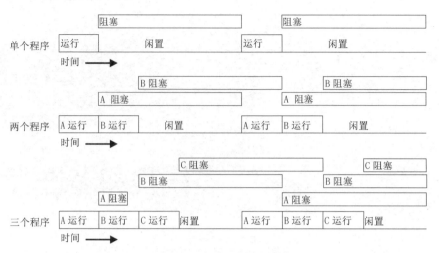

图 13-1　多道程序设计系统

由于 CPU 的速度比人的反应速度快若干个数量级，因此，CPU 以非常微小的时间间隔交替执行多个程序是可行的——在人的主观感受上，这些程序基本上相当于同时在执行。

随着硬件性能的提高和价格的下降，计算机设计者可以在单台计算机上堆叠多个 CPU 以实现并行处理操作。这种技术被称为对称多处理（Symmetrical Multi-Processing，SMP），在一台计算机上汇集了一组 CPU，使各个 CPU 之间共享内存、子系统及总线结构。它是相对于非对称多处理技术而言的、应用十分广泛的并行技术。除了在小型计算机、服务器上常见的多路（多个插槽）CPU 架构，对称多处理也包括单芯片多处理器，即多核心 CPU。

在单 CPU 的多道程序设计系统中，程序会交替运行，表现出一种多个程序同时执行的外部特征。虽然不能实现真正的并行处理，并且在程序之间来回切换也需要一定的开销，但是交替执行在处理效率和程序结构方面还是带来了很大的好处。在对称多处理系统中，不仅可以交替运行多个程序，而且这些程序可以重叠运行，如图 13-2 所示。与"并发"不同，"并行"这一术语特指这样的重叠运行。

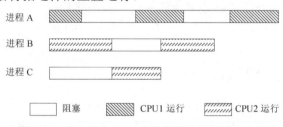

图 13-2　在有两个 CPU 的计算机上运行的三个程序

13.1.2　进程

在早期的批处理系统中，一个正在运行的程序被称为"作业"；对于实现了并发处理的计算机系统而言，正在运行的程序被称为"进程"。从本质上来说，计算机程序只不过是记录在磁盘中的可执行的代码，可能是二进制数形式，也可能是其他类型。这些计算机程序只有在被加载到内存中，被操作系统调用时才会开始它们的生命周期。除了程序自身的指令，进程还包括地址空间、内存、数据栈及其他记录其运行轨迹的辅助数据。操作系统可以管理在其上运行的所有进程，并为这些进程公平地分配 CPU 时间。

由于进程有自己专属的内存空间、数据栈等，因此进程间的协作或其他目的的数据交换只能通过进程间通信（InterProcess Communication，IPC）来实现，而不能直接共享信息。

当进程正在 CPU 上执行指令时，它当前的状态被称为运行态；当进程准备就绪，随时可以执行（如正在等待另一个进程让出 CPU）时，它当前的状态被称为就绪态；当进程正在等待一个 I/O 操作而不能在 CPU 上执行时，它当前的状态被称为阻塞态。当操作系统使一个进程的状态发生改变时，称为进程切换。不同的进程交替在 CPU 上执行，就是多个进程不断地切换状态。进程切换的开销相对较大，操作系统必须保存程序执行的上下文环境，更新进程的状态信息及其他信息域。此外，还必须更新内存管理的数据结构，这取决于如何管理地址转换（如是否使用虚拟内存）。

13.1.3 线程

进程是系统进行资源分配的基本单位，系统以进程为单位分配给它所需的空间、完成任务需要的其他各类外围设备资源和文件。同时，进程也是处理器调度的基本单位，进程在任一时刻只有一个执行控制流，通常将这种结构的进程称为单线程进程（Single Threaded Process）。

线程是程序执行流的最小单元，是被系统独立调度和分配的基本单位。线程自己不拥有系统资源，只拥有一些必不可少的、能保证独立运行的资源，但它可与同属一个进程的其他线程共享进程所拥有的全部资源。一个线程可以创建和撤销另一个线程，同一进程中的多个线程之间可以并发执行。每一个程序至少有一个线程，若一个程序只有一个线程，该线程就是程序本身。由于线程的这些特性，有时我们也将其称为轻量级进程。

多线程是指操作系统在单个进程内支持多个线程并发执行的能力。每个进程中只有一个线程在执行的传统方法称为单线程方法。UNIX 是一个典型的例子：支持多用户、多进程，但只支持每个进程只有一个线程。Linux 内核也只提供了轻量级进程的支持，但并未实现线程模型。Windows 则原生支持多线程。单线程进程和多线程进程的组织结构如图 13-3 所示。

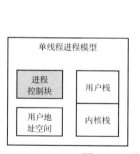
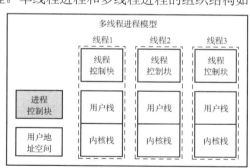

图 13-3　单线程进程和多线程进程的组织结构

在不同的指标下，进程和线程有各自的优势和不足。在本项目的最后，我们会详细列举出来，并针对如何在进程和线程之间进行选择给出一些参考意见。从操作系统发展的角度来看，多线程是比多进程更先进的并发方式。多线程的主要优点有以下 4 种。

（1）在一个已有进程中创建一个新线程比创建一个全新进程花费的时间少。

（2）终止一个线程比终止一个进程花费的时间少。

（3）同一进程内线程间切换比进程间切换花费的时间少。

（4）线程提高了不同的执行程序间通信的效率。在大多数操作系统中，独立进程间的通信需要内核的介入，以提供保护和通信所需要的机制。但是，由于在同一个进程中的线程共享内存和文件，因此它们无须调用内核就可以互相通信。

13.2　任务 2　掌握 Python 中的多线程编程

Python 标准库提供了支持多线程的模块。早期的 thread 模块提供了初级、原始的多线程支持，但因为有一些缺陷，所以在 Python 3 中已经被弃用了。不过，出于兼容性的考虑，它还没有被移除，只是被改名为 _thread。下面将主要介绍相对高级的、支持守护线程和其他重要特性的 threading 模块，以及在多线程环境下常用的 queue 模块，还会讨论关于全局解释器锁这一 Python 中特殊的机制。

threading 模块及 Thread 类

守护线程、抢占和释放 CPU

13.2.1　threading 模块简介

threading 模块通过 Thread 类来实现与线程有关的功能，还提供了各种非常好用的同步机制。如表 13-1 所示，列出了 threading 模块中较为重要的类及其描述。

表 13-1　threading 模块中较为重要的类及其描述

类	描　　述
Thread	表示一个线程的执行对象
Lock	锁原语对象（与 thread 模块中的锁对象相同）
RLock	可重入锁对象，使单线程可以再次获得已经获得了的锁（递归锁定）
Condition	条件变量对象，能让一个线程停下来，以等待其他线程满足某个"条件"，如状态的改变或值的改变
Event	通用的条件变量。多个线程可以等待某个事件的发生，并且在事件发生后，所有的线程都被激活
Semaphore	信号量，为等待锁的线程提供一个可消耗的计数数值
BoundedSemaphore	与 Semaphore 类类似，只是它不允许超过初始值
Timer	与 Thread 类类似，只是它需要等待一段时间后才开始运行

Thread 类是 threading 模块中的主要运行对象，在实例化一个 Thread 类时，需要为其构造函数传递两个参数，即 target 和 args，分别表示子线程的函数及其参数元组（必须是元组格式）。接下来，我们可以使用 Thread.start()方法开始这个新的线程。在下面的示例中，使用 Thread 类创建了一个子线程，并在子线程中打印字符串，代码如下：

```
1    from threading import Thread
2    def foo(args):                           # 先定义子线程函数
3        count = 1
4        for i in args:
```

```
5              print("%2d : %s" % (count,i))        # 每次打印一个序号和一个字符串
6              count +=1
7
8       t1=Thread(target=foo,args=('Einstein',))
9       t1.start()
10      print(t1.getName())                          # 获取线程的名称并打印
```

执行结果如下：

```
Thread-1 1 : E

 2 : i
 3 : n
 4 : s
 5 : t
 6 : e
 7 : i
 8 : n
```

在程序的第 10 行代码中使用了 Thread.getName()方法来获取线程的名称，对应地，Thread.setName()方法用于为线程设置一个新的名称。Thread.isAlive()方法可以用来查询这个线程是否还在运行中。

需要特别说明的是，Thread.start()方法只是用于启动子线程，而在调用构造函数时传入的线程函数其实是由 Thread.run()方法来调用的。因此，Thread 类的另一种常见用法是从它派生一个新类，然后在子类中重新实现 run()方法，例如，在 Thread.run()方法的基础上加入一些其他的功能。稍后会展示这种用法。

13.2.2　守护线程

在使用 threading 模块时，主线程是守护线程，创建子线程之后不会再干预其运行，而是继续执行自己的指令。所以在 13.2.1 节的示例中先执行了第 10 行代码，打印了线程名称 Thread-1，然后转而执行子线程。支持守护线程是 threading 模块优于 thread 模块的一项重要判断指标。在 thread 模块中，当主线程退出时，所有的子线程无论是否还在工作，都会被强行退出，有时这会导致意外的结果。守护线程被用来解决这样的问题，它会像一个等待客户端请求的服务器那样，如果没有客户端提出请求，它就在那里等着。当进程退出时，它会等待除守护线程之外的所有线程正常退出。

如果我们不希望守护线程等待一个子线程正常结束，则可以通过更改 self.daemon 字段来进行设置。self.daemon 是一个布尔型变量，默认是 False，表示主线程会等待它；True 则表示不等待。self.daemon 不允许被直接赋值，用户需要通过 Thread.setDaemon()方法来修改它，并且应该在执行 Thread.start()方法之前。用户可以使用 Thread.isDaemon()方法来查询 self.daemon 的值。

回到 13.2.1 节的示例代码，在第 9、10 行代码之间插入一行代码：

```
t1.setDaemon(True)
```

执行结果如下：

```
1 : E
2 : i
```

```
3 : n

4 : s
```

由于线程 t1 被设置为不被等待，因此在主线程执行完毕之后，整个程序就结束了，字符串并没有被打印完。

13.2.3 抢占和释放 CPU

在一些特定的情况下，我们希望一个子线程完全受控运行。例如，子线程在特定的时候抢占 CPU 开始运行，并在规定的时间之后交出 CPU 的使用权，无论它是否执行完毕。对于这种需求，可以使用 Thread.join(timeout)方法来实现。Thread.join()方法在执行时会立即从主线程那里获得 CPU，如果用户没有明确指定参数，它将一直运行，直到子线程执行完毕。用户也可以指定一个浮点数，用于表示在规定的时间之后阻塞，并释放 CPU。示例如下：

```
1    from threading import Thread
2    from time import sleep
3
4    def foo(args):
5        count = 1
6        for i in args:
7            print("%2d : %s" % (count,i))
8            count +=1
9            sleep(0.3)              # 每打印一个字符就阻塞 0.3 秒
10
11   t1=Thread(target=foo,args=('Turing',))
12   t1.start()
13   t1.join(1)                     # 抢占 CPU 并在 1 秒后主动释放
14   print('After t1.join()')
```

执行结果如下：

```
 1 : T
 2 : u
 3 : r
 4 : i
After t1.join()
 5 : n
 6 : g
```

在这个程序的第 12～13 行，子线程在开始运行之后立即抢占了 CPU，并设置了运行时间为 1 秒。在子线程内部，首先打印字符串的第 1 个字符，然后睡眠 0.3 秒，之后打印第 2 个字符。在打印了第 4 个字符后，累计已经耗费超过 0.9 秒，因此在打印第 5 个字符之前就已经超时，于是子线程会释放 CPU，并且程序运行流程转到主线程。由于子线程不是守护线程（即 self.daemon 字段没有被设置为 True），因此，当主线程结束后，仍然会将 CPU 交回给子线程，使其能够执行完剩余的代码。

13.3　任务 3　了解多线程有关的高级话题

线程和线程之间可能有竞争（访问相同的数据），也可能有协作（彼此依赖对方的执行结果），因此涉及同步和互斥，下面将分别介绍这些概念。

线程和队列　　　　　线程安全　　　　　多线程其他问题　　　　全局解释器锁

13.3.1　线程与队列

queue 模块提供了队列类型数据结构的实现，即先进先出（First In First Out，FIFO）。虽然 queue 模块并不是多线程专用的，但是在有些多线程场景下必须得到队列的支持，例如，著名的生产者-消费者问题（Producer-Consumer Problem）。

除了 FIFO 队列，queue 模块还提供了后进先出的栈（Last In First Out，LIFO）和基于优先级的队列。它们都是以类的形式提供的。

queue.Queue(maxsize)，即 FIFO 队列，其构造函数的参数决定了队列允许的最大长度。使用 Queue.qsize() 方法可以获取队列当前的长度。此外，还有两个方法比较重要：

```
Queue.put(item[, block[, timeout]])
```

其中，item 是要追加的数据，block 和 timeout 都是可被省略的。timeout 是一个正整数，表示进程或线程阻塞指定的秒数，默认为 0，表示不超时，如果超时并且没有空间可用（队列已满）时，则抛出异常。block 默认为 True，如果为 False，则当没有空间可用时会立即抛出异常。

```
Queue.get([block[, timeout]])
```

该方法用于从队列中取出一个数据，block 和 timeout 的作用同 Queue.put() 方法。

13.3.2　子任务：生产者-消费者问题

生产者-消费者问题也称为有限缓冲问题（Bounded-Buffer Problem），是一个多线程同步问题的经典案例。该问题描述了两类共享固定大小缓冲区的线程（即所谓的生产者和消费者）在实际运行时会发生的问题。生产者的主要作用是生成一定量的数据并将其放到缓冲区中，然后重复此过程。与此同时，消费者也在缓冲区消耗这些数据。该问题的关键就是要保证生产者不会在缓冲区满时加入数据，消费者也不会在缓冲区空时消耗数据。

假设孙悟空和猪八戒在烤鸭店打工，他们各自管理一台全自动烤鸭机，可以独立制作烤鸭。无论是谁做出了新的烤鸭，都会将其放到一个共同的货架上。与此同时，不断地有顾客来购买烤鸭，因此货架上的烤鸭会不时地被取走。当货架被取空时，则拒绝顾客购买；当货架被放满时，则必须停止生产。参考代码如下：

```
from threading import Thread
from queue import Queue
from time import sleep

class Producer(Thread):                          # 生产者是 Thread 类的子类
    def __init__(self, name, queue):
        self.__Name = name                       # 生产者的名字，有几个实例就有几个生产者
        self.__Queue = queue                     # 生产者将产品放入的队列
        super(Producer, self).__init__()         # 调用父类的构造函数

    def run(self):
        while True:
            if not self.__Queue.full():          # 如果队列未满
                self.__Queue.put('Roast Duck')   # 追加新产品到队列
                print('A roast duck is produced.')
            sleep(1)

class Consumer(Thread):                          # 消费者也是 Thread 类的子类
    def __init__(self, name, queue):
        self.__Name = name                       # 消费者的名字，有几个实例就有几个消费者
        self.__Queue = queue
        super(Consumer, self).__init__()

    def run(self):
        while True:
            if not self.__Queue.empty():         # 如果队列非空，则取出一个产品
                self.__Queue.get()
                print('Sold a roast duck.')
            sleep(1)

que = Queue(maxsize=32)                           # 队列（货架）容量为 32

WuKong = Producer('SunWuKong',que)               # 线程-生产者孙悟空
WuKong.start()
BaJie = Producer('ZhuBaJie',que)                 # 线程-生产者猪八戒
BaJie.start()

for item in range(20):                           # 产生 20 个消费者线程
    name = 'Consumer%d' % item
    temp = Consumer(name, que)
    temp.start()                                 # 消费者线程启动
```

执行结果如下：

```
A roast duck is produced.
A roast duck is produced.
Sold a roast duck.
Sold a roast duck.
A roast duck is produced.
Sold a roast duck.
A roast duck is produced.
Sold a roast duck.
A roast duck is produced.
Sold a roast duck.
```

13.3.3　线程锁、临界资源和互斥

由于线程可以共享进程的内存空间，因此可能会发生多个线程修改同一个变量的情况，从而导致某一时刻此变量的值和预期的不一致。虽然子线程是按一定的顺序产生的，但是它们获取 CPU 的顺序可能是混乱的，特别是在有阻塞的情况下更容易发生这种事。示例如下：

```python
import threading
import time

n = 0                              # 全局变量
def foo(args):
    time.sleep(1)
    global n                       # 全局变量
    n += 1
    print('[%d]=%d  ' % (args,n),end="")   # 线程编号和全局变量，最后的逗号表示打印后不换行

for i in range(100):
    t = threading.Thread(target=foo, args=(i,))
    t.start()
```

执行结果如下：

```
[0]=1    [1]=2    [2]=4   [3]=3    [6]=6    [5]=7    [7]=5    [4]=8    [10]=10   [12]=11
[9]=12   [8]=13   [11]=9  [13]=15  [14]=16  [15]=14  [19]=18  [18]=19  [17]=20
[20]=18  [16]=19  [21]=17 [28]=21  [27]=22  [25]=23  [24]=24  [23]=25  [22]=26
[26]=20  [32]=28  [31]=29 [30]=30  [29]=31  [33]=27  [39]=33  [40]=32  [38]=34
[37]=35  [36]=36  [35]=37 [34]=38  [44]=40  [43]=41  [41]=42  [42]=39  [46]=43
[45]=44  [50]=46  [51]=47 [49]=48  [48]=49  [47]=50  [53]=51  [52]=45  [57]=53
[56]=54  [55]=55  [54]=56 [58]=52  [62]=58  [61]=59  [59]=60  [60]=57  [63]=59
[64]=61  [65]=62  [66]=60 [67]=64  [68]=63  [71]=66  [70]=67  [69]=65  [77]=69
[75]=70  [76]=68  [74]=71 [72]=72  [73]=73  [84]=76  [83]=77  [80]=78  [78]=79
[79]=80  [82]=74  [81]=75 [89]=81  [87]=82  [88]=83  [85]=85  [86]=84  [95]=87
[92]=88  [91]=89  [90]=90 [94]=86  [93]=91  [99]=93  [97]=94  [96]=95  [98]=92
```

在上述代码中，100 个线程依次对同一个全局变量进行加 1 的操作，可以看到，最后的结果并不是 100，而是 92。有时候，连打印的信息也是混乱的，可能一个 print 语句只打印了一半的字符，就会暂停这个线程并执行另一个线程，所以我们看到的结果很乱，这种现象称为"线程不安全"。

如果对全局变量加锁，使得该变量在被锁定期间只能被锁的持有者访问，这样就可以避免上面的情况了。一个线程要修改全局变量时，首先对全局变量加锁，使得其他线程无法访问这个变量。当修改完成之后，该线程释放锁，使该变量可以被其他线程访问。被加锁的资源称为"临界资源"。与进程相同，当一个线程正在访问临界资源时，我们就认为该线程位于"临界区"。这种在同一时刻只能有一个线程访问临界资源的机制称为"互斥"。

threading.Lock 是一个实现了锁的类，它的用法和 thread 模块中的锁类似。对于前面示例中的那段代码，现在我们给它加上锁，代码如下：

```python
import threading
import time
num = 0
def foo(args):
    time.sleep(1)
```

```
    global num
    if lock.acquire():  # 不要在休眠时加锁，否则休眠时其他线程无法获取 CPU，影响并发
        num += 1
        print('[%d]=%d  ' % (args,num),end="")
        lock.release()

lock = threading.Lock()
for i in range(100):
    t = threading.Thread(target=foo, args=(i,))
t.start()
```

执行结果如下：

[4]=1	[3]=2	[1]=3	[0]=4	[2]=5	[6]=6	[8]=7	[7]=8	[5]=9	[10]=10
[12]=11	[9]=12	[11]=13	[16]=14	[15]=15	[13]=16	[14]=17	[20]=18		
[21]=19	[19]=20	[18]=21	[17]=22	[27]=23	[26]=24	[25]=25	[24]=26		
[22]=27	[23]=28	[32]=29	[31]=30	[29]=31	[28]=32	[30]=33	[35]=34		
[37]=35	[36]=36	[34]=37	[33]=38	[41]=39	[40]=40	[39]=41	[38]=42		
[45]=43	[44]=44	[43]=45	[42]=46	[48]=47	[47]=48	[46]=49	[51]=50		
[50]=51	[49]=52	[53]=53	[52]=54	[58]=55	[57]=56	[56]=57	[54]=58		
[55]=59	[61]=60	[62]=61	[60]=62	[59]=63	[63]=64	[67]=65	[66]=66		
[65]=67	[64]=68	[71]=69	[70]=70	[68]=71	[69]=72	[73]=73	[72]=74		
[75]=75	[74]=76	[79]=77	[78]=78	[76]=79	[77]=80	[80]=81	[81]=82		
[82]=83	[84]=84	[83]=85	[89]=86	[88]=87	[87]=88	[86]=89	[85]=90		
[90]=91	[93]=92	[92]=93	[91]=94	[94]=95	[98]=96	[97]=97	[96]=98		
[95]=99	[99]=100								

从上述执行结果可以看到，虽然线程执行的先后顺序仍然是混乱的（代码中并没有控制线程启动的顺序），但全局变量的值是按顺序增长的。把 Lock.acquire() 方法作为 if 语句的条件表达式并不是必需的，但这样可以提高代码的可读性。Lock.acquire() 方法和 Lock.release() 方法作为锁的边界，包含哪些语句是有考量的，用户可以尝试着改变它们的位置，看看程序执行结果有什么不同。

13.3.4　死锁

死锁也是进程管理中常见的术语，同样可以被应用到线程中。在满足互斥的条件下，可能有两个或两个以上的线程，都在等待对方释放临界资源。不幸的是，它们都需要先获取对方的资源，才会释放自己的资源，这导致双方陷入永久性的等待。

有时候，线程需要重复申请临界资源，也就是说，当线程在获取临界资源后，需要再次获取临界资源，这就形成了嵌套的锁。但是，Lock 对象并没有标识，线程无法判断哪一个 acquire() 方法对应哪一个 release() 方法，因此它和自身形成了死锁，代码如下：

```
1    import threading
2    import time
3    num = 0
4    def foo(args):
5        time.sleep(1)
6        global num
7        if lock.acquire():
8            num += 1
9            print('[%d]=%d  ' % (args,num),end="")
10           if lock.acquire():
```

```
11                      num += 1
12                      print('[%d]=%d  ' % (args, num),end="")
13                      lock.release()
14                  lock.release()
15
16      lock = threading.Lock()
17      for i in range(100):
18          t = threading.Thread(target=foo, args=(i,))
19          t.start()
```

执行结果如下：

[0]=1　（注：永久阻塞）

threading 模块中还有一个 RLock 类，称为可重入锁。该锁对象内部维护着一个 Lock 类和一个 counter 对象。counter 对象可以记录 acquire 的次数，使得资源可以被多次 acquire。最后，当所有的 RLock 请求被 release 后，其他线程才能获取资源。在同一个线程中，RLock.acquire()方法可以被多次调用，利用该特性，可以解决部分死锁问题。对于上述代码，只需要将第 16 行代码中的"threading.Lock()"改为"threading.RLock()"，即可正常执行，得到正确的结果。

13.3.5　信号量

信号量（Semaphore）是一种带计数的线程同步机制，可以被看作一种带有可使用次数的锁，每当一个线程通过信号量访问临界资源时，减少计数；每当一个线程释放临界资源时，增加计数；当计数为 0 时，资源不可被访问。在 Python 中，信号量是 threading 模块下定义的类，和 Lock 类一样提供了 acquire()和 release()两个方法。当调用 acquire()方法时，会减少计数；当调用 release()方法时，会增加计数；当计数为 0 时，资源不可被访问，线程会自动阻塞，等待 release()方法被调用。

threading 模块提供了两种信号量，即 Semaphore 和 BoundedSemaphore，区别在于后者有一个可设置的计数上限，在调用 release()方法时，会检查增加的计数是否超过上限，这样就保证了访问临界资源的线程数量是可控的。下面是一个使用 BoundedSemaphore 的示例，代码如下：

```
import threading
import time
num = 0
def foo(args):
    global num
    if sem.acquire():                    # 访问资源，信号量+1
        time.sleep(1)
        num += 1
        sem.release()                    # 释放资源，信号量-1
    print('args=【%d】, value=%d;  ' % (args,num))

sem = threading.BoundedSemaphore(4)      # 信号量上限为 4
for i in range(100):
    t = threading.Thread(target=foo, args=(i,))
    t.start()
```

在上述代码中，信号量作为一把特殊的锁，上限被设置为 4，即最多允许 4 个线程同时访问临界资源，因此即使 100 个线程同时运行，同一时刻也只有 4 个线程能够访问全局变量。代码的执行结果请读者自行查看。

13.3.6　全局解释器锁

全局解释器锁（Global Interpreter Lock，GIL）是 Python 中的一个高级特性。在讨论什么是 GIL 之前，先来看一个问题，运行下面这段死循环代码，它会使 CPU 占用率达到多少呢？

```
def dead_loop():        # 请勿在工作中模仿，危险
    while True:
        pass
dead_loop()
```

如果是一个单核心、没有超线程技术的 CPU，它的确可以使 CPU 负载达到 100%。但对于具有 4 个核心的 CPU 来说，其负载最多能达到 25%。

那么，我们尝试在 4 个子线程中运行 4 个这样的死循环，代码如下：

```
from threading import Thread
def dead_loop():
    while True:
        pass
for i in range(4):
    t = Thread(target=dead_loop)
    t.start()
```

一般来说，它应该能做到占用 4 个核心的 CPU 资源，可是实际运行结果并没有什么改变，还是只占用了 25%。这是为什么呢？其实真正原因就是 GIL。

在 Python 语言的主流实现 CPython 中，GIL 是一个货真价实的全局线程锁，在解释器解释执行任何 Python 代码时，都需要先获得这把锁，在进行 I/O 操作时，由于 CPU 必须等待 I/O 操作的结果，因此会释放这把锁，即释放 CPU。

如果是纯计算的程序，没有 I/O 操作，则解释器会每隔 100 次操作就释放这把锁，让其他线程有机会执行。这个次数可以通过 sys.setcheckinterval()函数来调整，如果用户调整过它但忘记了具体的值，也可以通过 sys.getcheckinterval()函数来查看。

虽然 CPython 的线程库直接封装了操作系统的原生线程，但 CPython 进程作为一个整体，同一时间只能有一个获得了 GIL 的线程在运行，其他的线程都处于等待状态——等着 GIL 的释放。这也就解释了上面的实验结果：虽然有多个死循环的线程，而且有多个物理 CPU 内核，但因为 GIL 的限制，多个线程只能进行分时切换，总的 CPU 占用率不会超过单个核心和所有的比率。

究其原因，GIL 算是一个历史遗留问题。在 20 世纪 90 年代，我们很难预见到对称多处理和多核心会是今后的主流硬件架构，通过一个全局锁实现多线程安全在那个时代应该是最简单且经济的设计了。然而到了今天，想要移除 GIL，用更好的方案代替它，已经变得非常困难了，开发者面对的是有 20 多年历史的 CPython 代码树，甚至还有很多的第三方扩展也依赖于 GIL。

虽然没有 GIL 的替代方案，但作为用户，还是有一些方法可以绕过 GIL 的。

（1）使用多进程代替多线程。虽然线程具有开销小、创建和销毁方便、利于共享数据等

优点，但进程的优势在于健壮、容错性好、更容易实现互斥，在 UNIX/Linux 平台中有更好的性能表现。从 Python 2.6 版本开始，Python 在标准库中引入了 multiprocessing 模块，大大简化了多进程的编写。后面会介绍 multiprocessing 模块的使用。

（2）使用其他解释器。像 JPython 和 IronPython 这样的解释器由于实现语言的特性，不需要 GIL 的帮助。然而由于使用了 Java/C#语言用于解释器实现，失去了利用社区众多 C 语言模块有用特性的机会，因此这些解释器一直比较小众。

（3）在局部使用 C/C++扩展。一般计算密集性的程序都会用 C 代码编写并通过扩展的方式集成到 Python 脚本中（如 NumPy 模块），在扩展中就完全可以使用 C 语言创建原生线程，而且不用锁 GIL，充分利用了 CPU 的计算资源。

（4）使用 ctypes。ctypes 与 Python 扩展不同，它可以让 Python 直接调用任意的 C 动态库的导出函数。我们所要做的只是使用 ctypes 编写一些 Python 代码即可。值得一提的是，ctypes 会在调用 C 函数前释放 GIL。所以，我们可以通过 ctypes 和 C 动态库来让 Python 充分利用物理内核的计算能力。

有了这些方法，开发者足以应对多核时代的挑战，是否在 CPython 中移除 GIL 已经不重要了。而且，对于 I/O 密集型应用来说，CPython 中的多线程仍然可以产生正面效果。

13.4　任务 4　掌握 Python 中的多进程编程

对于 UNIX/Linux 平台，多进程比多线程有更好的性能表现，即使在原生支持多线程的 Windows 平台中，由于有 GIL 存在，对于 CPU 密集型应用来说，多进程也是更好的选择。

多进程基础　　　　　进程间通信　　　　　进程池、同步和异步　　　再论多进程和多线程的对比

13.4.1　multiprocessing 模块简介

multiprocessing 模块是 Python 中的多进程管理模块。与 threading 模块中的 Thread 对象类似，用户可以使用 multiprocessing 模块中的 Process 对象来创建一个进程。该进程可以运行在 Python 程序内部编写的函数。该 Process 对象与 Thread 对象的用法相同，也有 start()、run()、join()等方法。此外，multiprocessing 模块中也有 Lock、Event、Semaphore、Condition 等类（这些对象可以像多线程那样，通过参数传递给各个进程），用于同步进程，其用法与 threading 模块中的同名类基本一致。所以，multiprocessing 模块在很大程度上与 threading 模块使用同一套 API，只不过是在多进程的情景下。但在使用这些共享 API 时，我们需要注意以下几点。

- 在 Windows 平台上，Python 程序创建子进程时，会在每个进程中将自身的.py 源代码文件作为模块导入，在导入之后就会被执行，并且再导入，再执行，从而形成死循环。因此，对于在 Windows 平台上使用 multiprocessing 模块的代码，需要将主程序语句包

含在 "if__name__=='__main__'" 中。而 UNIX/Linux 平台由于通过调用 fork()函数来完成创建进程的工作，因此没有此问题。

- 在 UNIX/Linux 平台上，当某个进程终结之后，该进程需要被其父进程调用 wait()方法，否则该进程会成为僵尸进程（Zombie）。因此，有必要对每个 Process 对象调用 join()方法（实际上等同于调用 wait()方法）。而对于多线程来说，由于只有一个进程，所以没有必要进行该操作。

13.4.2 Process 类

Process 类用于创建、执行和终止一个进程。与 Thread 类相同，用户可以将函数及参数元组放进 Process 类的构造函数中，然后通过 Process.start()方法启动新进程。Process.pid 中保存了进程 ID，如果进程还没有被 Process.start()方法启动，则进程 ID 为 None。下面的代码演示了如何在 UNIX/Linux 平台上创建子进程，并获取对应的进程 ID：

```
import multiprocessing
import os
import time

def info(title):
    print(title)
    if hasattr(os,'getppid'):              # 如果 os 模块里有 getppid（getppid 仅在 UNIX/Linux 平台上有效）
        print("%s's Parent Process ID: %s" % (title, os.getppid()))
    print("%s's PID: %s" % (title, os.getpid()))
    time.sleep(20)                         # 阻塞 20 秒，以供读者查看进程 ID

def subProcess(name):
    info('Function subProcess')
    print('hello', name)

if __name__ == '__main__':
    info('Main Process')
    print(__name__)
    print('-----------------')
    p = multiprocessing.Process(target=subProcess, args=('BraveStarr',))
    p.start()
    p.join()
```

在 Linux 平台上的执行结果如下：

```
Main Process
Main Process's Parent Process ID: 2714
Main Process's PID: 2909
__main__
-----------------
Function subProcess
Function subProcess's Parent Process ID: 2909
Function subProcess's PID: 2912
hello BraveStarr
```

根据代码中的 time.sleep()函数，该程序会有两次各 20 秒的阻塞，此时在 Linux 平台上另行打开一个终端，使用如下命令查看进程 ID：

```
[root@localhost ~]# ps -ef
...
root    2909   2714   0 00:41 pts/0      00:00:00  python  process.py
root    2912   2909   0 00:42 pts/0      00:00:00  python  process.py
```

在查询的结果中，找到最后几行内容，可以看到由 Python 解释器执行的两个进程，前 3 个字段分别表示系统当前用户、进程 ID、进程的父进程 ID，该结果和程序执行的结果是一致的。

13.4.3　跨进程全局队列

由于每个进程只能访问自己的内存空间，因此多个进程之间实际上并不存在直接的数据共享手段，如果涉及进程之间的协作，则通常需要通过 IPC 来实现。一个常用的 IPC 方法是使用跨进程队列 multiprocess.Queue。与之前使用的 queue.Queue 不同，queue.Queue 是进程内非阻塞队列，是进程私有的，而 multiprocess.Queue 则是由一组进程共同使用的。

multiprocess.Queue 的用法与 queue.Queue 的用法基本上是相同的，同样提供了 put()、get()、qsize()等方法，下面给出一个示例，使 10 个进程各自向同一个队列中添加一条数据，最后统一取出这些数据，代码如下：

```
1    import multiprocessing
2    def run(q, n):
3        q.put([n,'hello'])
4    if __name__ =='__main__':
5        q = multiprocessing.Queue()
6        for i in range(10):
7            p = multiprocessing.Process(target=run, args=(q,i))
8            p.start()
9            p.join(1)
10       print(q.qsize())                    # 显示队列长度
11       while not q.empty():                 # 如果队列不为空，则取出队列里的资源
12           print(q.get())
```

执行结果如下：

```
10
[0, 'hello']
[1, 'hello']
[2, 'hello']
[3, 'hello']
[4, 'hello']
[5, 'hello']
[6, 'hello']
[7, 'hello']
[8, 'hello']
[9, 'hello']
```

为了使程序得出正确的结果，我们在第 9 行代码中使用了 join()函数来确保每个进程至少执行 1 秒。如果将时间设置得太短，可能在进程访问临界资源之前就释放了 CPU。这也证实了多进程在创建、启动等阶段不如多线程高效。相对于线程而言，进程是较为重量级的执行单元，因此不宜用于执行粒度太细的任务。

13.4.4　Value 和 Array 类

除了使用跨进程队列，我们也可以使用 Value 和 Array 这两个类来实现消息传递和数据共享。在父进程中的数据，可以通过 Value 和 Array 类使子进程共享。因此，子进程可以修改来自父进程中由 Value 和 Array 类定义的数据。下面演示这两个类的用法，代码如下：

```python
from multiprocessing import Process, Value, Array
def foo(num, arr, raw_list):
    num.value = 3.1415927
    for i in range(5):
        arr[i] = arr[i]*arr[i]
    raw_list.append(9999)
    print('array in sub process: ',arr[:])
    print('raw_list in sub process: ',raw_list)


if __name__=='__main__':
    num = Value('d', 0.0)                          # Value 的构造函数，参数是数据类型和值
    arr = Array('i', range(10))                    # Array 的构造函数，参数是数据类型数组
    raw_list = range(10)                           # 创建一个 Python 原生的数组（即列表），用于对比
    print('num.value: ', num.value)                # 打印 Value 对象的值
    print('arr[]: ',arr[:])                        # 打印 Array 对象中的所有元素
    print('raw list: ',raw_list)                   # 打印 Python 原生数组
    p = Process(target=foo, args=(num, arr, raw_list))  # 参数是 Value 对象、Array 对象和原生列表
    p.start()
    p.join()
    print('num.value: ', num.value)
    print('arr[]: ',arr[:])
    print('raw list: ',raw_list)
```

执行结果如下：

```
num.value:  0.0
arr[]:  [0, 1, 2, 3, 4, 5, 6, 7, 8, 9]
raw list:  [0, 1, 2, 3, 4, 5, 6, 7, 8, 9]
array in sub process:  [0, 1, 4, 9, 16, 5, 6, 7, 8, 9]
raw_list in sub process:  [0, 1, 2, 3, 4, 5, 6, 7, 8, 9, 9999]
num.value:  3.1415927
arr[]:  [0, 1, 4, 9, 16, 5, 6, 7, 8, 9]
raw list:  [0, 1, 2, 3, 4, 5, 6, 7, 8, 9]
```

这里需要对 Value 和 Array 类的构造函数的参数进行说明。第一个参数表示数据类型，第二个参数表示对应的值。虽然 Python 是弱类型语言，但 Value 和 Array 的函数原型定义了它的第一个参数必须是一个 ctypes 类型，或者是一个代表 ctypes 类型的字符代码。比如，c_double 和"d"是等同的，因为"d"是 c_double 类型的代码。ctypes 提供了与 C 语言兼容的数据类型，可以很方便地调用 C 动态链接库中的函数。

在上述代码中，主进程定义了 3 个变量，分别是一个 Value 对象、一个 Array 对象和一个 Python 列表对象。这 3 个变量都被送进了子进程，并在子进程中接受修改。但是，最后打印的结果显示子进程对 Value 和 Array 的修改生效，而对 Python 列表对象的修改无效，这是因为后者不是跨进程共享数据，它只是在子进程中生成了一个副本。

13.4.5　Manager 类

使用 Manager 类是第三种 IPC 方法。在用法上，Manager 类比 Array 和 Value 类简单，其支持的类型更多，但速度较慢。下面是一个使用 Manager 类的示例，代码如下：

```
from multiprocessing import Process, Manager
def foo(d, l, i):
    d[1]='1'
    d['2']=i
    d[2.25]=i*i
    l.reverse()


if __name__=='__main__':
    manager = Manager()
    d=manager.dict()
    l=manager.list(range(10))
    for i in range(4):
        p=Process(target=foo, args=(d,l,i))
        p.start()
        p.join()
        print(d)
        print(l)
```

执行结果如下：

```
{2.25: 0, 1: '1', '2': 0}
[9, 8, 7, 6, 5, 4, 3, 2, 1, 0]
{2.25: 1, 1: '1', '2': 1}
[0, 1, 2, 3, 4, 5, 6, 7, 8, 9]
{2.25: 4, 1: '1', '2': 2}
[9, 8, 7, 6, 5, 4, 3, 2, 1, 0]
{2.25: 9, 1: '1', '2': 3}
[0, 1, 2, 3, 4, 5, 6, 7, 8, 9]
```

在上述示例中，manager.dict()函数和 manager.list()函数分别返回了一个特殊的字典和列表，与 Python 原生的字典和列表不同，它们是跨进程共享的，因此多个进程分别对它们进行了修改，最后打印的信息显示了每个进程修改后的差异。

13.4.6　进程池

进程池，即 Pool 类，允许一次创建多个进程，并通过 Pool.map()方法批量启动这些进程。Pool.map()方法类似于之前介绍过的 map()函数，要求准备一个需要执行的函数，并将其参数的多种不同的值作为一个序列来提交，这样就能得到对应的每一种运行结果。在下面的示例中，计算 0～99 的每一个整数的平方，但由 Pool.map()方法来执行。Pool 类的构造函数决定了有多少个子进程参与计算。代码如下：

```
from multiprocessing import Pool  # Pool 类的实例是一个进程池
import time
def foo(x):
    time.sleep(0.1)
    return x*x
```

```
if __name__ == '__main__':
    p = Pool(5)                          # Pool 类的构造函数决定了最多允许 5 个进程
    l1 = range(100)
    print(p.map(foo,l1))
```

执行结果如下：

[0, 1, 4, 9, 16, 25, 36, 49, 64, 81, 100, 121, 144, 169, 196, 225, 256, 289, 324, 361, 400, 441, 484, 529, 576, 625, 676, 729, 784, 841, 900, 961, 1024, 1089, 1156, 1225, 1296, 1369, 1444, 1521, 1600, 1681, 1764, 1849, 1936, 2025, 2116, 2209, 2304, 2401, 2500, 2601, 2704, 2809, 2916, 3025, 3136, 3249, 3364, 3481, 3600, 3721, 3844, 3969, 4096, 4225, 4356, 4489, 4624, 4761, 4900, 5041, 5184, 5329, 5476, 5625, 5776, 5929, 6084, 6241, 6400, 6561, 6724, 6889, 7056, 7225, 7396, 7569, 7744, 7921, 8100, 8281, 8464, 8649, 8836, 9025, 9216, 9409, 9604, 9801]

13.4.7　异步和同步

互斥，即当涉及临界资源时，进程之间会相互排斥，此时进程之间的关系是异步的；与之相反，同步是指进程之间相互依赖的关系。例如，将前一个进程的输出作为后一个进程的输入，则当第一个进程没有输出时，第二个进程必须等待。具有同步关系的一组并发进程相互发送的信息称为消息或事件。

进程池对象提供了特定的方法来决定池中进程之间的关系，Pool.apply()方法使池中进程以同步的关系启动，主进程会因为子进程而阻塞；Pool.apply_async()方法是异步的，主进程不会阻塞，在主进程结束后，即使子进程还未结束，整个程序也会退出。

虽然 apply_async()方法是非阻塞的，但其返回结果的 get()方法却是阻塞的，在下面的示例中，result.get()方法会阻塞主进程，因此可以这样处理返回结果，代码如下：

```
from multiprocessing import Pool
from time import time, sleep
start_time = time()                          # 主进程开始的时间
def foo(x):
    sleep(1)
    # 返回自主进程启动到目前为止耗费的时间；返回参数的平方值
    return "Time: %s, Value:[%s]" % (time()-start_time,x*x)

if __name__ == '__main__':
    p = Pool(3)                              # Pool 类的构造函数决定了最多允许 3 个进程
    result_list=[]
    for i in range(1,10):
        result=p.apply_async(foo, [i,])      # 异步的启动进程
        result_list.append(result)

    for r_item in result_list:
        print(r_item.get(timeout=3))         # 超时则抛出异常，参数可省略，表示不超时
```

执行结果如下：

Time: 1.05399990082, Value:[1]
Time: 1.04399991035, Value:[4]
Time: 1.02600002289, Value:[9]
Time: 2.05399990082, Value:[16]
Time: 2.04399991035, Value:[25]
Time: 2.02699995041, Value:[36]
Time: 3.05399990082, Value:[49]
Time: 3.04699993134, Value:[64]

Time: 3.02699995041, Value:[81]

如果我们对返回结果不感兴趣，则可以在主进程中使用 Pool.close() 与 Pool.join() 方法来防止主进程退出。注意 join() 方法一定要在 close() 方法之后调用。在下面的示例中，我们修改了子进程中运行的函数，使它没有返回值，而是直接打印结果；同时在主进程中删去了和 result 有关的所有语句。程序运行之后得出了与上面示例相同的结果。代码如下：

```
from multiprocessing import Pool
from time import time, sleep
start_time = time()
def foo(x):
    sleep(1)
    print("Time: %s, Value:[%s]" % (time()-start_time, x*x))    # 直接打印而不返回

if __name__ == '__main__':
    p = Pool(3)                                    # Pool 类的构造函数决定了最多允许 5 个进程
    for i in range(1,10):
        p.apply_async(foo, [i,])                   # 异步的启动进程
    p.close()
    p.join()
```

13.4.8　再论多进程和多线程

相对于多线程而言，多进程需要更大的开销，并且数据共享需要通过 IPC 方法来实现，而由于数据是分开的，因此同步比较方便。同时由于内存隔离，单个进程的崩溃不会导致整个系统的崩溃，并且进程方便测试、编程简单。表 13-2 列举了不同对比维度下多进程和多线程各自的优势与不足。但考虑到 CPython 中的 GIL 机制，表 13-2 中多线程的某些优势恐怕要大打折扣。另外，在 UNIX/Linux 平台上多进程表现得更好，而在 Windows 平台上多线程则表现得更好。

表 13-2　多进程和多线程的对比

对比维度	多　进　程	多　线　程	对比结果
数据共享、同步	数据共享复杂，需要使用 IPC 方法；数据是分开的，同步简单	因为共享进程的内存空间，数据共享简单，但是也因此导致同步复杂	各有优势
内存、CPU	占用内存多，切换复杂，CPU 利用率低	占用内存少，切换简单，CPU 利用率高	多线程占优
创建、销毁、切换	创建、销毁、切换都比较复杂，速度慢	创建、销毁、切换都比较简单，速度很快	多线程占优
编程、调试	编程简单，调试简单	编程复杂，调试复杂	多进程占优
可靠性	进程间不会相互影响	一个线程挂掉将导致整个进程挂掉	多进程占优
分布式	适用于多核、多机分布式；扩展到多台计算机相对简单	适用于多核	多进程占优

下面对多进程和多线程的选择进行总结。

1. 需要进行大量的计算

如果在实际的应用中需要进行大量的计算，则可以优先使用线程。因为大量的计算会耗费很多的 CPU 并且切换会很频繁，而线程切换简单且 CPU 的利用率高。

2. 需要频繁创建和销毁进（线）程

如果需要频繁创建和销毁进（线）程，例如，对于常见的 Web 服务器，如果有一个连接就建立一个进程，然后一旦连接断开就销毁进程。此时，由于进程的创建和销毁很麻烦，因此选用线程会更好。

3. 强相关、弱相关

下面来看一个例子，一般的服务器需要完成如下任务：消息收发、消息处理。"消息收发"和"消息处理"就是弱相关的任务，而"消息处理"可能又分为"消息解码""业务处理"，这两个任务相对来说相关性就要强多了。一般来说，强相关的处理使用线程，弱相关的处理使用进程。

上面只是简单地列举了一些例子，但是如果多进程及多线程都可以满足其要求，我们就可以选择最为熟悉的方法。

13.5 小结

本项目从并发的角度介绍了多线程和多进程的概念，并讲解了 threading 和 multiprocessing 模块在多线程和多进程编程中的应用，同时通过实际的例子引出了互斥、死锁、异步等概念。

- 并发：多道程序设计和对称多处理
- 进程和线程
- threading 模块
- 守护线程
- 抢占和释放 CPU
- 线程与队列
- 生产者-消费者问题
- 线程锁、临界资源和互斥
- 死锁
- 信号量
- 全局解释器锁
- multiprocessing 模块
- Process 类
- 跨进程全局队列
- Value 和 Array 类
- Manager 类
- 进程池

- 异步和同步
- 多线程和多进程的优劣及选择

13.6　习题

1．进程和线程的区别是什么？

2．在 Python 中运行 I/O 密集型负载应用时，多线程和多进程哪个表现更好？对于 CPU 密集型负载应用呢？

3．假设我们要读取一个超长的文件，并从其中统计某个词出现的次数（例如，在《哈姆雷特》中统计"哈姆雷特"出现的次数）。请尝试使用多线程方法来完成。

4．请尝试使用多进程方法来处理生产者–消费者问题模型。

项目14

数据分析

数据分析是指采用适当的统计分析方法对收集的大量数据进行分析，将它们加以汇总、理解和消化，以求最大化地开发数据的功能，发挥数据的作用。数据分析是为了提取有用信息和形成结论而对数据进行详细研究和概括总结的过程。数据分析的数学基础在 20 世纪早期就已经确立，但直到计算机的出现才使得实际操作成为可能，并使得数据分析得以推广应用。数据分析是数学与计算机科学相结合的产物。

从数据中寻找有价值的规律或经验，或者对数据进行相关的统计，采用统计结果作为决策的支撑或依据。数据分析是表示、清洗、统计、展示数据的方法。本项目将介绍数据科学计算基础库 NumPy、数据分析工具库 Pandas 和用于数据可视化工具库 Matplotlib。

14.1 任务 1 了解 NumPy 及 NumPy 数组

NumPy 是一个第三方的、开源的数据科学计算基础库，主要用于对多维数组进行计算。NumPy 提供的数值计算广泛应用于以下任务。

（1）机器学习模型： 在编写机器学习算法时，我们需要对矩阵进行各种数值计算，如矩阵乘法、换位、加法等。NumPy 用于简单（在编写代码方面）和快速（在速度方面）计算。NumPy 数组用于存储训练数据和机器学习模型的参数。

（2）图像处理和计算机图形学： 计算机中的图像可以表示为多维数组。NumPy 成为同样情况下最自然的选择。实际上，NumPy 提供了一些优秀的库函数来快速处理图像。例如，镜像图像、按特定角度旋转的图像等。

（3）数学任务： NumPy 对于执行各种数学任务非常有用，如数值积分、微分、内插、外推等。因此，当涉及数学任务时，它形成了一种基于 Python 的 MATLAB 的快速替代。

14.1.1 NumPy 的安装

NumPy 被集成在 Anaconda 中，如果用户不打算安装 Anaconda，则可以使用 pip 单独安装 NumPy，命令如下：

```
pip install numpy
```

在 NumPy 安装完成后，可尝试导入，并验证是否安装成功。对于后面将要介绍的 Matplotlib 和 Pandas 库，同样可以选择通过 Anaconda 进行捆绑安装，或者使用 pip 进行单独安装，对此不再赘述。

14.1.2　NumPy 数组的创建方式及基本特性

NumPy 提供的最重要的数据结构是一个被称为 NumPy 数组的强大对象。在 Python 中没有内置的数组，而是提供了列表（List）作为代替。在标准库中，array 模块提供了传统数组的功能，包括固定的维度和长度、统一的数据类型等特性。NumPy 数组可以被看作 array 数组的扩展，提供了大量的函数和运算符，其底层主要使用 C 语言（部分用到了 Fortran 语言）实现，辅以先进的算法和高度优化的编程实践，具有极其优秀的性能，并且运算速度非常快。NumPy 数组通常也被称为 ndarray 数组（*N*-Dimensional Array，*N* 维数组）。在数学的一些分支学科中，把零维数组（第零阶张量，表现为单个数字）称为标量，把一维数组（第一阶张量）称为矢量，把二维数组（第二阶张量）称为矩阵，因此在后面的部分内容中，可能会用"矩阵"来指代二维数组。

很多函数或方法都可以用于创建一个 ndarray 对象，这类函数或方法大多数都提供了一个 order 参数，该参数允许的值有字符串'C'（默认）和'F'，代表数组元素在内存中存储的两种方式，即 C 语言格式和 Fortran 格式。其中 C 语言格式是按行进行存储的，而 Fortran 格式是按列进行存储的。

ndarray 是一个类，因为有很多使用方便、功能强大的函数可以用于创建 ndarray 对象，所以很少通过 ndarray 类的构造方法来创建 ndarray 对象。常用的创建 ndarray 对象的方式是使用 numpy.arange()函数，该函数类似于 Python 内置的 range()函数，numpy.arange()函数在半开区间[start, end)生成一个等差数列，如果不指定步长 step，则相邻数字之间差值为 1。numpy.arange()函数返回的数列是一个一维的 ndarray 对象。用户也可以提供一个 Python 列表作为参数，然后使用 numpy.array()函数创建 ndarray 对象。由于在数据分析领域普遍使用 ipython，因此接下来使用 ipython 代替默认的交互式解释器，示例代码如下：

```
In [1]: import numpy as np        # NumPy 库约定俗成的别名是 np

In [2]: a1 = np.arange(1,7)

In [3]: a2 = np.array([1,2,3,4,5,6])

In [4]: a1
Out[4]: array([1, 2, 3, 4, 5, 6])   # 数组字面值格式是 "array([value1, value2, value3 …])"

In [5]: a2
Out[5]: array([1, 2, 3, 4, 5, 6])
```

numpy.array()和 numpy.asarray()函数都可以将结构数据转换为 ndarray 对象，区别在于，当数据源是 ndarray 对象时，asarray()函数不会创建新的 ndarray 对象。ndarray 是可变对象，但并不支持所有的可变操作，例如，可以为数组中的元素重新赋值，但不允许删除元素。绝大多数的数学运算符、数学相关函数和方法，都不会更改原始对象，而是会返回一个运算后的副本。尽管如此，仍然需要注意 ndarray 是可变对象，将一个 ndarray 对象赋值给不同的名称不能获得独立的副本，ndarray 对象提供了 copy()方法用于返回一个浅拷贝。

ndarray 对象实现了基本的索引和切片功能，当它是一个一维数组时，索引和切片的用法和列表对象的用法是一样的。对于多维数组的情况，ndarray 对象的花式切片功能比列表更灵活。

ndarray 对象对运算符"+"和"*"进行了重载，但不是用于拼接数组的，而是对数组中的内容进行数学运算的，具体运算规则会在后面进行介绍。

我们可以通过 ndarray.ndim 属性获取数组的维数，并通过 ndarray.shape 属性获取数组的形状（也就是数组在每个维度上的长度），还可以使用 reshape()方法更改数组的维度和形状，该方法接收一个表示形状的元组作为参数，返回一个修改后的副本。ndarray.tolist()方法可以用于返回一个由当前数组转换而成的 Python 列表。示例如下：

```
In [6]: a = np.array([1]*12).reshape(3,4)

In [7]: a
Out[7]:
array([[1, 1, 1, 1],
       [1, 1, 1, 1],
       [1, 1, 1, 1]])

In [8]: a.ndim                # 查看 a 的维数
Out[8]: 2

In [9]: a.shape               # 每个维度上的长度
Out[9]: (3, 4)

In [10]: a.reshape(2,2,3)     # 更改为一个 2×2×3 的三维数组
Out[10]:
array([[[1, 1, 1],
        [1, 1, 1]],

       [[1, 1, 1],
        [1, 1, 1]]])

In [11]: a.tolist()           # 转换为列表
Out[11]: [[1, 1, 1, 1], [1, 1, 1, 1], [1, 1, 1, 1]]
```

14.1.3　NumPy 数据类型

NumPy 支持的数据类型比 Python 内置的数据类型多得多，基本上可以和 C 语言的数据类型相对应，其中部分数据类型对应为 Python 内置的数据类型。表 14-1 列举了 NumPy 中的常用数据类型。

表 14-1　NumPy 中的常用数据类型

类 型 名 称	字 符 代 码	描　　述
bool_	'b'	兼容 Python 内置的 bool 类型

续表

类 型 名 称	字 符 代 码	描　　述
unicode_ / unicode / str_ / str0		Unicode 字符串，其中 str_兼容 Python 内置的 str 类型
bytes_	'S#'	字节序列，兼容 Python 内置的 bytes 类型
int8 / byte	'i1' / 'b'	8 位有符号整数，范围：[-128,127]
int16 / short	'i2' / 'h'	16 位有符号整数，范围：[-32 768,32 767]
int32 / intc / int_ / long	'i4' / 'i' / 'l'	32 位有符号整数，其中 int_兼容 Python 内置的 int 类型，范围：$[-2^{31}, 2^{31}-1]$
int64 / longlong / intp / int0	'8' / 'q' / 'p'	64 位有符号整数，范围：$[-2^{63}, 2^{63}-1]$
uint8 / ubyte	'B'	8 位无符号整数，范围：[0, 256]
uint16 / ushort	'H'	16 位无符号整数，范围：[0, 65 535]
uint32 / uintc	'I' / 'L'	32 位无符号整数，范围：$[0, 2^{32}-1]$
uint64 / ulonglong / uintp / uint0	'Q' / 'P'	64 位无符号整数，范围：$[0, 2^{64}-1]$
float16 / half	'f2' / 'e'	半精度浮点数，包括：1 个符号位、5 个指数位、10 个尾数位
float32 / single	'f4' / 'f'	单精度浮点数，包括：1 个符号位、8 个指数位、23 个尾数位
float64 / float_ / double	'f8' / 'd' / 'g'	双精度浮点数，包括：1 个符号位、11 个指数位、52 个尾数位
complex64 / singlecomplex	'F'	复数，表示双 32 位浮点数（实数部分和虚数部分）
complex128 / complex_ / cfloat / cdouble /	'D'	复数，表示双 64 位浮点数（实数部分和虚数部分），其中 complex_兼容 Python 内置的 complex 类型
longcomplex / clongfloat / clongdouble	'G'	
datetime64		NumPy 1.7 开始支持的日期和时间类型
timedelta64		表示两个时间之间的间隔

许多创建 ndarray 对象的函数都提供了一个 dtype 参数，用于指定数组的数据类型，例如，前面提到的 numpy.array()函数，可以通过参数 dtype 来指定需要的数据类型，如果未指定数据类型，则默认保存初始数据所需要的最小数据类型。查看现有的数据类型有两种方法：一种是通过 type()函数；另一种是直接查看 ndarray 对象的 dtype 属性。此外，可以通过 ndarray.size 属性查看数组中元素的个数；通过 ndarray.itemsize 属性查看每个元素占据的字节数（和数据类型有关）；通过 ndarray.nbytes 属性查看所有元素占据的总字节数，该字节数是 ndarray.size 和 ndarray.itemsize 的乘积，需要注意的是，它并不等于数组的总字节数，因为它没有计算数组自身的开销。示例如下：

```
In [2]: a=np.array([1, 1, 1, 1], dtype=np.float64)  # 半精度浮点数

In [3]: type(a[0])
Out[3]: numpy.float64

In [4]: a[1].dtype
```

```
Out[4]: dtype('float64')
```

```
In [5]: print(f"数组 a 有{a.size}个元素，每个元素占用{a.itemsize}字节，总共{a.nbytes}字节。")
数组 a 有 4 个元素，每个元素占用 8 字节，总共 32 字节。
```

如果想要更改数组的数据类型，则可以使用 ndarray.astype()方法，它接收一个 numpy 数据类型或对应的表示数据类型代码的字符串，返回更改了数据类型的新数组。示例如下：

```
In [6]: a.astype(np.int8)
Out[6]: array([1, 1, 1, 1], dtype=int8)
```

14.1.4　多维数组及修改形状

我们知道，一维数组是单一数组，二维数组是数组构成的数组。那么，如果想要描述更高的维度，则三维数组是"数组构成的数组——构成的数组"，四维数组是"数组构成的'数组构成的数组——构成的数组'"，以此类推。

由于显示器是平面的，因此只能直观地显示一维和二维数组。而对于三维和三维以上的数组，需要先将其展开成二维数组，再进行表达。下面是四维数组的字面值，一维层面的元素在同一行里；二维层面的元素（每一个一维数组）在不同的行；三维层面的元素（每一个二维数组）在不同的行并且用一个空行隔开；四维层面的元素（每一个三维数组）在不同的行并且用两个空行隔开。示例如下：

```
In [4]: a
Out[4]:
array([[[[ 1,  2,  3],
         [ 4,  5,  6]],

        [[ 7,  8,  9],
         [10, 11, 12]]],


       [[[13, 14, 15],
         [16, 17, 18]],

        [[19, 20, 21],
         [22, 23, 24]]]])
```

用户可以根据需要，对现有的 ndarray 数组进行维度的更改。前文已经说过，可以使用 ndarray.reshape()方法修改数组的形状，从而改变维度。使用 ndarray.resize()方法也可以修改数组的形状，它的用法和 ndarray.reshape()方法的用法是一样的，但不会返回修改后的新数组，而是会直接更改原始对象。由于每个维度上的长度都是数组元素总数的因数，因此增加新的维度会降低其他维度的累计乘积。

常用的增加维度的方式是广播，通常使用 numpy.broadcast()函数，该函数不改变原数组的形状，而是将原数组复制多个，然后将它们组成一个更高维度的新数组。新数组的尺寸是新增维度的尺寸×原数组的尺寸。

numpy.expand_dims()函数是在维度序列中（指定位置）插入一个长度为 1 的维度，从而扩展数组形状。对应地，numpy.squeeze()或 ndarray.squeeze()方法可以删除长度为 1 的维度。

当一个维度的长度为 1 时，则可以认为它是冗余的，可以将它丢弃。使用 ndarray.squeeze()方法时可以自行指定要删除的维度，但必须是长度为 1 的维度，否则会产生 ValueError 异常。示例如下：

```
In  [2]: a
Out[2]: array([1, 2, 3, 4])

In  [3]: np.broadcast_to(a,(3,4))
Out[3]:
array([[1, 2, 3, 4],
       [1, 2, 3, 4],
       [1, 2, 3, 4]])

In  [4]: np.expand_dims(a,0)
Out[4]: array([[1, 2, 3, 4]])

In  [5]: np.expand_dims(a,1)
Out[5]:
array([[1],
       [2],
       [3],
       [4]])

In  [6]: np.array([[[[[1, 2, 3]]]]]).squeeze()
Out[6]: array([1, 2, 3])
```

使用 ndarray.flatten()方法可以将多维数组转换为一个单一的一维数组，且不会丢失任何元素，数组中所有元素按照内存顺序进行排列。ndarray.flat 和 ndarray.flatten()方法类似，但它是一个迭代器对象，而非 ndarray 对象。

我们知道，列表可以通过重载的运算符 "+" 和它自身的 extend()方法，将它自己和另一个列表进行拼接。ndarray 对象的运算符 "+" 有其他用途，并且 ndarray 对象没有提供 extend()方法，那么如何将两个或多个 ndarray 对象拼接起来呢？numpy.concatenate()函数支持这样的操作，但是，每个参与拼接的 ndarray 对象的形状必须一样，如果是多维数组，则第二维的形状必须相同，例如 3×2 的数组可以和 2×2 的数组进行拼接，但不能和 2×3 的数组进行拼接。示例如下：

```
In  [2]: a = np.arange(6).reshape(3,2)    # a 是一个由 0～5 组成的 3 行 2 列的数组

In  [3]: b = np.arange(11,15).reshape(2,2)    # b 是一个由 11～14 组成的 2 行 2 列的数组

In  [4]: np.concatenate((a,b))
Out[4]:
array([[ 0, 1],
       [ 2, 3],
       [ 4, 5],
       [11, 12],
       [13, 14]])
```

对于二维以上的数组，ndarray.swapaxes()方法可以用于交换数组中指定的两个维度。对应的元素会随着维度的交换而发生变化。

14.1.5　花式索引

对于 Python 内置的序列对象，如列表和元组，如果要对 N 维序列进行索引，格式一般是使用 N 个方括号在每个维度单独书写索引值，如"seq[3][5]"表示第三行和第五列对应的元素。如果要对一个二维序列进行二维切片（即在矩阵中选择一个更小的矩阵），则无法直接完成该操作，需要自行进行额外的处理。

ndarray 数组在支持传统索引格式的同时，还支持在单个方括号中书写多个索引序号，中间用逗号隔开，如"seq[3, 5]"，这种格式支持二维及二维以上数组的切片操作。示例如下：

```
In [2]: nd1 = np.arange(1,31).reshape(5,6)          # 创建了一个由 1~30 组成的 5 行 6 列的数组

In [3]: nd1[3][5] == nd1[3,5]                        # 当要索引单个元素时，这两种格式是等价的
Out[3]: True

In [4]: nd1[1:4, 2:4]                                # 截取矩阵中的 2~4 行、3~4 列交错的一个 3×2 的矩形范围
Out[4]:
array([[ 9, 10],
       [15, 16],
       [21, 22]])
```

另一种常见的索引方式为提供两个序列：一个序列提供所有的行下标，另一个序列提供所有的列下标，最终把选取出来的数字放入一个一维序列。示例如下：

```
In [5]: nd1[[1,3,4],[0,2,5]]                         # 要索引的元素是[1,0]、[3,2]、[4,5]
Out[5]: array([ 7, 21, 30])
```

第三种常见的索引方式为先按用户指定的顺序列举需要索引的行，再按用户指定的顺序排列各个列。示例如下：

```
In [6]: nd1[[2,4,1]][:,[2,1,5]]  # 注意右边方括号中的那个冒号和逗号
Out[6]:
array([[15, 14, 18],            # 先截取第 4 行、第 2 行和第 1 行，再截取其中的第 2 列、第 1 列和第 5 列
       [27, 26, 30],
       [ 9,  8, 12]])
```

对于这种索引方式，用户可以使用 numpy.ix_()函数实现相同的效果，示例如下：

```
In [7]: nd1[np.ix_([1,2,4],[2,5,0])]
Out[7]:
array([[ 9, 12,  7],
       [15, 18, 13],
       [27, 30, 25]])
```

numpy.ix_()函数产生笛卡儿积的映射关系，返回一个对应的矩形区域的索引器。上面的例子就是使数组[1, 2, 4]和数组[2, 5, 0]产生笛卡儿积，得到[1, 2], [1, 5], [1, 0]; [2, 2], [2, 5], [2, 0]; [4, 2], [4, 5], [4, 0]这样一个 3×3 的索引区域。

在对 ndarray 数组进行索引时，还可以指定一个或多个条件表达式用于过滤，将符合条件的元素放入一个一维数组中。如果指定了多个条件表达式，则不能使用 Python 内置的逻辑运算符（and、or），必须使用 NumPy 指定的"&"或"|"符号。示例如下：

```
In [15]: nd1[(nd1%2!=0) & (nd1>5)]
Out[15]: array([ 7,  9, 11, 13, 15, 17, 19, 21, 23, 25, 27, 29])
```

14.1.6　数据边界约束

有时候，我们需要限定数据集的数值范围，例如，在清洗数据时需要把过大或过小的异常值修正到正常范围内，这时可以使用 numpy.clip() 函数进行边界修正，函数原型如下：

numpy.clip(a, a_min, a_max, out=None)

其中，a 是一个数组，后面两个参数分别表示最小值和最大值，如果有数据超出了最大值限定的范围，则会被强制修正为最大值；最小值同理。示例如下：

```
In [2]: a = np.random.randint(-30,150, (3,5))      # 生成范围在-30~150 的随机整数

In [3]: a
Out[3]:
array([[ 36, -18,  -4,  -3, 125],
       [103,  -7,  47,  80,  -8],
       [ 52, -21,  51,  38,  42]])

In [4]: np.clip(a, 0, 100)                          # 将数据的数值范围限定在 0~100
Out[4]:
array([[ 36,   0,   0,   0, 100],
       [100,   0,  47,  80,   0],
       [ 52,   0,  51,  38,  42]])
```

上述示例用到了 np.random.randint() 函数，它的作用是生成随机整数，后面会对它进行更详细的介绍。

14.2　任务 2　掌握 NumPy 中的数学相关方法

14.2.1　特殊数组

NumPy 提供了一些函数用于快速创建特殊的数组，这些特殊的数组在数学的一些分支领域中十分常用。这里主要介绍以下几类：等差和等比数列、同值矩阵、对角矩阵、三角矩阵、转置矩阵、逆矩阵。

1. 等差和等比数列

numpy.arange([start,] stop[, step,][, dtype])：以指定的间隔分割一个数值范围，获得等差数列。

numpy.linspace(start, stop[, num, endpoint, ...])：以指定的切分数目分割一个数值范围，获得等差数列。

numpy.logspace(start, stop[, num, endpoint, base, ...])：以对数刻度均匀分布的等比数列。其中，start 和 stop 分别表示指定基数的幂；基数由 base 决定，默认为 10，可以是浮点数；数字个数由 num 决定；endpoint 是一个布尔值，决定了数列是否包含 stop，当它为 True 时表

示包含。

numpy. geomspace(start, stop[, num, endpoint, …])： 以对数刻度（几何级数）均匀分布的等比数列。示例如下：

```
In [2]: np.logspace(1,10,5,base=2)
Out[2]:
array([    2.       ,    9.51365692,    45.254834  ,   215.2694823 ,  1024.        ])

In [3]: np.geomspace(1,100,4)
Out[3]: array([  1.        ,    4.64158883,   21.5443469 ,  100.        ])
```

2. 创建同值数组

zeros()、ones()、full()、empty()这 4 个函数用来快速创建全 0、全 1、全指定值和全空的数组。它们的用法大同小异，必须提供一个元组用来确定数组的维数和形状；可以提供 dtype 参数，如果省略该参数，则默认为 float64。对于 full()函数来说，需要提供指定的值。对于 empty()函数来说，数组的所有数据都是未经初始化的，对应的内存空间中留有原先的数据，所以通常能得到随机的值。示例如下：

```
In [4]: np.zeros((2,3), int)
Out[4]:
array([[0, 0, 0],
       [0, 0, 0]])

In [5]: np.ones((1,5), np.byte)
Out[5]: array([[1, 1, 1, 1, 1]], dtype=int8)

In [6]: np.full((3,3),5)
Out[6]:
array([[5, 5, 5],
       [5, 5, 5],
       [5, 5, 5]])

In [7]: np.empty((3,3))
Out[7]:
array([[0.00e+000, 0.00e+000, 0.00e+000],
       [0.00e+000, 0.00e+000, 6.01e-321],
       [0.00e+000, 0.00e+000, 0.00e+000]])
```

相似的函数有 zeros_like()、ones_like()、full_like()、empty_like()，具体的用法和上面几个不带"_like"的函数的用法基本相同，只是形状由现有的数组来决定。

3. 创建对角矩阵

numpy.identity()函数可以用于创建 N×N 的单位矩阵，也就是对角线数字全为 1，其余数字全为 0 的方阵（行数和列数相同的矩阵）。示例如下：

```
In [8]: np.identity(3)      # dtype 参数默认为 float64
Out[8]:
array([[1., 0., 0.],
       [0., 1., 0.],
       [0., 0., 1.]])
```

numpy.eye()与 numpy.identity()函数类似，但它允许单独指定行数和列数，允许偏移对角线，它的函数原型如下：

```
numpy.eye(N, M=None, k=0, dtype=<class 'float'>, order='C')
```

其中，N 是矩阵的阶数，当提供了 M 时，N 和 M 分别表示行和列。k 是值为 1 的那条对角线的位置，正值表示上对角线，负值表示下对角线，默认的 0 表示主对角线。

如果对角线数字不全是 1，而是一组具体的数字，则可以使用 numpy.diag()函数。它接收一个由数字构成的元组，这些数字构成了矩阵的对角线。当用户指定参数 k 来偏移对角线时，矩阵的尺寸会自动扩展，把所有数字容纳进指定的对角线。numpy.diag()函数还可以从现有的矩阵中提取对角线，并返回一个一维数组。示例如下：

```
In [9]: np.diag((1,2,3),k=1)
Out[9]:
array([[0, 1, 0, 0],
       [0, 0, 2, 0],
       [0, 0, 0, 3],
       [0, 0, 0, 0]])

In [10]: np.diag(np.arange(1,26).reshape(5,5))
Out[10]: array([1, 7, 13, 19, 25])
```

4. 创建三角矩阵

numpyl.tril()函数可以快速创建一个下三角矩阵，即对角线下方数字全为 1，其余数字全为 0 的矩阵。

类似地，numpy.tril()函数可以用一个一维或二维数组 m，生成一个对应的下三角矩阵。当 m 是二维数组时，它可以是方阵，也可以具有不同的行数和列数。numpy.tril()函数保留 m 的下三角部分，其余清零。当 m 是一维数组时，numpy.tril()函数会先把它转换成二维数组（每个元素成为一个具有相同数字的列），再按前面描述的方法进行处理。示例如下：

```
In [11]: np.tril((11,12,13))
Out[11]:
array([[11, 0, 0],
       [11, 12, 0],
       [11, 12, 13]])
```

5. 转置矩阵

将矩阵的行和列互换得到的新矩阵，称为转置矩阵。通过 ndarray 对象的 T 属性，或者调用对象的 transpose()方法，可以得到该对象的转置矩阵。示例如下：

```
In [12]: a2 = np.arange(1,7).reshape(2,3)

In [13]: a2
Out[13]:
array([[1, 2, 3],
       [4, 5, 6]])

In [14]: a2.T    # 等价于 a2.transpose()
Out[14]:
```

```
array([[1, 4],
       [2, 5],
       [3, 6]])
```

6. 逆矩阵

设 *A* 是一个 *N* 阶方阵，若存在另一个 *N* 阶方阵 *B*，使得

$$AB=BA=I（I 表示单位矩阵）$$

则称方阵 *A* 可逆，并称方阵 *B* 是方阵 *A* 的逆矩阵。在 NumPy 中，可以通过 numpy.linalg.inv()函数来计算逆矩阵。示例如下：

```
In [15]: A                      # 预先定义一个可逆矩阵
Out[15]:
array([[ 1,  2,  3],
       [ 1,  0, -1],
       [ 0,  1,  1]])

In [16]: B=np.linalg.inv(A)     # 计算 A 的逆矩阵，并赋值给 B

In [17]: B
Out[17]:
array([[ 0.5,  0.5, -1. ],
       [-0.5,  0.5,  2. ],
       [ 0.5, -0.5, -1. ]])

In [18]: A.dot(B)               # 验证：A 和 B 进行矩阵相乘，得到单位矩阵
Out[18]:
array([[1., 0., 0.],
       [0., 1., 0.],
       [0., 0., 1.]])
```

需要注意的是，如果对一个不可逆的矩阵进行求逆矩阵的计算，则会导致 LinAlgError 异常。矩阵可逆的必要条件包括必须满秩，必须是非奇异矩阵。具体请参考线性代数相关的专业书籍。

14.2.2 随机数工具

numpy.random 是 NumPy 中的一个子模块，类似于 Python 标准库中的 random 模块，主要为 ndarray 提供随机数据。numpy.random 中的常用函数如下所述。

numpy.random.ranf(size=None)/random_sample(size=None)/random(size=None)：这 3 个函数的作用和用法完全相同：从半开区间[0.0, 1.0)内获取随机的浮点数。当 size 被省略时，返回单个数字；如果指定为单个整数，则返回一维数组；如果指定为一个长度为 *N* 的元组，则返回 *N* 维数组。示例如下：

```
In [2]: np.random.ranf((2,2))
Out[2]:
array([[0.68323457, 0.69681661],
       [0.59468649, 0.81613889]])
```

numpy.random.rand(d0, d1, d2, d3...dn)：与 numpy.random.ranf()函数类似，但参数可以

有多个，分别用于指定每个维度的长度。如果省略参数，则返回单个数字。

numpy.random.randn(d0, d1, d2, d3...dn)：与 numpy.random.rand()函数类似，但获取的数据服从正态分布。示例如下：

```
In [3]: np.random.randn(2,4)        # 指定每个维度的长度，不接收元组形式的形状参数
Out[3]:
array([[ 0.56390293, -0.73994912, -0.76719107, 2.35669543],
       [-0.94146215, -1.3780111, 0.2656067, 1.12329196]])
```

numpy.random.randint(low, high=None, size=None, dtype='l')：从半开区间[low, high)内获取随机的整数，当 high 不为空时，low<high。size 的用法与 numpy.random.ranf()函数中的相同。示例如下：

```
In [4]: np.random.randint(100,201,size=5)
Out[4]: array([122, 169, 120, 150, 192])
```

numpy.random.choice(a, size=None, replace=True, p=None)：从数据集 a 中随机抽取数据，a 可以是一个整数，也可以是一个能被当作一维序列的对象（可以是 N 维数组，因为 N 维数组能被视为"由 N-1 维数组构成的一维数组"）。当 a 是整数时，获取半开区间[0, a)内的随机整数；当 a 是一维序列对象时，随机从一维序列中抽取对应的元素。size 表示要返回的数组形状；replace 用于决定是否允许重复抽取，如果被设置为 False，则表示不重复；p 是 a 中各个元素被抽取到的概率，所以 p 的长度必须和 a 相等，且 p 中各个数值之和必须为 1。示例如下：

```
In [5]: np.random.choice(list("ABCDE"), size=(3,4), p=[0.1, 0.1, 0.1, 0.2, 0.5])
Out[5]:
array([['E', 'E', 'C', 'B'],
       ['D', 'C', 'E', 'D'],
       ['D', 'E', 'D', 'D']], dtype='<U1')
```

numpy.random.bytes(length)：随机选取 ASCII 码范围内的字节，返回一个字节序列（bytes）对象。length 表示返回的 bytes 长度。

14.2.3　数组的算术操作

ndarray 对象支持各种各样的算术操作，由于 Python 中的几种基本运算符，如+、−、*、/、//、%、**等都是双目运算符，因此根据另一个计算对象的类型不同，计算规则也不同。

1. 数组和标量的计算

对于 ndarray 对象 A 与标量（单个数字）x 之间的计算，A 中的每个元素会单独和 x 进行计算，返回的计算结果会组成一个新数组。示例如下：

```
In [2]: a1=np.arange(1,10).reshape(3,3)        # 生成一个由数字 1～9 构成的 3×3 矩阵

In [3]: a1%3                                    # 对每个元素除 3 取余
Out[3]:
array([[1, 2, 0],
       [1, 2, 0],
       [1, 2, 0]], dtype=int32)
```

```
In [4]: a1**2                          # 对每个数进行二次幂运算
Out[4]:
array([[ 1, 4, 9],
       [16, 25, 36],
       [49, 64, 81]], dtype=int32)
```

2. 同形数组之间的计算

同形数组是指形状相同（即维数相同，且每个维度上的长度相同）的数组。同形数组之间的计算规则非常简单，先将数组 A 和数组 B 各自的每个维度的每个元素进行计算，再将得到的结果按照相同的位置放入新数组中，最终获得的新数组也具有与数组 A 和数组 B 相同的形状。示例如下：

```
In [5]: a1*a1
Out[5]:
array([[ 1, 4, 9],
       [16, 25, 36],
       [49, 64, 81]])

In [6]: a1+a1
Out[6]:
array([[ 2, 4, 6],
       [ 8, 10, 12],
       [14, 16, 18]])
```

3. 广播计算

假设 $N>M$，当 N 维数组和 M 维数组进行计算时，如果 N 维数组中最低的 M 个维度的成员数组正好与 M 维数组的形状相同，则会触发广播机制，进行广播计算。例如，3×4 的二维数组可以和长度为 4 的一维数组相加；$4\times5\times2$ 的三维数组可以和 5×2 的二维数组或长度为 2 的一维数组相加。广播的规则是把 M 维数组重复多次，使得它具有和 N 维数组相同的维度和形状，从而完成对应元素之间的计算，如图 14-1 所示。

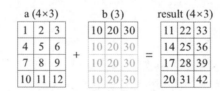

图 14-1　将二维数组和一维数组进行广播计算

在进行广播计算时需要特别注意，较低维度数组的形状和较高维度数组的对应低维度成员数组的形状必须相同，否则会导致 ValueError 异常。下面是 $2\times3\times4$ 数组和 3×4 数组之间的加法计算，代码如下：

```
In [2]: a1=np.arange(1,25).reshape(2,3,4)

In [3]: a1
Out[3]:
array([[[ 1, 2, 3, 4],
        [ 5, 6, 7, 8],
```

```
      [ 9, 10, 11, 12]],

      [[13, 14, 15, 16],
       [17, 18, 19, 20],
       [21, 22, 23, 24]]])

In [4]: a1+[[10,20,30,40],[50,60,70,80],[90,100,110,120]]
Out[4]:
array([[[ 11,  22,  33,  44],              # 分别+10、+20、+30、+40
        [ 55,  66,  77,  88],              # 分别+50、+60、+70、+80
        [ 99, 110, 121, 132]],            # 分别+90、+100、+110、+120,

       [[ 23,  34,  45,  56],              # 分别+10、+20、+30、+40
        [ 67,  78,  89, 100],              # 分别+50、+60、+70、+80
        [111, 122, 133, 144]]])            # 分别+90、+100、+110、+120])
```

14.2.4　数学函数

NumPy 提供了大量的数学函数，这些函数可以对数组中的每一个元素进行相同的操作。常用的三角函数、双曲函数及其他角度相关函数如表 14-2 所示。

表 14-2　常用的三角函数、双曲函数及其他角度相关函数

函　　数	描　　述
sin(x)、cos(x)、tan(x)	求解数组中每个元素的正弦、余弦、正切
arcsin(x)、arccos(x)、arctan(x)	求解数组中每个元素的反正弦、反余弦、反正切
hypot(x1, x2)	对于两个相同形状的数组，将对应位置的元素作为直角三角形的直角边，求其斜边
arctan2(x1, x2)	数组 x1 和 x2 中的元素代表对边和直角边，用其比值来确定象限，值域是$[-\pi, \pi]$
degrees(x) / rad2deg(x)	把数组中的元素视作以弧度表达的角度，将它们转换为度
radians(x) / deg2rad(x)	把数组中的元素视作以度表达的角度，将它们转换为弧度
unwrap(p[, discont, axis])	将第三、第四象限中弧度为负的数值修正为从零开始顺时针方向对应的正值
sinh(x)、cosh(x)、tanh(x)	求解数组中每个元素的双曲正弦、双曲余弦、双曲正切
arcsinh(x)、arccosh(x)、arctanh(x)	求解数组中每个元素的反双曲正弦、反双曲余弦、反双曲正切

在表 14-2 列举的函数中，需要特别说明的只有 unwrap()函数。在数学定义上，角度的变化是指斜边相对于 x 轴的正半轴的夹角。斜边从原点出发，如果位于 x 轴的上方，则表示为正数的弧度值；如果位于 x 轴的下方，则表示为负数的弧度值。这样就存在一个问题：当角度从正数方向增长到 π 时，若继续增长就进入 x 轴下方，转变为$-\pi$。unwrap()函数就是用于对这个弧度值增加 2π 来消除这种跳变的。π 的值由常量 numpy.pi 提供。

常用的四则运算相关函数如表 14-3 所示。

表 14-3　常用的四则运算相关函数

函　　数	描　　述
add(x)、subtract(x)、multipl(x)、divide(x)	加、减、乘、除运算，逐元素计算，等同于+、−、*、/
floor_divide(x)、mod(x)、power(x)	整除、取模、乘幂运算，逐元素计算，等同于//、%、**

续表

函 数	描 述
modf(x)	返回每个元素的小数部分和整数部分
round(a[, decimals, out])	将数组元素舍入给定的小数位数，规则是四舍六入五凑偶
trunc(x)	舍弃数组元素的小数部分，保留整数部分
floor(x)、ceil(x)	将数组元素向上取整、将数组元素向下取整
prod(a[, axis, dtype])	返回给定轴上元素的乘积，如果不指定轴，则是数组中所有元素的乘积
sum(a[, axis, dtype])	返回给定轴上元素的总和，如果不指定轴，则是数组中所有元素的乘积
nanprod(a[, axis, dtype])	返回给定轴上元素的乘积，类似于 prod()函数，但将非数对象（NaNs）视为 1
nansum(a[, axis, dtype])	返回给定轴上元素的总和，类似于 sum()函数，但将非数对象（NaNs）视为 0
cumprod(a[, axis, dtype])	返回给定轴上元素的乘积，类似于 prod()函数，但会保留每一层级的计算结果
cumsum(a[, axis, dtype])	返回给定轴上元素的总和，类似于 sum()函数，但会保留每一层级的计算结果
nancumprod(a[, axis, dtype])	返回给定轴上的累积乘积，可以被看作 nanprod()函数和 cumprod()函数的结合
nancumsum(a[, axis, dtype])	返回给定轴上元素的总和，可以被看作 nanprod()函数和 cumprod()函数的结合
reciprocal(x)	返回数组中每个元素的倒数（需要为浮点数，如果为整数，则会丢失精度）
negative(x)	返回数组中每个元素的相反数

常用的指数和对数函数如表 14-4 所示。

表 14-4　常用的指数和对数函数

函 数	描 述
exp(x)	以自然常数 e 为底数，以数组中各个元素为指数进行计算
expm1(x)	为数组中的所有元素计算 exp(x)–1
exp2(x)	以 2 为底数，以数组中各个元素为指数进行计算
log(x)	返回每个元素的自然对数（以自然常数 e 为底数的对数）
log10(x)	返回每个元素的以 10 为底数的对数
log2(x)	返回每个元素的以 2 为底数的对数
log1p(x)	返回每个元素+1 的自然对数，等价于 log(1+x)
logaddexp(x1, x2)	两个数组对应的两个元素取幂之和的对数，等价于 log(exp(x1)+exp(x2))
logaddexp2(x1, x2)	以 2 为底数的输入的幂和的对数

常用的统计函数如表 14-5 所示。

表 14-5　常用的统计函数

函 数	描 述
mean(a, axis=None)	根据给定轴计算相关元素的期望
average(a, axis=None, weights=None)	根据给定轴计算相关元素的加权平均值
std(a, axis=None)	根据给定轴计算相关元素的标准差

续表

函　　数	描　　述
var(a, axis=None)	根据给定轴计算相关元素的方差
max(a)、min(a)	计算数组中元素的最大值、最小值
argmax(a)、argmin(a)	计算数组中元素的最大值、最小值降一维的下标
ptp(a)	计算数组中元素的最大值与最小值的差
median(a)	计算数组中元素的中位数

复数、符号相关和其他常用的数学函数如表 14-6 所示。

表 14-6　复数、符号相关和其他常用的数学函数

函　　数	描　　述
angle(z[, deg])	（复数）返回复数的在复平面上的角度（即实部+虚部在复平面上和原点之间的角度）
real(val) / imag(val)	（复数）返回复杂参数的实部/虚部
conj(x)	（复数）返回每个元素的共轭复数
signbit(x)	（符号）若小于 0，则返回 True，否则返回 False
copysign(x1, x2)	（符号）将 x1 中各个元素的符号更改为 x2 中对应元素的符号
abs(x)、fabs(x)	返回每个元素的绝对值、返回每个元素的绝对值并以浮点数表达
np.sqrt(x)、np.cbrt(x)	求每个元素的平方根、立方根
frexp(x)	将 x 的元素分解为尾数和二进制指数，返回两个数组
ldexp(x1, x2)	返回 $x1 \times 2^{x2}$
nextafter(x1, x2)	x1 中的元素以最小增量向 x2 中对应的元素靠近
lcm(x1, x2)	返回 x1 和 x2 中对应元素的最小公倍数
gcd(x1, x2)	返回 x1 和 x2 中对应元素的最大公约数
diff(a[, n, axis, prepend, append])	计算给定轴的第 n 个离散差，即该轴上每两个元素的差（后面元素减前面元素）
ediff1d(ary[, to_end, to_begin])	返回数组的连续元素之间的差值，类似于 diff()函数，但先将数组转换为一维再进行处理
gradient(f, *varargs, **kwargs)	返回数组的梯度（相邻元素之间的变化率，即斜率）
cross(a, b[, axisa, axisb, axisc, axis])	返回两个向量（数组）的叉积（向量积）
trapz(y[, x, dx, axis])	沿给定轴计算积分（以复合梯形规则）

14.2.5　NumPy 的输入和输出

NumPy 支持多种文件的输入/输出，包括文本文件、二进制文件、内存映射文件等。

1. 文本文件的输入/输出

文本文件的输入/输出一般使用 numpy.savetxt()和 numpy.loadtxt()函数。numpy.savetxt()函

数简单易用，但只支持一维或二维数组，函数原型如下：

```
np.savetxt(fname, array, fmt='%.18e', delimiter=None, newline='\n',
          header='', footer='', comments='# ', encoding=None)
```

通常我们只需要关心前几个参数即可，fname 可以是一个字符串格式的文件名，也可以是一个文件句柄对象；array 是要保存到文件中的数组；fmt 表示数组中每个元素以什么样的格式化方法保存到文件中，其格式代码可以参考 Python 字符串的格式化表达式；delimiter 是元素之间的分隔符号，默认为空格，如果需要保存为 CSV 格式的文件，或者需要在文件中还原数组的字面值格式，则可以将该参数设置为英文逗号。

下面来看 numpy.loadtxt()函数，其函数原型如下：

```
numpy.loadtxt(fname, dtype=<class 'float'>, comments='#', delimiter=None, converters=None,
             skiprows=0, usecols=None, unpack=False, ndmin=0, encoding='bytes', max_rows=None)
```

一般只需要传递 fname 即可；根据实际情况，可以选择是否指定 dtype 和 delimiter；skiprows 用于指定是否允许跳过前面指定的行，默认为不跳过；usecols 的作用类似于 skiprows，但它是由参数决定要读取的列的，默认为全部读取。示例如下：

```
In [5]: b=np.array([11,12,13,14]).reshape(2,2)

In [6]: np.savetxt('D:/saveb.txt', b, fmt="%d", delimiter=', ')      # 格式说明符%d 表示整数
```

执行上面的代码后，文本文件"D:/savetxt_b.txt"中的内容如下：

```
11, 12
13, 14
```

在需要时可以从该文件中读取信息，代码如下：

```
In [7]: c=np.loadtxt('D:/ndarray_savetxt_b.txt', dtype=int, delimiter=', ')

In [8]: c
Out[8]: array([11, 12, 13, 14])
```

2. 其他常用的输入/输出方法

除了上面介绍的函数，ndarray.tofile()和 numpy.fromfile()函数也是常用的输入/输出方法，它们支持以二进制数的方式进行写入操作。

使用 numpy.save()函数可以把数组保存为.npz 格式的二进制文件，使用 numpy.savez()和 numpy. savez_compressed()函数可以把多个数组保存到单个 .npz 文件中，区别在于 savez_compressed()函数在保存数组之前会先对其进行压缩处理。对于使用这些方法保存的文件，可以使用 numpy.load()函数进行读取。

3. 内存映像文件

内存映像文件是一种将磁盘上非常大的二进制数据文件当作内存中的数组进行处理的文件。NumPy 实现了一个类似于 ndarray 的 memmap 对象，该对象允许将磁盘上的大文件分成小段进行读取，而不是一次性地将整个数组读入内存中；当程序访问到未读入内存中的部分数据时，再将对应的数据从磁盘读入内存中。numpy.memmap()类的构造方法如下：

```
__init__(self, filename, dtype=unit8, mode='r+', offset=0, shape=None, order='C')
```

与文件句柄对象不同，这里的 mode 只支持"r+"、"r"、"w+"和"c"4 种模式，前 3 种模式读者应该已经很熟悉了，而"c"的作用是写入时复制，对 memmap 对象的修改会影响内存中的数据，但不会被保存到磁盘上，这是因为磁盘上的文件是只读模式的。

14.3　任务 3　掌握 Pandas 的使用

14.3.1　什么是 Pandas

Pandas 是一个优秀的数据分析工具库，它提供了快速、灵活、明确的数据结构，旨在简单、直观地处理关系型、标记型数据。Pandas 适用于处理以下类型的数据。

- 与 SQL 或 Excel 表类似的，含异构列的表格数据。
- 有序和无序（非固定频率）的时间序列数据。
- 带行、列标签的矩阵数据，包括同构或异构型数据。
- 任意其他形式的观测、统计数据集。在将数据传入 Pandas 数据结构时不必事先标记。

Pandas 基于 NumPy 开发，可以与其他第三方科学计算支持库完美集成，是 Python 中统计计算生态系统的重要组成部分，并且已经被广泛应用于金融领域。Pandas 是处理数据的理想工具，下面是它的部分优势。

- 处理浮点与非浮点数据中的缺失数据，将这些数据表示为 NaN。
- 大小可变：插入或删除 DataFrame 等多维对象的列。
- 自动、显式数据对齐：显式地将对象与一组标签对齐，可以忽略标签，在 Series、DataFrame 计算时自动与数据对齐。
- 强大、灵活的分组（group by）功能：拆分-应用-组合数据集，聚合、转换数据。
- 把 Python 和 NumPy 数据结构中不规则、不同索引的数据轻松地转换为 DataFrame 对象。
- 基于智能标签，对大型数据集进行切片、花式索引、子集分解等操作。
- 直观地合并（merge）、**连接（join）**数据集。
- 灵活地重塑（reshape）、**透视（pivot）**数据集。
- 支持结构化标签：一个刻度支持多个标签。
- 成熟的 I/O 工具：读取文本文件（CSV 等支持分隔符的文件）、Excel 文件、数据库等来源的数据，利用超快的 HDF5 格式保存/加载数据。
- 时间序列：支持日期范围生成、频率转换、移动窗口统计、移动窗口线性回归、日期位移等时间序列功能。

Pandas 的主要数据结构是 Series 和 DataFrame，这两种数据结构可以处理金融、统计、社会科学、工程等领域中的大多数典型用例。Series 是一维数据结构，由单一对象构成；DataFrame 由 Series 构成，是二维数据结构。在 Pandas 中，轴的概念主要是为了给数据赋予更直观的语义，即用"更恰当"的方式表示数据集的方向。例如，在处理 DataFrame 等表格数据时，index（行）或 columns（列）比 axis 0 和 axis 1 更直观。使用这种方式迭代 DataFrame 的列，可以使代码更易读、易懂。

在 Pandas 中，所有数据结构的值都是可变的，但 Series 的长度不可变，而 DataFrame 可以插入列。绝大多数方法都不会改变原始对象，而是通过复制数据的方式生成新的对象。 一般来说，原始对象不变更稳妥。

14.3.2　Series 的使用

Series 是一维数据结构，与数组不同的是，它自带标签。创建 Series 最直接的方式是通过值来创建，我们可以提供一个参数作为原始数据，从而创建一个 Series。这个参数可以是列表、字典、标量值、ndarray 等。在默认情况下，Series 自动生成一个整数标签，类似于序列对象的索引；如果通过字典来创建一个 Series，则使用字典的键作为标签；更常见的做法是显性地指定一组标签。示例如下：

```
In [1]: import pandas as pd                          # Pandas 约定俗成的别名是 pd

In [2]: s1 = pd.Series([1,2,3])                       # 通过列表创建

In [3]: s1
Out[3]:
0    1
1    2
2    3
dtype: int64

In [4]: s2 = pd.Series([221,192,234], index=["jan","feb","mar"])   # 通过列表创建且自定义标签

In [5]: s2
Out[5]:
jan    221
feb    192
mar    234
dtype: int64
```

在 Series 的字面值格式中，左边一列是标签，右边一列是数值。无论我们是否使用了自定义的标签，都可以使用数字标签访问其中的标量（元素）。示例如下：

```
In [6]: s2[2]
Out[6]: 234

In [7]: s2['feb']
Out[7]: 192
```

当我们明确指定了一组标签时，数值的数量要和标签的数量相等，否则会产生一个 ValueError 异常。也可以只传递单个数据（不是单个元素的容器类对象）。但是，如果传递单个数据，则会触发广播机制，创建一组值相同的数据，并且其数量和标签数量相等。示例如下：

```
In [8]: s3 = pd.Series(555, index=["jan","feb","mar"])

In [9]: s3
Out[9]:
jan    555
feb    555
```

```
mar   555
dtype: int64
```

Series 对象可以有一个自己的名称，被保存在 Series.name 属性中；同时，Series 的标签组也可以有一个自己的名称，被保存在 Series.index.name 属性中。示例如下：

```
In [10]: s2.name = "月销量"

In [11]: s2.index.name = "月份"

In [12]: s2
Out[12]:
月份
jan   221
feb   192
mar   234
Name: 月销量, dtype: int64
```

综上所述，Series 是带有标签的一维数组，其数据可以来自以下对象。

- **列表**：index 的长度与列表的长度一致。
- **标量值**：由 index 决定 Series 的尺寸。
- **字典**：键/值对中的键是索引，如果在此基础上自定义 index，则 index 中的标签和字典的键进行匹配，如果 index 中的标签未匹配到字典中对应的键，则该标签的值为 numpy.NaN。
- **ndarray**：Series 的数据和索引都由 ndarray 对象来提供。
- 其他能批量提供数据的函数，如 range()、numpy.arange()等。

由于 Series 是基于 NumPy 实现的，因此它的基本操作与 ndarray 的类似。NumPy 中的运算和操作可以用于 Series，还可以使用关键字 in 进行成员测试，可以通过自定义索引的列表对其进行切片操作。同时由于 Series 具有标签和数据两部分，因此它也支持很多字典类的操作。例如，通过 Series 的 index 可以获得它所有的标签；通过 values 可以获得它所有的值。

14.3.3　DataFrame 的创建和访问

DataFrame 是一个表格型的数据类型，既有行标签，也有列标签。由于数据可以是非原子类型的，因此 DataFrame 实际上也可以表达多维数据。

DataFrame 可以由二维的 ndarray 对象、列表、字典、元组、Series 类型和其他的 DataFrame 类型来创建。如果没有提供标签信息，则会自动生成类似于索引的数字标签。

例如，多个 Series 具有相同的自定义标签，则这些标签可以作为 DataFrame 的行标签。将这些 Series 放进字典中，作为字典的值，再配以对应的键作为列标签，即可实现行和列均有自定义标签的效果，表达的是某商品第一季度在华东地区的销售量。代码如下：

```
In [2]: dict1 = {'南京': pd.Series([1332,2205,1633], index=['jan','feb','mar']),
   ...:          '上海': pd.Series([2021,2355,2406], index=['jan','feb','mar']),
   ...:          '杭州': pd.Series([1863,1933,2247], index=['jan','feb','mar'])}

In [3]: df1 = pd.DataFrame(dict1)

In [4]: df1
```

```
Out[4]:
        南京        上海        杭州
jan     1332      2021      1863
feb     2205      2355      1933
mar     1633      2406      2247
```

如果我们忘记在一开始就定义好标签,也可以在后面进行修改,只需要为 index 和 columns 重新赋值即可。代码如下:

```
In [5]: list1 = [[1332,2205,1633],
    ...:          [2021,2355,2406],
    ...:          [1863,1933,2247]]

In [6]: df2 = pd.DataFrame(list1)

In [7]: df2
Out[7]:
      0     1     2
0  1332  2205  1633
1  2021  2355  2406
2  1863  1933  2247

In [8]: df2.index=['jan','feb','mar']

In [9]: df2.columns=['南京','上海','杭州']

In [10]: df2
Out[10]:
        南京        上海        杭州
jan     1332      2205      1633
feb     2021      2355      2406
mar     1863      1933      2247
```

我们也可以在创建 DataFrame 时对 index 和 columns 进行设置,使它们作为构造方法的参数来传递。index 和 columns 不是私有属性,所以能够被直接访问。DataFrame 还提供了 values,其类似于字典的 values()方法,使用一个 ndarray 数组保存 DataFrame 中的数值。示例如下:

```
In [11]: data1 = [[100.3, 100.3, 146.1],
    ...:           [100.4, 104.2, 153.7],
    ...:           [100.8, 101.0, 158.8],
    ...:           [100.5, 104.6, 147.3]]

In [12]: df3 = pd.DataFrame(data1, index=['北京', '上海', '广州', '重庆'],
    ...:                     columns=['环比', '同比', '定基'])

In [13]: df3.index
Out[13]: Index(['北京', '上海', '广州', '重庆'], dtype='object')

In [14]: df3.columns
Out[14]: Index(['环比', '同比', '定基'], dtype='object')

In [15]: df3.values
Out[15]:
```

```
array([[100.3, 100.3, 146.1],
       [100.4, 104.2, 153.7],
       [100.8, 101.0, 158.8],
       [100.5, 104.6, 147.3]])
```

一旦使用了自定义的标签，DataFrame 就不能直接使用索引序号进行访问了，但可以通过 iloc 进行访问。loc 表示按标签值进行访问，而 iloc 表示按标签的序号进行访问。示例如下：

```
In [16]: df3.iloc[2]                # 按序号访问列，返回一个 Series
Out[16]:
环比      100.8
同比      101.0
定基      158.8
Name: 广州, dtype: float64


In [17]: df3.iloc[[2]]              # 按序号访问行，返回一个 DataFrame
Out[17]:
          环比       同比        定基
广州       100.8     101.0      158.8


In [18]: df3.loc['重庆']           # 按行标签内容访问行，返回一个 Series
Out[18]:
环比      100.5
同比      104.6
定基      147.3
Name: 重庆, dtype: float64


In [19]: df3.loc[['重庆']]         # 按行标签内容访问行，返回一个 DataFrame
Out[19]:
          环比       同比        定基
重庆       100.5     104.6      147.3


In [20]: df3.loc['重庆','定基']
Out[20]: 147.3
```

需要注意的是，使用 loc 只能访问行，如果想要按标签名访问列，则需要直接使用方括号，也可以把列标签当作属性名来访问。示例如下：

```
In [21]: df3.环比
Out[21]:
北京      100.3
上海      100.4
广州      100.8
重庆      100.5
Name: 环比, dtype: float64
```

如果 DataFrame 对象很大，数据量较多，则可以使用 head()/tail()函数查看头部/尾部的数据，也可以通过提供参数来查看指定的行数。

14.3.4　数据操作

下面介绍一些常见的数据操作。

1. 对行或列重新排序

使用 reindex() 方法可以重排 Series 和 DataFrame 的标签顺序。示例如下：

```
In [22]: col = df3.columns.insert(1, '新增')   # 在第二列之前插入"新增"

In [23]: df3 = df3.reindex(columns=col, fill_value=100)

In [24]: df3
Out[24]:
         环比      新增      同比      定基
北京      100.3    100     100.3    146.1
上海      100.4    100     104.2    153.7
广州      100.8    100     101.0    158.8
重庆      100.5    100     104.6    147.3

In [25]: df3 = df3.reindex(columns=['环比', '同比', '定基', '新增'])

In [26]: df3
Out[26]:
         环比      同比      定基      新增
北京      100.3    100.3    146.1    100
上海      100.4    104.2    153.7    100
广州      100.8    101.0    158.8    100
重庆      100.5    104.6    147.3    100
```

2. Index 对象的操作

前面介绍的 index 和 columns 都是 Index 对象。Index 对象本质上也是一个一维的容器类数据结构，它提供了一些常用方法。

- **append(idx)**：连接另一个 Index 对象。
- **diff(idx)**：计算差集，产生新的 Index 对象。
- **intersection(idx)**：计算交集。
- **union(idx)**：计算并集。
- **delete(loc)**：删除指定位置的元素。
- **insert(loc, e)**：在指定位置插入一个新元素。

3. 删除数据

Series 和 DataFrame 都提供了 drop() 方法，用于删除数据。Series.drop() 方法用于删除标量，而 DataFrame.drop() 方法用于删除指定的行或列。如果想要删除多个标量或者行/列，则需要将它们放进一个列表中。当使用 DataFrame.drop() 方法删除数据时，由参数 axis 来决定删除行或列，默认为 0，表示删除行。如果想要删除列，则需要指定 axis 为 1。示例如下：

```
In [27]: df4 = df3.drop(['北京','广州'])

In [28]: df4
Out[28]:
         环比      同比      定基      新增
上海      100.4    104.2    153.7    100
重庆      100.5    104.6    147.3    100
```

14.3.5　数据计算

与 ndarray 相同，Series 和 DataFrame 也可以进行数学运算。Series 和 Series 之间、DataFrame 和 DataFrame 之间都是逐元素直接进行计算的，并对缺失项使用非数对象 NaN 进行填充。而对于 Series 和标量之间、Series 和 DataFrame 之间这种维度不同的对象，则会触发广播机制，进行广播计算，这和 ndarray 的广播计算是一样的。示例如下：

```
In [3]: df1 = pd.DataFrame(np.full((4,5),100))        # 生成一个 3×3 形式的数值全为 100 的 DataFrame

In [4]: df1
Out[4]:
     0    1    2    3    4
0  100  100  100  100  100
1  100  100  100  100  100
2  100  100  100  100  100
3  100  100  100  100  100

s = pd.Series(np.arange(4))                           # 生成一个值包含 "0,1,2,3" 的 Series
In [5]: s
Out[5]:
0    0
1    1
2    2
3    3
dtype: int32

In [6]: df1*s
Out[6]:
     0      1      2      3    4
0  0.0  100.0  200.0  300.0  NaN
1  0.0  100.0  200.0  300.0  NaN
2  0.0  100.0  200.0  300.0  NaN
3  0.0  100.0  200.0  300.0  NaN

In [7]: df1+s
Out[7]:
       0      1      2      3    4
0  100.0  101.0  102.0  103.0  NaN
1  100.0  101.0  102.0  103.0  NaN
2  100.0  101.0  102.0  103.0  NaN
3  100.0  101.0  102.0  103.0  NaN
```

各种运算符都有对应的方法可以使用，这些方法提供了 fill_value，可以对缺失项指定一个其他数值来代替 NaN。但只有在 Series 和 Series、DataFrame 和 DataFrame 等相同类型之间进行计算时才支持使用 fill_value。示例如下：

```
In [7]: df2 = pd.DataFrame(np.full((3,4),10))

In [8]: df1.sub(df2, fill_value=33)
Out[8]:
      0     1     2     3     4
0  90.0  90.0  90.0  90.0  67.0
1  90.0  90.0  90.0  90.0  67.0
```

```
2  90.0  90.0  90.0  90.0  67.0
3  67.0  67.0  67.0  67.0  67.0
```

使用对象的方法代替运算符，还有一个好处就是可以在广播时指定轴向。在 Series 和 DataFrame 进行计算时，默认是以 DataFrame 的第 1 轴与 Series 进行计算并广播的。如果需要以 DataFrame 的第 0 轴与 Series 进行计算并广播，则可以指定 axis 为 0。示例如下：

```
In [16]: df1*s
Out[16]:
        0      1      2      3      4
0     0.0  100.0  200.0  300.0   NaN
1     0.0  100.0  200.0  300.0   NaN
2     0.0  100.0  200.0  300.0   NaN
3     0.0  100.0  200.0  300.0   NaN

In [17]: df1.mul(s, axis=0)
Out[17]:
        0      1      2      3      4
0       0      0      0      0      0
1     100    100    100    100    100
2     200    200    200    200    200
3     300    300    300    300    300
```

除了算术运算，Pandas 还支持比较运算，我们可以对 Series 和 DataFrame 使用 ">" "<" ">=" "<=" "==" "!=" 等运算符进行逐元素比较，对于 Series 和标量之间、Series 和 DataFrame 之间的计算，会进行广播。但比较运算不会补齐缺失项，如果两个对象维度相同但形状不同，则进行计算时会产生 ValueError 异常。除了 "!=" 运算符，其他任何比较运算符对于 NaN 和其他值的比较都会得到 False。

14.3.6 数据排序

Series 和 DataFrame 都支持排序操作，有两种排序方法可供使用。sort_index()方法用于按照指定轴的标签排序，sort_values()方法则用于按照指定的行/列数据进行排序。sort_index()方法原型如下：

```
sort_index(axis=0, ascending=True, inplace=False)
```

- **axis：** 决定以哪个轴的标签排序。
- **ascending：** 是否采用升序排序。
- **inplace：** 排序结果是否作用于原始对象。

对于中文字符，根据编码的不同，排序依据也是不同的，在 GBK/GB2312 中是按拼音排序的，而在 Unicode 中是按偏旁部首和笔画排序的。为了方便，建议对中文信息按照拼音表达，再进行排序。示例如下：

```
In [4]: df4                        # 事先定义一个 DataFrame，具备拼音和英文表达的标签
Out[4]:
              Month on month      Year on year       Fixed base
Bei Jing            100.3             100.3             146.1
Shang Hai           100.4             104.2             153.7
Guang Zhou          100.8             101.0             158.8
```

| Chong Qing | 100.5 | 104.6 | 147.3 |

```
In [5]: df4.sort_index()                          # 默认以行标签进行升序排序
Out[5]:
            Month on month    Year on year        Fixed base
Bei Jing         100.3           100.3              146.1
Chong Qing       100.5           104.6              147.3
Guang Zhou       100.8           101.0              158.8
Shang Hai        100.4           104.2              153.7

In [6]: df3.sort_index(axis=1, ascending=False)   # 以列标签进行降序排序
Out[6]:
            Year on year     Month on month        Fixed base
Bei Jing         100.3           100.3              146.1
Shang Hai        104.2           100.4              153.7
Guang Zhou       101.0           100.8              158.8
Chong Qing       104.6           100.5              147.3
```

sort_values() 和 sort_index() 方法类似，但它针对的是数据的值。其原型如下：

sort_values(by, axis=0, ascending=True, inplace=False, kind='quicksort', na_position='last',
        ignore_index=False)

- axis、ascending 和 inplace 的作用参见前文的 sort_index() 方法部分。
- **by**：在指定要排序的轴之后，指定一个具体的行或列作为排序依据。
- **kind**：排序算法，默认为 quicksort，还可以选择 mergesort 和 heapsort，其中，混合排序即 mergesort 的性能表现是最稳定的。
- **na_position**：将缺失值 NaN 统一排到最后或最前，默认为 last，可以指定为 first。
- **ignore_index**：指定排序的维度是否忽略标签，默认为 False，如果指定为 True，则原始标签会被替换为 0，1，2…这样的序列。

示例如下：

```
In [7]: df3.sort_values(by='Fixed base', ignore_index=True)
Out[7]:
        Month on month      Year on year          Fixed base
0            100.3             100.3                 146.1
1            100.5             104.6                 147.3
2            100.4             104.2                 153.7
3            100.8             101.0                 158.8
```

14.3.7　数据统计分析

Series 和 DataFrame 提供了很多数据统计分析方法，如表 14-7 所示。

表 14-7　数据统计分析方法

方　　法	适 用 类 型	描　　述
.sum()	Series 和 DataFrame	计算指定轴向上的数据总和，默认为 0 轴
.count()	Series 和 DataFrame	统计非 NaN 值

方　　法	适用类型	描　　述
.mean() / .median()	Series 和 DataFrame	计算数据的算术平均值/计算数据的算术中位数
.var() / .std()	Series 和 DataFrame	计算数据的方差/计算数据的算术标准差
.min() / .max()	Series 和 DataFrame	计算数据的最小值/计算数据的最大值
.argmin() / .argmax()	Series	计算数据的最小值/最大值所在的索引（自动标签）
.idxmin() / .idxmax()	Series	计算数据的最小值/最大值所在的标签（自定义标签）
.describe()	Series 和 DataFrame	针对 0 轴的统计汇总
.cumsum()	Series 和 DataFrame	依次给出前 1、2、…、n 个数据的和
.cumprod()	Series 和 DataFrame	依次给出前 1、2、…、n 个数据的积
.cummin() / .cummax()	Series 和 DataFrame	依次给出前 1、2、…、n 个数据的最大值/最小值

median()和 describe()方法的用法示例如下：

```
In [8]: df3.median()
Out[8]:
Month on month     100.45
Year on year       102.60
Fixed base         150.50
dtype: float64


In [9]: df3.describe()
Out[9]:
          Month on month     Year on year        Fixed base
count        4.000000          4.000000            4.000000
mean       100.500000        102.525000          151.475000
std          0.216025          2.189939            5.914037
min        100.300000        100.300000          146.100000
25%        100.375000        100.825000          147.000000
50%        100.450000        102.600000          150.500000
75%        100.575000        104.300000          154.975000
max        100.800000        104.600000          158.800000
```

14.3.8　数据相关性分析

对于两个数据 X 和 Y，如果其中一个数据的变化会影响到另一个数据，则认为它们之间存在相关性。如果 X 增大，Y 也随之增大，则 X 和 Y 正相关；如果 X 增大，Y 随之减小，则 X 和 Y 负相关；如果 X 增大，Y 不受影响，则 X 和 Y 不相关。

衡量相关性最简单的方法是统计学中的协方差方法。协方差（Covariance）是描述随机变量相互关联程度的一个特征数，计算公式为

$$\text{Cov}(X,Y) = \frac{\sum_{i=1}^{n}(X_i - \bar{X})(Y_i - \bar{Y})}{n-1}$$

可以看出，它是 X 的偏差 $(X_i - \overline{X})$ 与 Y 的偏差 $(Y_i - \overline{Y})$ 的乘积的数学期望。由于偏差可正可负，因此协方差也可正可负。如果协方差>0，则 X 和 Y 正相关；如果协方差<0，则 X 和 Y 负相关；如果协方差=0，则 X 和 Y 不相关。

不过，仅依靠协方差我们只能知道两个数据是否相关，并不清楚它们的相关程度，所以还要引入相关系数的概念。相关系数是研究变量之间线性相关的指标，常见的相关系数有皮尔森（Pearson）相关系数、斯皮尔曼（Spearman）相关系数和肯德尔（Kendall）相关系数。其中，皮尔森相关系数的计算公式为

$$r = \frac{\sum_{i=1}^{n}(x_i - \overline{x})(y_i - \overline{y})}{\sqrt{\sum_{i=1}^{n}(x_i - \overline{x})^2}\sqrt{\sum_{i=1}^{n}(y_i - \overline{y})^2}}$$

其中，r 的取值范围是[-1, 1]，如果 r 的值大于 0.8，则认为两个变量具有极强相关性；如果 r 的值为 0.6~0.8（含），则认为两个变量强相关；如果 r 的值为 0.4~0.6（含），则认为两个变量中等强度相关；如果 r 的值为 0.2~0.4（含），则认为两个变量弱相关；如果 r 的值小于或等于 0.2，则认为两个变量极弱相关或不相关。

下面两个方法用于计算相关性和相关系数。

- **cov()**：计算协方差矩阵。
- **corr(method= 'pearson')**：用于计算相关系数矩阵，支持 Pearson、Spearman、Kendall 相关系数。

下面计算 2013 年—2018 年商品房均价增幅和居民可支配收入增幅的相关性，具体数据如表 14-8 所示，请参考后续对应的代码。

表 14-8　2013 年—2018 年商品房均价增幅和居民可支配收入增幅数据　　　　　单位：%

年　　份	商品房均价增幅	居民可支配收入增幅	年　　份	商品房均价增幅	居民可支配收入增幅
2013	7.7	10.14	2016	10.05	9.04
2014	1.39	8.92	2017	5.56	8.68
2015	7.42	8.44	2018	10.71	8.87

代码如下：

```
In [46]: hprice = pd.Series([7.7, 1.39, 7.42, 10.05, 5.56, 10.71],
    ...:                     index=[2013, 2014, 2015, 2016, 2017, 2018])

In [47]: income = pd.Series([10.14, 8.92, 8.44, 9.04, 8.68, 8.87],
    ...:                     index=[2013, 2014, 2015, 2016, 2017, 2018])

In [48]: hprice.corr(income)
Out[48]: 0.1102871961997972
```

可以看到，在现有的数据下，商品房均价增幅和居民可支配收入增幅存在极弱相关性。

14.4　任务 4　了解 Matplotlib 数据可视化

Matplotlib 是 Python 的数据可视化工具库，它经常与 NumPy、Pandas 等一起使用，提供了一种有效的替代 MATLAB 的开源方案。它也可以和图形工具包一起使用，如 PyQt 和 wxPython。

14.4.1　数据可视化的基本概念

数据可视化是指利用计算机图形学和图像处理技术，将数据转换为在屏幕上显示的图形或图像并进行交互处理的理论方法和技术。数据可视化旨在借助图形化手段，清晰、有效地传达与沟通信息。数字可视化有以下常见的形式。

- **将事物的数值图形化**：将每个事物的数值看作一个数据，将数据的大小以图形的方式表现。
- **将事物图形化**：利用图形表示事物，方便传递信息。
- **将事物的关系图形化**：当存在多个指标时，挖掘指标之间的关系，并将其图形化表达，可提升图表的可视化深度。常见的表现方式有两种：借助已有场景来表现；通过构建场景来表现。
- **将时间和空间可视化**：当数值随时间变化时或数值沿地域分布时，按时间坐标或地图形式表现。
- **将数据进行概念转换**：在对数据的大小难以感知时，通常进行概念转换。

简而言之，如何选择图表分类，需要根据数据的种类和要提炼、表达的信息进行判断，各种数据处理场景适用的图形类型如表 14-9 所示。

表 14-9　各种数据处理场景适用的图形类型

要展示数据的什么特性	描　　述	适用的图形种类
比较	对比各个值之间的差别	柱状图、雷达图、漏斗图、极坐标图、旋风漏斗图、词云图
占比	部分占整体的百分比	饼图、漏斗图、仪表盘图、矩阵树图
相关	显示各个值之间的关系	散点图、矩阵树图、指标看板图、树状图、来源去向图
趋势	数据随维度的变化情况	曲线图、柱状图
地理图	数值和地理信息映射图	气泡地图、色彩地图

图 14-2 所示为柱状图、曲线图、饼图和极坐标下的柱状图。限于篇幅，本书没有展现每一种图形。后面会利用一两组数据，绘制几个常见的图形。

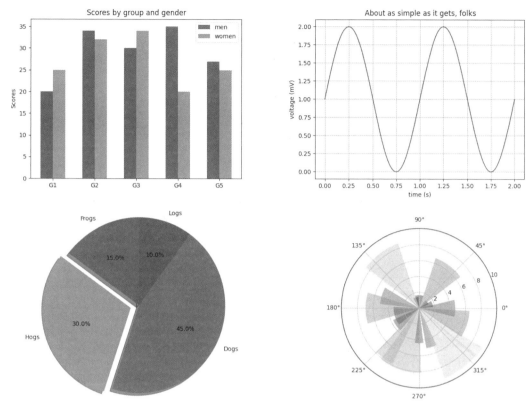

图 14-2 柱状图、曲线图、饼图和极坐标下的柱状图

14.4.2 Matplotlib 的基本使用

Matplotlib 包含许多子模块，其中，pyplot 模块提供了一组命令样式函数，使 Matplotlib 的工作方式类似于 MATLAB。这些功能包含创建图形、在图形中创建绘图区域、在绘图区域中绘制一些线、使用标签装饰绘图等。

Matplotlib 的安装和前面介绍的其他库的安装一样，建议使用 pip 在线安装，如果受网络条件限制，也可以下载离线安装包，在下载离线安装包时，还需要手动下载、安装几个依赖包，包括 certifi、pyparsing、cycler、pillow、kiwisolver、six。

在安装完成后，使用 import 导入相应模块以测试是否安装成功。当我们使用子模块 matplotlib.pyplot 时，由于它的名字太长，因此建议给它定义一个别名。它约定俗成的别名是 plt。下面是一个简单的示例，根据 2012 年—2018 年的房价变化绘制折线图，最后的图形如图 14-3 所示。代码如下：

```
import matplotlib.pyplot as plt
hprice = [5790.99, 6237.0, 6324.0, 6793.0, 7476.0, 7892.0, 8736.9]    # 定义一组房价数值
years = [2012, 2013, 2014, 2015, 2016, 2017, 2018]                    # 房价信息对应的年份
plt.plot(years, hprice)                                               # 绘制图形
plt.ylabel("House Price")                                             # 设置 y 轴方向上的标签
plt.yticks([0, 2500, 5000, 7500, 10000])                             # 设置 y 轴上的刻度和数值
plt.show()                                                            # 显示图形
```

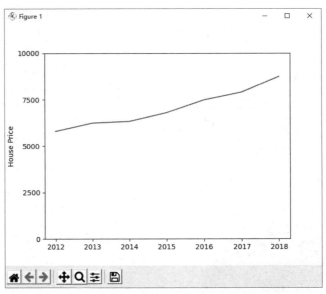

图 14-3　2012 年—2018 年房价变化的折线图

当程序执行 plt.show()函数时，会弹出如图 14-3 所示的绘图窗口，窗口底部的按钮分别用于恢复初始显示区域、返回上一个视图、前进到下一个视图、鼠标平移、缩放、配置 subplots 选项、将当前图形保存为图片文件。

下面对刚才的代码进行详细分析。其中，最重要的是 plt.plot()函数，它的原型如下：

```
plt.plot([x], y, [fmt])
```

其中，x、y 分别表示 x 和 y 轴上的数据，可以是列表或 ndarray 数组。如果绘制的是只有一条数据线的折线图，则可以省略 x 轴上的数据，这样 y 轴上的数据的索引值可以作为 x 轴上的数据，图形将自动被绘制出来。如果要绘制多条曲线，则需要使用它的重载形式：

```
plt.plot([x], y, [fmt], [x2], y2, [fmt2], ..., **kwargs)
```

也就是说，我们可以提供多个 x 和 y，但当绘制多条曲线时，不能省略 x。

fmt 是一个参数族，用于控制曲线的颜色、风格和数据标记，可以使用不同的字符代码来表达，具体如表 14-10 所示。

表 14-10　fmt 可以使用的字符代码

字　　符	说　　明	字　　符	说　　明
'b'	蓝色	'm'	洋红色
'g'	绿色	'y'	黄色
'r'	红色	'k'	黑色
'c'	青色	'w'	白色
'#008622'	根据 RGB 数值来决定颜色	'0.5'	灰度值
'-'	实线	'--'	虚线
'-.'	点画线	':'	点虚线
''或' '(空字符串或空格)	无线条	'.'	点标记

续表

字　符	说　　明	字　符	说　　明
','	像素标记（极小点）	'o'	实心圆标记
'v'	倒三角标记	'^'（脱字符）	上三角标记
'>'	右三角标记	'<'	左三角标记
'1'	下花三角标记	'2'	上花三角标记
'3'	左花三角标记	'4'	右花三角标记
's'	实心方形标记	'p'	实心五角标记
'*'	星形标记	'h'	竖六边形标记
'H'	横六边形标记	'+'	十字标记
'x'	x 标记	'D'	菱形标记
'd'	瘦菱形标记	'|'（长竖线）	垂直线标记

下面使用一组简单的数据来查看不同的线性和不同的数据标记是什么样的，代码如下：

```
import matplotlib.pyplot as plt
import numpy as np
a = np.arange(10)
plt.plot(a, a*1.5, 'o-', a, a*2.5, 'x--', a, a*3.5, 'h-.', a, a*4.5, 'D:')
plt.show()
```

绘制的图形效果如图 14-4（a）所示。

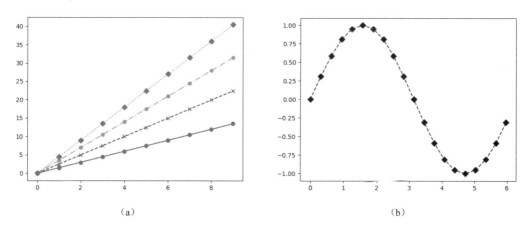

（a）　　　　　　　　　　　　　　　　（b）

图 14-4　绘制的图形效果

由于 fmt 是一个参数族，因此除了上面提到的字符代码，也可以使用 color、linestyle、marker、markerfacecolor、markersize 等参数，一般需要将这些参数放到 fmt 的位置。下面的代码用这种方式绘制了一条正弦曲线，如图 14-4（b）所示：

```
import matplotlib.pyplot as plt
import numpy as np
x=np.arange(0,2*np.pi,np.pi/10)
y=np.sin(x)
plt.plot(x, y, color='green', linestyle='dashed',
        marker='D', markerfacecolor='blue', markersize=7)
```

```
plt.show()
```

fmt 参数族中还有许多其他参数，实际上，Matplotlib 是一个非常庞大的库，针对每一种图形都有很多参数和变量。限于篇幅，本书无法一一介绍，具体请参考帮助文档。

14.4.3 数据图形中的文本设置

pyplot 模块默认不支持中文显示，如果要在图形中显示中文信息，就需要修改关于字体的默认设置。pyplot 模块使用 rc 配置文件 matplotlibrc 来自定义图形的各种默认属性，包括窗体大小、每英寸的点数、线条宽度、颜色、样式、坐标轴、坐标和网络属性、文本、字体等。

matplotlibrc 文件通常位于 Python 安装路径下的 ".\Lib\site-packages\matplotlib\mpl-data" 目录中。在载入 matplotlib 模块时会从这个文件中读取配置信息，并以键/值对的格式保存到 rcParams 变量中，用户可以通过打印 rcParams 变量查看它的内容。其中，rcParams['font.family'] 用于定义图形中的字体，将它设置为中文字体即可。示例如下：

```
import matplotlib.pyplot as plt
import matplotlib          # 注意，若仅载入 matplotlib.pyplot，则无法访问 matplotlib 模块下的其他内容
import numpy as np
matplotlib.rcParams['font.family'] = 'STSong'          # 设置字体为宋体
matplotlib.rcParams['font.size']=16                    # 设置字号大小
x=np.arange(0,2*np.pi,np.pi/10)
y=np.sin(x)
plt.plot(x, y, color='green', linestyle='dashed',
         marker='D', markerfacecolor='blue', markersize=7)
plt.title('正弦曲线')
plt.xlabel('时间')
plt.ylabel('振幅')
plt.show()
```

需要注意的是，这种对字体的修改是全局的，会影响绘图区域中的所有文本。更好的做法是，尽量不修改全局字体设置，而是在需要显示中文的地方进行局部修改，避免影响其他文本。可以在单个文本内容中使用和字体有关的参数，包括 fontproperties、fontsize，例如：

```
plt.title('正弦曲线', fontproperties='STSong', fontsize=18) # 设置字体为宋体，字号为 18
```

这样的话，就无须导入整个 matplotlib 模块或者从 matplotlib 模块中导入 rcParams 变量了。此外，也可以设置一个字典，在字典中以字体的属性作为键，给出对应的值，然后把这个字典作为参数提交给需要设置字体的文本内容，例如：

```
font={'family':'Microsoft YaHei', 'weight':'bold', 'color':'red', 'size':16}
plt.title('正弦曲线', fontdict=font) # 设置字体为微软雅黑，加粗，颜色为红色，字号大小为 16
```

上面的字体设置内容为：微软雅黑，红色，加粗，16 号字体。其他选项可以参考项目 10 中关于在图形界面中进行字体设置的内容。但是需要注意的是，不是所有的字体都支持加粗、斜体等选项。

执行上述代码，最终图形的字体效果如图 14-5 所示。

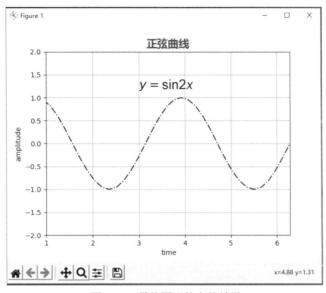

图 14-5　最终图形的字体效果

除了可以使用 title()、xlabel()和 ylabel()这几个函数设置标题和标签，还可以使用 text()函数在任意位置设置文本，并使用 annotate()函数设置带箭头的注释。annotate()函数的原型如下：

annotate(s, xy, xytext, xycoords, textcoords, arrowprops)

参数作用如下所述。

- **s**：注释内容。
- **xy**：箭头所在位置，需要以关键字参数形式提供，并且必须是元组类型的值。
- **xytext**：文本所在的位置。
- **xycoords**：箭头位置的坐标系，默认为 data，表示使用轴域数据坐标系，其他选项请参考帮助文档。
- **textcorrds**：文本位置的坐标系，具体用法同 xycoords。
- **arrowprops**：箭头的属性设置，可以提供一个字典，在字典中进一步通过键/值对进行属性设置，常见设置项如下所述。
  - ➢ **facecolor**：定义箭头颜色。
  - ➢ **headwidth**：定义箭头的头部宽度。
  - ➢ **headlength**：定义箭头的头部长度。
  - ➢ **width**：定义箭头的线宽。
  - ➢ **shrink**：定义箭头两端离注释目标和注释文本的距离，需要采用 0～1 的浮点数。过于逼近 0 或 1 可能会使设置失效。

14.4.4　子绘图区域

在很多情况下，我们需要对多个数据图形进行对比、参照，然而在多个独立的图形之间来回切换不太方便，也不够直观。Matplotlib 的子绘图区域允许用户在一个图形窗口中绘制多个不同的图形。subplot()函数用于将绘图区域划分成 *m* 行×*n* 列的子区域，但是如果需要划分成不均匀的子区域，则使用 subplot()函数就比较麻烦了，需要在子区域中继续嵌套划分子区域。在这种情况下，可以使用 subplot2grid()函数或 GridSpec 类。subplot2grid()函数原型如下：

```
plt.subplot2grid(GridSpec,CurSpec,colspan=1,rowspan=1)
```

它的用法很简单，首先设定网格，选择开始的行及跨度，然后选择开始的列及跨度。行和列都是从 0 开始编号的。因此，上述函数原型中的 GridSpec 表示划分为行数×列数的网格，CurSpec 表示子网格开始的位置，colspan 表示跨列，rowspan 表示跨行。该函数会返回一个子区域对象，通过该对象调用 plot()方法，即可在对应的子区域中设置图形内容。示例如下：

```
import numpy as np
import matplotlib.pyplot as plt
ax1 = plt.subplot2grid((3,3), (0,0), colspan=3)      # 划分 3×3 区域，从 1 行 1 列开始，横跨 3 列
ax2 = plt.subplot2grid((3,3), (1,0), colspan=2)      # 从 2 行 1 列开始，横跨 2 列
ax3 = plt.subplot2grid((3,3), (1,2), rowspan=2)      # 从 2 行 3 列开始，纵跨 2 行
ax4 = plt.subplot2grid((3,3), (2,0))                 # 位于 3 行 1 列，单个最小子区域
ax5 = plt.subplot2grid((3,3), (2,1))                 # 位于 3 行 2 列，单个最小子区域
a = np.arange(0, 5, 0.02)
ax1.plot(a, np.cos(2*np.pi*a), 'r--')                # 在子区域 1 绘制图形 1
ax4.plot([0,10,20,30],np.random.randint(0,20,4))     # 在子区域 2 绘制图形 2
plt.show()
```

下面再说一下 GridSpec 类，其用法与 subplot2grid()函数的用法是类似的，它先返回一个确定了行、列数的 GridSpec 对象，然后使用切片的方式划分子区域及跨度，并将切片结果作为参数传递给 plt.subplot()函数，从而完成子区域的划分。将上面的示例改写如下：

```
import numpy as np
import matplotlib.pyplot as plt
import matplotlib.gridspec as gridspec
gs = gridspec.GridSpec(3,3)
ax1 = plt.subplot(gs[0, :])
ax2 = plt.subplot(gs[1, :-1])
ax3 = plt.subplot(gs[1:, -1])
ax4 = plt.subplot(gs[2, 0])
ax5 = plt.subplot(gs[2, 1])
a = np.arange(0, 5, 0.02)
ax1.plot(a, np.cos(2*np.pi*a), 'r--')
ax4.plot([0,10,20,30],np.random.randint(0,20,4))
plt.show()
```

两种方法可以生成相同的效果，如图 14-6 所示。

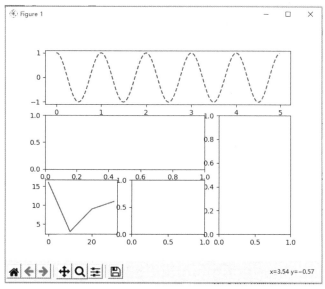

图 14-6　长度和宽度不相等的子绘图区域效果

14.4.5　图表绘制函数

Matplotlib 提供了许多图表绘制函数，根据提供的数据内容，辅以各种线条、数据点、字体等属性设置，能够实现丰富的图形效果。部分图表绘制函数如表 14-11 所示。

表 14-11　部分图表绘制函数

函　　　数	描　　　述
plt.plot(x, y, fmt, …)	绘制坐标图或雷达图
plt.boxplot(data, notch, position)	绘制箱线图
plt.bar(left, height, width, bottom)	绘制柱状图
plt.barh(width, bottom, left, height)	绘制横向柱状图
plt.polar(theta, r)	绘制极坐标图
plt.pie(data, explode)	绘制饼图
plt.psd(x, NFFT=256, pad_to, Fs)	绘制功率谱密度图
plt.specgram(x, NFFT=256, pad_to, F)	绘制谱图
plt.scatter(x, y)	绘制 x 和 y 的相关性函数
plt.step(x, y, where)	绘制步阶图
plt.hist(x, bins, normed)	绘制直方图
plt.contour(X, Y, Z, N)	绘制等值图
plt.vlines()	绘制垂直图
plt.stem(x, y, linefmt, markerfmt)	绘制柴火图
plt.plot_date()	绘制数据日期

限于篇幅，这里不对函数原型及其参数进行详细的介绍，如果想要进一步了解，请读者自行查询文档。下面，通过几个示例来展示绘制图形的实际效果，部分代码的用途见注释。

1. 饼图

饼图是根据百分比展示数据功能的图表，对百分数类型的数据展示具有非常好的效果。下面的示例是一个班级某学科的成绩分布，按照优秀、良好、中等、及格和不及格进行了数据展示，图形效果如图 14-7 所示。代码如下：

```
import matplotlib.pyplot as plt
labels = ['优秀', '良好', '中等', '及格', '不及格']    # 每一部分数据的标签
sizes = [4, 12, 13, 9, 3]                          # 每一部分数据的值
explode = [0, 0.1, 0, 0, 0]                        # 各部分数据对应的扇形是否从圆心凸出
font={'family':'Microsoft YaHei'}                  # 设置字体字典
plt.pie(sizes, explode=explode, labels=labels,
        autopct='%1.1f%%',                         # 数值格式化表达
        labeldistance=1.1, pctdistance=0.8,        # 标签和数值离圆心的距离
        startangle=90, textprops=font)             # 划分圆形从哪个角度开始
plt.show()
```

2. 直方图

直方图又称质量分布图，是一种统计报告图，由一系列高度不等的纵向条纹或线段表示数据分布的情况。直方图一般用横轴表示数值范围，用纵轴表示数据分布情况。下面的示例是呈正态分布的一组数据在直方图中的表达，图形效果如图 14-8 所示。代码如下：

```
import numpy as np
import matplotlib.pyplot as plt
mu = 100                                          # 均值
sigma = 20                                        # 方差
x = mu + sigma*np.random.randn(2000)              # 呈正态分布的 2000 个数据
plt.hist(x, bins=20,                              # 根据提供的数据产生 20 个条形
         density = True, histtype='stepfilled')   # 按概率密度绘制，填充条形图形
plt.title('Histogram')                            # 设置图形标题
plt.show()
```

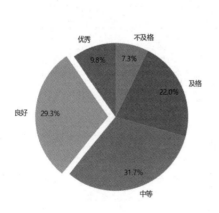

图 14-7　饼图效果

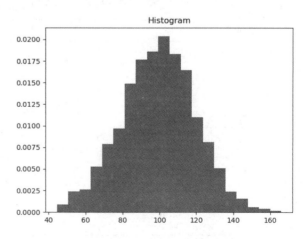

图 14-8　直方图效果

3. 极坐标图

极坐标图是建立在极坐标系上的图形。极坐标系不同于平面直角坐标系,极坐标系的中心点称为极点,任意一点都可以用一个夹角和一段相对极点的距离来表示。当两点间的关系用夹角和距离很容易表示时,极坐标系便显得尤为有用;而在平面直角坐标系中,这样的关系只能使用三角函数来表示。对于很多类型的曲线,极坐标方程是最简单的表达形式,甚至对于某些曲线来说,只有极坐标方程能够表示。极坐标系的应用领域十分广泛,包括数学、物理、工程、航海、机器人等。下面的示例在极坐标系中绘制了一条螺旋曲线,图形效果如图 14-9 所示。代码如下:

```python
import numpy as np
import matplotlib.pyplot as plt
plt.axes(polar=True)                      # 设置坐标系为极坐标
theta = np.arange(0, 2*np.pi, 2*np.pi/80) # 角度数据
radii = np.arange(0, 8, 0.1)              # 极径数据
plt.plot(theta,radii)
plt.show()
```

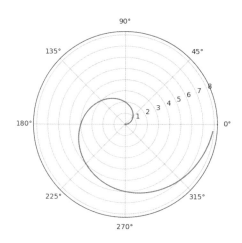

图 14-9　极坐标系中的螺旋曲线效果

4. 雷达图

雷达图用于显示 3 个或更多维度的变量,其中,每个变量都有一个从中心向外发射的轴线,所有的轴之间的夹角相等,同时每个轴有相同的刻度。将轴到轴的刻度用网格线连接作为辅助元素,然后连接每个变量在其各自的轴线的数据点即可形成一个多边形,也就是雷达图。雷达图对于查看哪些变量具有相似的值、变量之间是否有异常值都很有用。雷达图表也可用于查看哪些变量在数据集内得分较高或较低,因此非常适合用于显示性能。同样,雷达图也常用于排名、评估、评论等数据的展示。下面的示例绘制了一个雷达图,展示了企业在对应聘者进行面试时的成绩评价,图形效果如图 14-10 所示。代码如下:

```python
import numpy as np
import matplotlib.pyplot as plt
import matplotlib
plt.rcParams['font.sans-serif']=['Microsoft YaHei']
labels = ['表达能力', '理解能力', '分析能力', '组织计划能力', '心理素质']    # 5 个维度
```

```
dataLength = 5                                                    # 数据个数
data = np.array([7,6,4,8,5])                                      # 数据的值
angles = np.linspace(0, 2*np.pi, dataLength, endpoint=False)      # 将一个圆周均分为 5 份
data = np.concatenate((data, [data[0]]))                         # 数据闭合
angles2 = np.concatenate((angles, [angles[0]]))                  # 角度闭合
plt.axes(polar=True)
plt.plot(angles2, data, 'bo-', linewidth=2)                      # 画线
plt.fill(angles2, data, facecolor='r', alpha=0.25)              # 填充
plt.thetagrids(angles * 180/np.pi, labels)                       # 为 5 个维度设置网格
plt.title("应聘者面试成绩", va='bottom')
plt.grid(True)
plt.show()
```

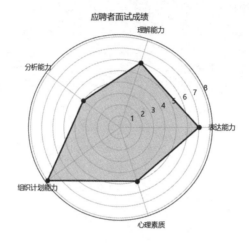

图 14-10　应聘者面试的综合评分效果

14.5　小结

本项目从数据分析的基本概念切入，分别介绍了数据科学计算基础库 NumPy、数据分析工具库 Pandas 和数据可视化工具库 Matplotlib，并给出了几个数据分析、统计和图表绘制的示例。

- 数据分析的基本概念
- NumPy、Pandas 和 Matplotlib 的安装
- NumPy 数组的创建方法及基本特性
- NumPy 数据类型
- 特殊数组的创建
- 随机数工具
- 数学函数
- Series 和 DataFrame
- 数据操作、数据计算和数据排序
- 数据统计分析和数据相关性分析

- Matplotlib 的基本使用
- 数据图形中的文本设置
- 子绘图区域
- 图表绘制函数

14.6 习题

1. 如何生成一个 10×6×4×4×4 的五维数组？请分别考虑同值数组、等差数列数组、随机整数数组。

2. 设计一个函数，使该函数接收一个数组 a 作为参数，若 a 是一个可逆矩阵，则返回 a 的逆矩阵，否则返回提示信息"该数组不是可逆矩阵"。

3. 将上学期某一课程的班级成绩单（百分制）作为素材，计算该门课程成绩的中位数。

4. 将上学期所有课程的个人成绩作为素材，绘制一个柱状图，各科成绩用不同的数据条显示，并设置图表标题为"我的成绩单"，每个数据条的标签为对应的科目，y 轴范围为 0～100，刻度间距为 20。

欢迎广大院校师生 **免费注册体验**

www. hxspoc. cn

华信SPOC在线学习平台

专注教学

教学课件
师生实时同步

数百门精品课
数万种教学资源

多种在线工具
轻松翻转课堂

支持PC、微信使用

测试、讨论
投票、弹幕……
互动手段多样

一键引用，快捷开课
自主上传、个性建课

教学数据全记录
专业分析、便捷导出

SPOC宣传片

登录 www.hxspoc.com 检索 SPOC 使用教程 获取更多

教学服务QQ群： 231641234

教学服务电话：010-88254578/4481　　教学服务邮箱：hxspoc@phei.com.cn

电子工业出版社有限公司　　华信教育研究所